高等学校"十二五"规划教材

市政与环境工程系列研究生教材

生态与环境基因组学

主编　孙彩玉　李永峰　邸雪颖

主审　岳莉然

哈爾濱工業大學出版社

内容简介

本书介绍了一个非常前沿的领域——生态与环境基因组学。这门学科将基因组学的研究手段和方法引入到环境生态学领域。本书结合生态环境的宏观研究与基因组学的微观研究，全面讨论了环境与生态基因组学的各个专题，包括研究进展、研究方法与手段、主要涉及技术、生态环境中的生物作用及作用机制以及未来面对的挑战和发展前景。本书涉及的领域包括生态学知识、环境工程知识、基因组学知识、分子生物学知识和微生物学知识等。本书虽然是对一门交叉学科的研究，但却力争做到前沿性和系统性相统一。

本书适合作为本科生和研究生的参考用书；对环境生态学感兴趣的读者可以将应用基因组学的技术深化到自己的研究中；本书也可供生态学、环境科学和生命科学等专业本科生、研究生作为教材使用。

图书在版编目(CIP)数据

生态与环境基因组学/孙彩玉，李永峰，邸雪颖主编. —哈尔滨：哈尔滨工业大学出版社，2013.11

ISBN 978-7-5603-4295-5

Ⅰ.①生… Ⅱ.①孙… ②李… ③邸… Ⅲ.①生态环境-基因组-研究 Ⅳ.①Q343.1

中国版本图书馆 CIP 数据核字(2013)第 263503 号

策划编辑 贾学斌
责任编辑 苗金英
出版发行 哈尔滨工业大学出版社
社　　址 哈尔滨市南岗区复华四道街 10 号　邮编 150006
传　　真 0451-86414749
网　　址 http://hitpress.hit.edu.cn
印　　刷 黑龙江省党校印刷厂
开　　本 787mm×1092mm　1/16　印张 14.5　字数 346 千字
版　　次 2013 年 11 月第 1 版　2013 年 11 月第 1 次印刷
书　　号 ISBN 978-7-5603-4295-5
定　　价 32.00 元

《生态与环境基因组学》编写人员与分工

主　　编　孙彩玉　李永峰　邸雪颖
主　　审　岳莉然
编写人员　邸雪颖（东北林业大学）：第1章；
李永峰（东北林业大学）：第2～10章；
孙彩玉（东北林业大学）：第11～14章。

文字整理与图表制作：冯可心（东北林业大学）、曹逸坤（上海工程技术大学）、刘瑞娜（琼州学院）。

前 言

在近15年里，环境科学、生态学、生物学和医学等领域经历了剧变。物种基因组不断地完成测序，引发了一系列变革。如今，我们将完成数百个基因组的测序，包括人类的和其他更多待测的物种。虽然基因组测序几乎已经成为一项常规技术，而在最初对这一工作的美好憧憬，包括相信这一生命的蓝图能够提供给我们大量信息这一信念，已渐变黯淡。

现在，人们已经意识到，要获得关于基因组在生态与环境构建方面的知识，就必须要了解基因表达模式和生物体所有蛋白质的详细功能。因此，需要花费相当长的时间，才能在对生态环境的全面认识上取得重要进展。这就引发了多种"组学"的发展，包括基因组学、蛋白质组学、代谢物组学和代谢组学。生态环境基因组学试图预测一个或多个有机体在基因水平如何应答它们外部环境的变化。由于这些基因组反应的复杂多样性，生态与环境基因组学必须整合分子生物学、生理学、毒理学、系统生物学、流行病学以及人类遗传学等形成一个跨学科的研究领域。生态与环境基因组学是一个通用的名词，所有探讨环境条件对基因转录、蛋白质水平、基因组稳定性或一个群体中基因组多样性的影响的研究都属于这一范畴。在这些基因组检测之后，进一步研究的命名则往往反映其特殊的目的性。

比如，生理基因组学研究在不同的生理或病理状态下基因表达的动态变化；毒理基因组学研究天然或人造的毒物对基因组的影响；代谢组学鉴定代谢产物的改变。生态与环境基因组学分析在一个环境样本中作为基因组补充的"生物组"。群体中基因组的多态性也可通过对不利环境条件的易感性得到分析。考虑到现有领域对完整环境基因组学研究的重要性，对于"组学"技术的全面介绍是本书的主要内容，其中包括对研究基因组结构、基因表达模式、蛋白质组分和蛋白质翻译后修饰的专用技术的详细描述。主要的模式生物和对它们的生物研究是本书的另一个重点。此外，还有一些章节介绍了在大规模实验中必不可少的生物信息学工具和分析策略。

阅读本书需要具备大量的本科生物学知识：生态学、环境学、微生物学、植物学、分子生物学以及相关医学方面的知识。在编写的过程中，我们尽量和这些课程的通用教科书联系，同时也深刻地考虑到了生态与环境基因组学的学生背景不一，本书主要对象还是生态学和生物学、环境生物学专业的学生。本书的目标是为希望使用基因组学回答生态环境问题的环境科学家提供一本知识手册。本书包含了对设计、实验对照和数据解释的重要性的讨论。在认真思考设计的前提下，生态环境基因组学可以提供有益于我们深入理解不利的或变化的环境条件的特异性分子靶点的信息。当得到足够的信息和数据时，生态与环境基因组学可以促进预测模型的产生，也可以用来在明显的不利影响出现之前发现环境胁迫（如病毒物暴露）。由此，希望这些研究的总和能够降低环境风险评估的不准确性，并可以提供一个决定生态环境效应、保证人类健康和自然物种可持续性的系统框架。

使用本书的学校可免费获得电子课件，如有需要，可与李永峰教授联系（mr_lyf@163.com）。本书广泛参阅国内外的相关研究成果，力求反映我国可持续发展的研究进展和我国的实际情况，并融入了作者多年的相关研究与教学实践所得。可持续发展研究正在不断发展，笔者自身水平有限，不足之处，敬请专家、读者批评指正。

编　者

2013 年 7 月

目　　录

第1章 基因组学

1.1 基因组学的定义

基因组(genome)这一概念于1924年被提出,用于描述生物的全部基因和染色体组成。基因组学是一个在科学界已得到广泛应用的术语。1986年,Thomas H. Roderick首先用这个术语来描述一个对基因进行图谱绘制、测序和分析的新学科。基因组学是由“基因组”一词派生而来的;“基因组”是由“基因(GENes)”和“染色体(chormosOMEs)”这两个词删去一半再组合起来构成的。自1995年以来,基因组分析已经由原来的图谱绘制和测序扩展到基因功能层面的分析,为了反映这一层面的变化,提出了更为综合性的术语——基因组学,它是对基因组结构和基因功能进行研究的学科。

1.2 基因组学的分类

由于基因组学领域被赋予了更广泛的含义,基因组研究可以划分为多种学科的分支。基因组学根据研究对象的不同可分为不同的类型,如图1.1所示。

1.2.1 根据系统特征分类

生物系统是高度自组织的、复杂的内环境平衡系统。根据一般的系统理论,结构和功能是任何系统的两个基本特征。因此,从一般理论的观点来划分,基因组学可以划分为结构基因组学和功能基因组学。结构基因组学是指基因、蛋白质及其他生物大分子的泛基因组结构研究,这里包括了基因组学的图谱绘制、测序和组织,以及蛋白质结构的描述。功能基因组学是指利用泛基因组方法在系统的水平上对生物系统功能的各个方面进行研究,这里包括基因的功能和网络调节等。基因可以从不同的功能角度来定义,例如生化反应功能(如被蛋白激酶磷酸化)、发育功能(如在细胞类型分化中的作用)、细胞功能(如在细胞分裂或DNA复制中的作用)等。

1.2.2 根据基因组学与其他学科的关系分类

大量基因组序列的信息的积累和基因组技术的发展,使研究者可以从整个基因组水平来从事基础的和应用的生物学问题研究。因此基因组学可以划分为基础基因组学和应用基因组学。基础基因组学是利用全基因组序列数据和基因组学技术从泛基因组角度去认识基础细胞的过程,应用基因组学则是运用基因组序列和相关的高通量技术去解决各种领域存在的实际问题,但也有二者交叉的领域,例如本书研究的生态与环境基因组学。

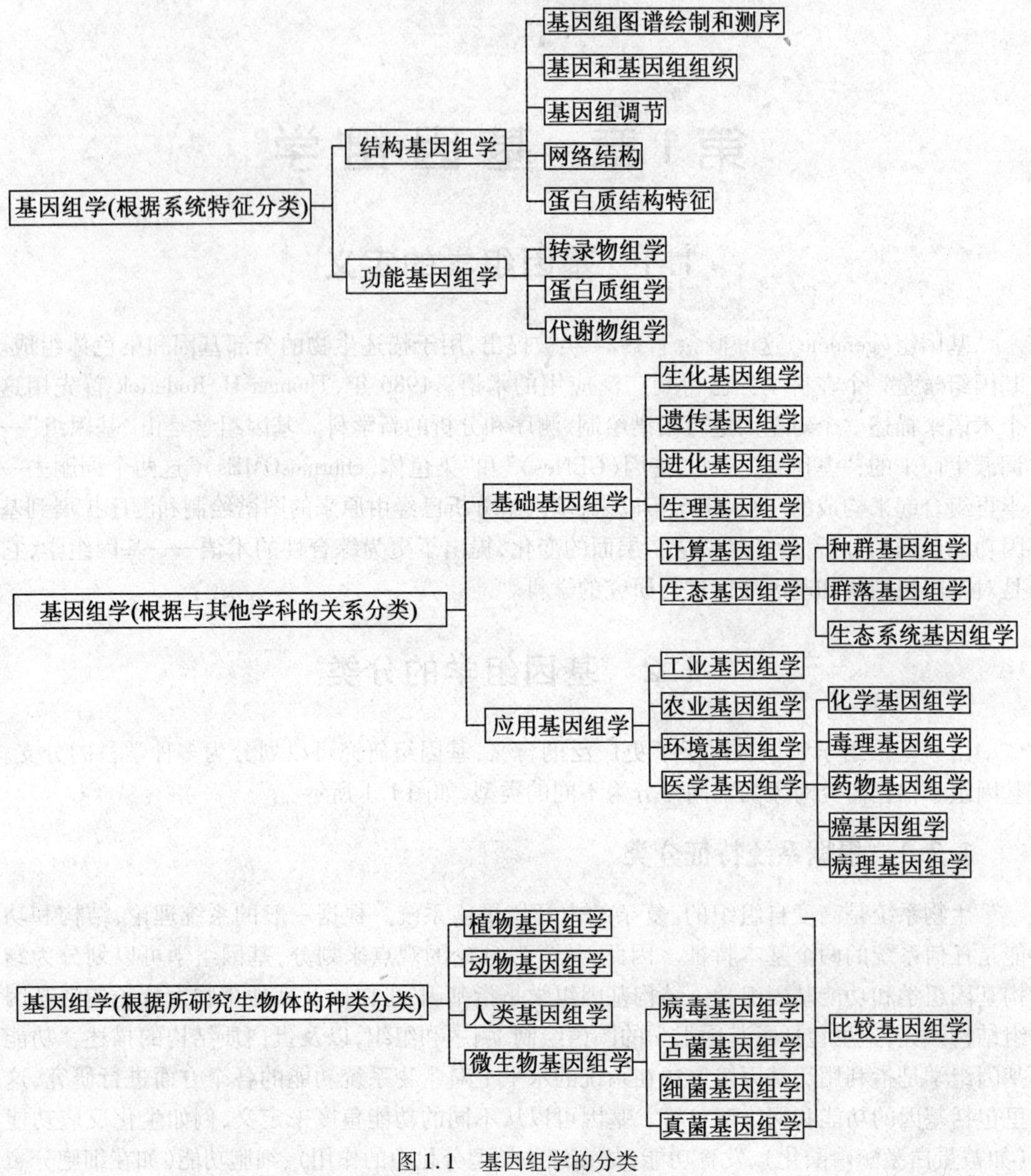

图 1.1　基因组学的分类

1.2.3　根据基因组学所研究生物体的种类分类

根据基因组学所研究的生物体种类可以将其分为植物基因组学、动物基因组学、人类基因组学和微生物基因组学。另外,在文献中经常使用的术语是比较基因组学,它一般是指来自于各种生物的基因组信息(包括基因组测序、mRNA 和蛋白质表达形式)的比较,其目的就是应用高通量的计算和实验方法来获得对生物工程和现象的泛基因水平的了解。

1.3　基因组学研究现状

基因组学是一个比较新的生物学研究领域。它始于 1985 年和 1986 年人类基因组图谱绘制和测序的提出。在1986年和1990年间,围绕人类基因组计划(Human Genome Project,HGP)进行了激烈的讨论、辩论并最终制订了计划(表1.1)。1986年2月,美国能源部(DOE)首先宣布它将资助一个从事详细了解人类基因组的研究。1988年,美国国家科学院和国家研究委员会(NRC)委托人类基因组委员会发表报告并签署了这个计划,并为国立卫生研究院(NIH)和能源部的第一个联合计划提供了基础条件。该委员会决定在15年内完成人类基因组计划,每年的费用是2亿美元,并建议首先绘制人类基因组图谱,然后测序。该委员会还建议在人类基因组计划执行的同时,进行模式生物(如酵母和鼠)基因组测序计划。1990年,人类基因组计划在美国正式启动,预计在15年内完成预定目标。

表1.1 基因组学中重要的里程碑和事件

年份	里程碑和事件	参考文献
1985~1988	美国国家科学院和国家研究委员会进行讨论,辩论和制订人类基因组计划(HGP)	Alberts 等,1988
1990	人类基因组计划在美国正式开始	Burris 等,1998
1995	第一个自由存活生物,*Haemophilus in fluenzae* 细菌的基因组用鸟枪测序法测序完成	Fleischmann 等,1995
1996	一个国际小组完成了芽殖酵母 *Saccharomyces cerevisiae* 基因组的全部序列测定,标志着第一个真核生物基因组完全测序	Goffeau 等,1996
1998	*C. elegans* 测序协会完成了第一个多细胞生物(*Caenorhabditis elegans*)基因组的完全测序	*C. elegans* 测序协会,1998
1998	微阵列和基因组学一起列入了十项最高科学突破	新闻和编辑委员,1998
2000	利用全基因组鸟枪法完成了果蝇 *Drosophila melanogaster* 的基因组测序。这是第二个,并且是最大的动物基因组测序	Adams 等,2000
2000	美国前总统克林顿宣布即将完成的人类基因组序列(3 000 Mb)是"人类描绘的最奇妙的图谱"	Marshall,2000
2000	一个国家小组发表了开花植物 *Arabidopsis thaliana* 的基因组,标志着第一个植物基因组测序完成	The Arabidopsis Genome Initiative,2000
2001	人类基因组序列草图的两个版本在 *Science* 和 *Nature* 杂志发表,这是以基因组为基础的生物学的基石,在生物学研究历史中提供最丰富的知识资源	Venter 等,2001;Lander 等,2001
2002	发表了两个主要的水稻(*Oryza sativa*)亚种的基因组序列草图。这在农业研究中是一个里程碑并且是第一个经济上很重要的可以利用的谷物基因组序列信息	Yu 等,2002;Goff 等,2002

1994年,在人类基因组计划进行的同时,美国能源部开始规划微生物基因组优先开发,对能源生产、环境修复和生物技术重要的微生物基因组进行测序。1995年7月,基因组研究所发表了流感嗜血杆菌(*Haemophilus influenzae*)Rd(一种非寄生微生物)的全基因组序列(约1.8 Mb)。这代表了利用鸟枪测序法成功地测出了第一个全基因组的序列,该方法是获得基因组序列的快速而有效的方法。这个基因组测序的完成用了一年时间,标志着基因组学纪元的开始。从此以后,陆续有100多种微生物基因组测序完成,并有200多种微生物基因组测序计划正在进行中。

酿酒酵母(*Saccharomyces cerevisiae*)是一种重要的能替代其他生物进行基因组功能分析的物种。与人类和其他真核生物不同,它是一种单细胞生物,并且基因组较小(约 12 Mb)。它能够在合成培养基上生长,因此它生长的化学和物理条件可以被完全控制。*S. cerevisiae* 有一个对典型的遗传分析非常适合的生命循环。已经开发的酵母的有效遗传工具可以将任一基因替换为突变等位基因或将它从基因组中完全去除。1996 年一个国际研究小组完成了 *S. cerevisiae* 基因组的全序列测定。这是第一个完成的真核生物基因组的全序列测定。

在生物学中,黑腹果蝇(*Drosophila melanogaster*)是研究最广泛的生物之一,它常作为研究高等生物(包括人类)许多发育和细胞过程的模型系统。2000 年,利用全基因组鸟枪法完成了该生物的基因组(180 Mb)测序。这成为一个里程碑,标志着 20 世纪的结束并预示着生物学探测和分析的新纪元。至此这是第二个,并且是最大的动物基因组测序。这也是在对这种生物研究的 90 年中最近的一个里程碑。

开花植物的组织和生理特征与其他多细胞生物(如 *c. elegans* 和 *DrosOphila*)大不相同。植物的全基因组序列信息对我们认识植物和动物遗传基础的不同,以及植物基因调节和功能表征是非常有用的。拟南芥(*Arabidopsis thaliana*)是植物基因组分析的一个重要模型系统,因为它的生长期短、繁殖量大,并且基因组较小(约 125 Mb)。它为研究所有植物(包括主要农作物)的遗传方式提供了一个通道。2000 年,一个国际合作团体完成了 *Arabidopsis* 基因组的测序,标志着第一个植物基因组测序工作的完成。

2000 年 6 月 26 日,美国前总统比尔·克林顿将即将完成的人类基因组序列(3 000 Mb)形容为“人类描绘的最奇妙的图谱”,而英国首相托尼·布莱尔预言,基于基因组的研究将领导“一场在医学中的革命,它的影响将远远超过抗生素的发现”。2001 年 2 月,人类基因组序列草图的一个版本发表在 *Science* 杂志上,其作者是由 Celera Genomics 的 CraigVenter 领导的一组研究人员。而另一个版本发表在 *Nature* 杂志上,它的作者是来自 Francis Collins 领导的公开资助实验室联盟的国际人类基因组测序协会组成员。这个基本完成的人类基因组序列是以基因组为基础的生物学的基石,在生物学研究历史中提供最丰富的知识资源。与人类第一次登上月球和第一颗原子弹爆炸相似,人类基因组序列的测定有许多象征性的重要意义,因为它从根本上改变了我们对自己的看法。这是我们首次看到人类内在的遗传骨架,每一个人都是由它塑造的;人类基因组测序的完成对于认识人类生物学及其进化有重要的历史意义,并且翻开了医学上的新纪元。

水稻(*Oryza sativa*)是世界上最重要的谷类作物,占世界农业总产量的 60%。大部分大米被人类直接消费,并且有三分之一的人口依靠大米提供 50% 以上的热量摄取。水稻也是一个研究植物基因表达与调控的重要模式物种。与其他重要的谷物(如高粱、玉米、大麦和小麦)相比,水稻的基因组最小(约 430 Mb)。2002 年,发表了两个主要的水稻亚种的基因组序列草图。这在农业研究中是一个里程碑,并且表明重要经济谷物基因组序列信息首次可以被利用。

全基因组序列的可用性极大地推动了基因组序列功能分析的基因组技术的发展和应用,如微阵列(microarrays)。1995 年,首次提出在玻璃片上用高速机器人印刷互补 DNA 来定量测定相关基因。在这个应用成功之后,DNA 和寡核苷酸微阵列都被用在了监测基因表达和测定特异表达基因方面,包括在酵母中的,不同人类细胞、组织中的以及人类病变的细胞、组织中的基因。1998 年,*Science* 杂志将微阵列列入了与基因组学一起出现的十项突破性技术。类似于微处理器加速了计算过程，基于微阵列的基因组技术使生物系统的基因分析发生了巨大的变化。微阵列技术是一种功能强大的新工具，研究人员可以用它从全面的、动态的分子视角来观察各种生理状态下的活细胞。

人类和其他生物基因组的成功测序也极大地促进了蛋白质组技术的发展和应用，如质谱（MS）。20世纪90年代，质谱仪器和方法所取得的进展为蛋白质化学带来了革命性的进步，并且从根本上改变了蛋白质分析方法。尽管在20世纪80年代末期在蛋白质组学研究方面已经取得了两项重要的技术突破，即电喷雾离子化（ESI）和基质辅助激光解吸附离子化（MALDI），但是直到全基因组序列得到之后，生物质谱才成为蛋白质研究的强大的分析工具。由于得到全基因组序列成为可能，鉴定从特定细胞分离的蛋白质不再需要重新测序，而只需要将短肽的分子量和/或短氨基酸序列与序列数据库中推测的蛋白相关联。生物质谱的快速发展结合许多不同生物全基因组序列的测定完成，也标志着生物学新纪元的开始。

1.4　研究功能基因组学的挑战

功能基因组学的最终目标是利用基因组序列信息和相关基因组学技术将序列与功能跟表型联系起来，并了解自然界中生物系统不同水平的功能。这个目标面临的挑战如下。

1.4.1　阐释基因功能

尽管根据序列相似性比较的计算分析在阐释基因功能上是有用的，但是它只能提供基因功能的一些线索，因为序列相似并不等于功能相似，并且所预测的可读框（ORFs）有相当一部分在功能上也是未知的。另外，由于在不同基因中间复杂的进化和结构－功能关系，通过相似性比较进行基因的功能分配有时候会引起误导或错误。换句话说，基因与酶的关系既有一对一关系，也有多对一关系，还有一对多关系。如此复杂的基因－酶的关系表明根据序列解释功能困难重重。因此，认识基因产物的生物作用必须进行实验分析。然而，在一个复杂的细胞机构和调节网络中阐释每个基因的作用是一项艰难的实验任务。

1.4.2　鉴别和表征生命的分子机构

细胞是所有生命系统的基本工作单元，它们是生物“工厂”，利用由不同蛋白质和其他分子构成的分子“机器”来执行和整合成千上万的分散而高度专业化的过程。蛋白质很少单独工作，它们经常组合成庞大的多蛋白复合体。一些这样的组合体行为很像复杂的机器，执行着基本的细胞功能和代谢过程（如DNA复制、转录、翻译、蛋白质降解），在细胞内、细胞间及其所处的环境间传递着信息流（如信号传导、能力转化、细胞运动），或建造细胞结构。许多蛋白质机器在组成和功能上表现出高度保守性，因此对一种生物性质的认识，也可以应用到其他生物。尽管蛋白质机器的不同类型的具体数量还不清楚，但是全基因组序列分析推测其数量是有限的，可能每个细胞几千个左右。

全基因组测序和蛋白质结构测定的新进展为我们提供了模式生物中许多蛋白质的组成信息，但是这里存在的最大挑战是全面认识和表征存在于生物系统中分子机构的全部功能，并且认识蛋白质是如何使细胞具有它们的性能、结构和高度有序性的。

1.4.3 描绘基因调节网络

所有的生命系统都有能力在空间和时间上作出快速变化来响应细胞内和环境的刺激。这些能力是通过许多个体蛋白质和蛋白质组合物在不同调节控制下进行复杂的相互协作得到的。个体蛋白质和其他大分子用"电线"连接起来,像电子线路一样,形成复杂的遗传调节网络。

基因调节网络是细胞的"大脑"。该网络通过传导途径从细胞内外接收信息、处理信息做出"决定",决定哪些基因表达以及合成多少产物,以及启动合适的细胞和生理响应。遗传调节网络的协调行动决定了活细胞的生理学特性,并且对细胞存活、生长和繁殖至关重要。最近的基因组序列比较表明,一个人的基因数量只有一只简单虫子的 2~3 倍,只有一个单细胞微生物的 5~10 倍。然而,人类却具有很多种不同类型、不同功能的细胞、组织和器官。因此,仅从基因数量上简单的差别不能解释存在于人与虫子或微生物之间巨大的表型差别。这种表型差别主要是归因于遗传调节网络的结构和复杂性。简单生物进化为多细胞生物可能是通过发展更复杂独特的能够巧妙控制复杂的组合基因表达模式的调节网络,同时基因的功能和数量也有适当的扩展。如果这个假设正确,在这样的调节网络中,连接的方式和接点的变化可能戏剧性地改变生物系统的生理性质和行为。然而,认识作为一个整体的基因组功能如何使生命体在复杂的自然历史过程中生活,是一项更大的挑战。

1.4.4 系统水平上而非单个细胞水平上对生物系统的认识

生物彼此间以及与它们的环境之间的相互作用产生了比较复杂的生物系统,如种群、群落、生态系统和生物圈。将基因组引入生命研究所面临的挑战有:利用基因组序列信息去认识从微米到大洲际空间范围内遗传能力和相互作用的结果,在生物系统中将机理研究的遗传水平与功能执行的系统水平联系起来(如个体、群落、生态系统和生物圈)。已知生物中微生物的种类最多,在地球上任何可以想象的环境中都有微生物存在。地球上细菌细胞的总量估计有$(4\sim6)\times10^{30}$个,这些细胞的碳含量有$(3.5\sim5.5)\times10^{14}$ kg。细菌也含有最大量的生物氮(3×10^{14} kg)和生物磷(1.4×10^{14} kg)。然而,相对于植物和动物而言,微生物多样性的范围大部分还是未知的。由于在自然界中发现的大部分微生物处于不可培养状态,关于它们的遗传性质、代谢特征和功能知之甚少。认识和表征不可培养的微生物是一个巨大的挑战。

功能稳定性和适应性是生物系统的两个重要特征。在大的群落生态系统中,生物群落的多样性和稳定性之间的关系是一个长期存在的问题。在大生物体的生态中最活跃、最易引起争论的研究领域之一是生物多样性和生态系统的功能性质之间的关系。其根本问题是维持任何特定的生态系统过程的适当功能或稳定性需要多少物种。争论围绕着相互冲突的数据阐释展开,有些观点认为许多物种功能与其他物种关系密切,而有些研究表明,生物多样性低的群落也能有与生物多样性高的群落具有相同的产率。一系列卓有成效的意见,表明了这个问题的两个方面,但是争论仍然悬而未决,主要是因为在实验中无法测量不同物种的功能的作用。

一个关键的问题是不同生物的功能特性如何相互作用产生出由许多不同类型生物组成的群落总的功能性和稳定性。一般认为,生物系统功能的稳定性和适应性是由个体种群遗传和代谢多样性来决定的,包括它们对环境变化的响应能力。基因组时代的早期阶段不可能检验这种假设,因为得到遗传信息很困难。随着近来基因组学和基因组技术的迅猛发展,我们有机会将亚细胞代谢过程与复杂自然环境中生物群落功能表现联系起来。

1.4.5 计算机上的挑战

新陈代谢、驱动细胞过程的生化引擎以及它的组成可以通过注释基因组序列数据来定义。将基因组信息翻译成代谢功能、生理、生长和行为潜能是在直接遗传控制之下达到整体生物水平。一个巨大的挑战是利用一个怎样的基本数量的“组件目录”,并且利用模拟生物细胞功能的计算机模型来合成这些组件。在单一生物水平之上,多种个体(物种)的相互作用驱动着影响进化和生态系统动力学的生态过程。个体生物是进化和生态过程的基本单元。挑战之二是将计算模型和模拟得到的细胞水平过程的知识进行综合,去认识种群、群落和生态系统水平动力学,以便获得通过认识个体生物或种群不能解释的进化和生态过程的新知识。

1.4.6 多学科协作

为了预测在理想环境条件下生物系统全部范围的功能和行为动力学,在所有水平上进行全面认识是必要的。这是一项艰巨的任务,它至少需要几十年时间(可能还要更长)。没有一个实验室、研究所或政府机构能包含如此宽广和精深的生物学知识和技术专长来对基因组序列的综合功能以及它们在不同规模上生物系统功能执行的相互关系进行表征。来自许多研究所的不同研究领域的研究者之间的协作需要面临这些挑战。并且,形成如此庞大而有效的队伍本身也是一种挑战。

1.5 我国基因组学研究进展

中国的基因组学研究起步于20世纪80年代末,经过了30多年的快速发展,已经具有相当规模,在国际同类研究中占有一席之地。在基因组解析能力、全基因组序列组装等领域处于世界先进水平,在蛋白质组学、表观遗传基因组学以及基因组生物信息等方面同样取得了突出的先进成果。在基因组学方面,在2005年1月至2010年7月的5年多时间里,我国科学家在*Science*、*Nature*、*Nat Gene*、*Nat Med*、*Am J Hum Genet*等本领域的5个国际顶级期刊发表文章20多篇,在影响因子前10位的遗传学刊物上发表学术论文60多篇。我国科学家独立开展了“炎黄一号”计划,相继完成了水稻、鸡、黄瓜、家蚕、大熊猫、血吸虫、鳎米鱼等多个大型基因组的测序。基因组学的研究带动了蛋白质组学、表观遗传学及生物信息学等研究的发展,同样取得了重要的学术成果。我国科研人员建立了人胎肝转录组及其蛋白质组,筛选得到一种可以选择性干扰抑癌基因的重要的新型蛋白质;鉴定并发现了多个新表观遗传控制基因,如发现染色质组蛋白质H3K79甲基化调控机制和在白血病中的作用等。在生物信息学方面,我国科研人员提出并建立了密码学方法;提出了将图谱分析用于确定蛋白与蛋白相互作用的网络拓扑结构等模型;自主研发了KOBAS和GOEAST等多个基因表达调控网络模型;破译处理复杂“组蛋白编码”;利用叶贝斯网络推算蛋白各种不同修饰和基因表达之间的因果关系及组合关系。

第 2 章　生态与环境基因组学

2.1　生态与环境基因组学的含义

随着生态学和环境科学的深入发展,生态与环境基因组学已成为生态学和环境科学前沿研究领域,正在从基因、蛋白质、器官和整体水平深入开展研究工作。

生态与环境基因组学是一门应用功能基因组学原理与方法来研究生命系统与生态环境系统相互作用机理及其分子机制的学科。生态与环境基因组学的研究可以了解有机体响应自然环境的遗传机制,了解基因组在更高水平的组织中的相互作用规律,从而通过这些遗传机制和组织间的相互作用来明确有机体适应生态环境的进化机制。

生态与环境基因组学的研究大量采用分子生物学的新方法、新技术,突破了传统的生态学、环境学这样的以个体水平为主、以描述现象为目的的研究模式,逐渐深入到个体、细胞、亚细胞,甚至生物大分子等各层次,以阐述机理为目的,利用分子遗传学和基因组学的分析结果,结合生态学相关野外或实验室研究成果,使对生物进化和适应的研究从传统的研究表观生理适应现象等研究层面发展到现代的研究生理适应的内在机制及生物生存、进化、适应意义等研究层面上来。其特点是强调生态与环境研究中宏观与微观的紧密结合,在适应、进化等生态、环境现象的研究中不仅注意了解外界作用因素,而且注意分析内部的作用机制,从分子水平上阐明生物对生态环境的适应与进化的机制。

2.2　生态与环境基因组学的研究对象

生态与环境基因组学的研究对象分为模式生物与非模式生物,拟南芥等模式生物是具有很多功能基因组学相关资源,可以从根本上阐明遗传学与进化的相关机制,在生态基因组学研究中发挥了举足轻重的作用。但是它们在人类干扰的生态环境中的生态学背景知识是缺少的,尤其是线虫,从而阻碍了对于适应性的遗传学基础的进一步深入研究。越来越多的研究证实自然生态环境和人为环境之间的表型性状及其潜在遗传基础可能不同,特殊的生态环境会对生物反应和进程产生不可预见的后果。另外,模式生物常具有世代时间短、地理分布广、对生态环境条件的响应广等特征,如果仅对模式生物进行研究,将不能全面了解地方性物种、珍稀濒危物种、寄生物种、共生物种、复杂生活史的物种等对环境的适应与进化特征。因此,并不能完全采用模式生物来阐明生态学与进化生物学的关键问题。开展自然环境下非模式物种的生态基因组学研究对于了解生物对可变环境条件的响应的分子机制具有重要意义。

2.2.1　模式生物

早期的生态与环境基因组学的研究较多地集中在模式种的研究上,如拟南芥(*Arabidop-*

sis thaliana)、酿酒酵母(*Saccharomyces cerevisiae*)、大肠杆菌(*Escherichia coli*)、枯草芽孢杆菌(*Bacillus subtilis*)、秀丽新小杆线虫(*Caenorhabditis elegans*)等,并取得了较好进展。

拟南芥为十字花科(Brassicaceae) 鼠耳芥属(*Arabidopsis*) 草本植物。拟南芥一直以来作为生态和进化遗传学的一个模式种,具有其他植物无法代替的优点,如生长周期短、基因组小(仅有 5 条染色体,1.3 亿个碱基对)、容易获得大量的突变体和基因组资源、种子多、形态特征简单、生命力强、容易培养等,在分子遗传学、基因组学等领域发挥了重要作用。拟南芥在 2000 年就成为第一个基因组被完整测序的植物,可以通过互联网获得拟南芥的相关基因组信息(http://www. arabidopsis. org) 。拟南芥可对各种非生物环境因子,包括光、养分和水分等,产生生理和发育水平的响应,还会对真菌、细菌、昆虫等生物因子产生抗性响应,在生态基因组学研究中发挥了重要作用。目前发现的拟南芥共有 750 多个生态型,这些生态型的拟南芥在形态发育、生理反应方面有着相当大的差异,合适的生态型可较好地用于生态基因组学的分析。作为生态基因组学研究的模式生物,拟南芥的研究将促进生态学、分子遗传学和进化基因组学的整合。

酿酒酵母为酵母科(Saccharomycetaceae) 酵母属(*Saccharomyces*)的一种单细胞生物,能够在基本培养基上生长,生命周期较短; 易于进行遗传学操作。1997 年,酿酒酵母作为第一个真核基因组完成全基因组测序,可从互联网获得相关基因组信息(http://www. yeastgenome. org)。酿酒酵母遗传背景清晰,一直作为遗传学与分子生物学的模式生物。近年来,由于酿酒酵母天然种群的遗传变异在进化及功能上具有重要意义,因此开始作为生态基因组学研究的模式生物。酵母承受较大的生态压力,是一种研究生物响应环境胁迫的良好的模式生物,在阐明物种形成、表型多样性、环境胁迫响应等方面的研究中起到了重要作用。

秀丽新小杆线虫为小杆科(Rhabditidae) 隐杆线虫属(*Caenorhabditis*) 的一种可以独立生存的线虫。1998 年秀丽新小杆线虫作为第一个多细胞生物完成基因组的测序,可从互联网获得相关的遗传信息(http://www. wormbase. org /) 。秀丽新小杆线虫因其遗传背景清晰,生活周期短,结构简单,个体小,雌雄同体,容易繁殖,后代多,因此被大量应用于现代发育生物学、遗传学和基因组学的研究。线虫(*Nematode*) 是土壤中丰富的无脊椎动物之一,在土壤的食物链中起着非常重要的作用,其与微生物分解者的相互作用可以影响营养循环等生态系统过程。线虫对环境因子变化十分灵敏,广泛应用于生态基因组学研究。虽然秀丽新小杆线虫的生态环境学背景知识较少,但其作为模式生物,在生态环境基因组学中常用于开发具有生态重要特性的基因功能。

2.2.2　非模式生物

随着分子生物学技术的开发与完善,近年来越来越多的非模式生物被应用于生态基因组学的研究,为生态学的发展提供了重要的理论与实践依据。非模式种主要分为两类,一类是与模式生物的亲缘关系较近,可采用跨物种 DNA 杂交技术(cross – species DNA hybridization) 鉴定分析相关基因组学信息的非模式生物。如线虫属与秀丽新小杆线虫具有比较近的亲缘关系,可利用秀丽新小杆线虫相关的芯片来分析线虫属对草原环境的适应。另一类是拥有较多的基因组学信息,同时具有较高的多样性和较大的表型可塑性的物种,如猴面花(*Mimulus luteus*) 、太阳花(*Helianthus annuus*) 、野生番茄(*Solanum lycopersico*) 、水蚤(*Daphnia pulex*),正逐渐成为生态基因组学研究的新的模式生物。如水蚤,为蚤科(Daphniidae）蚤属（*Daphnia*）的淡水甲壳类动物，通体透明，容易采集，世代时间较短，易于培养。水蚤的基因组学较小并已经完成基因组测序，约 200 Mb，基因数量达 30 907 个。水蚤具有清晰的生态环境学背景，在水生生态系统中是一种对环境变化较为灵敏的物种，容易对它们的生态环境变化作出反应。如水蚤在对掠食者释放的化学物质作出反应时，会长出诸如保护性的尾刺、盔甲和颈齿等。水蚤还可适应很广范围的酸度、毒素、氧气浓度、食物质量和温度。因此，水蚤也是一个很好的研究水生生物对环境响应的生态基因组学的模式系统。

2.3　生态与环境基因组学研究的主要项目

2.3.1　生命统计学

生命统计学，研究分析生态环境和基因之间的关系，建立用于分析大分子物质包括 DNA、RNA、蛋白质的计算机分析数据库以及基于 Web 的资源的开发和利用等。

2.3.2　DNA 测序

该研究项目包括进行 DNA 测序或序列分析，人群中遗传学变异的测定，同源性测定，侧翼序列和内含子/外显子分析、增强子和其他一些调节域的分析等。

2.3.3　社会、法律和伦理学的应用

生态与环境基因组学的研究有助于提高人们对相关疾病的认识，同时可帮助卫生人员制定相应的疾病预防政策，但是它在社会学和伦理学上也存在一些问题。首先就是如何保护那些参与研究的个体；其次是研究结果的利用以及研究发现如何为社会上的大多数人服务。目前这些问题尚未得到足够的重视。

2.3.4　功能分析

功能分析包括结构功能研究、酶学研究、细胞定位、蛋白质折叠、组织－器官特异基因表达模式、功能基因分析、转基因或其他实验动物模型、体外或细胞系培养方法等。目前在这方面，科学家已经在酵母的氧化 DNA 修复的生化遗传学研究、人类乳腺细胞色素 P_{450} 和有机氯化合物研究、遗传和毒理研究、细胞色素 $P_{450}E_1$ 方面取得了一些进展。

2.3.5　人群方面的研究

人群方面的研究包括环境和分子流行病学研究、生物标记、基因易感性、环境和基因之间的相互作用等。目前在这方面，科学家已经在乳腺癌的环境和遗传的发病、毒理学的临床和基础联合研究、前列腺癌的分子流行病学研究、乳腺对环境致癌物的易感性、职业性苯暴露中的分子生物标记等方面取得了一些进展。

2.3.6　技术的发展

在技术方面主要发展一些用于基因或蛋白质功能研究的技术，包括 DNA 微点阵技术、

质谱、高效液相色谱、毛细管电泳、全细胞蛋白质内容分析等。目前在遗传和物理图谱方面有了一些新进展。

对具有遗传易感性的人群(或亚群)进行研究能精确地鉴定出引起疾病的生态环境成分和危险度。然而,由于复杂的和多方面因素的相互作用,已鉴定的个体多态性并不能准确地预测出个体对暴露的危险度。每个个体的完整暴露危险度取决于外加暴露史、营养状况、发育过程、年龄和性别及其他因素。生态与环境基因组计划(Environmental Genome Project,EGP)所构建的资料库将使我们在流行病学研究中充分认识到生态环境与疾病的相互关系。对易感的人群或亚人群进行鉴定后,可从人群中区分出易感人群。生态与环境基因组计划将为未来的易感性基因产物和对环境暴露的遗传学反应的分子机理研究提供信息,同时在流行病学中,有针对性地进行环境暴露的分子遗传学研究以及建立一套全新的技术方法。

分子遗传学方法提供了一套进行系统分析和比较分析的有力手段。遗传学认为遗传变异的易感性是人类多种常见病的特征,多数疾病的遗传易感性与一个或若干个基因的相应等位基因有关。而遗传流行病学已表明特异基因的特定等位基因是某些疾病的易感原因。目前有两种不同而互补的基因组方法,一是"基因型(genotype)"法,研究基因型变异如何产生表型的变异,这取决于物理图、遗传图及 DNA 多态性。二是"表达(expression)"法,这取决于部分序列的 cDNA 克隆和基因组编码的更多的蛋白,进行整套基因表达方式的比较和这些产物功能特性的研究。目前我们未能识别所有重要序列,也未能获得大群体中足够的信息,在人类 10 万个基因中只靠几百个基因的信息是很难鉴定大部分基因对有害环境因素的易感性的。

生态与环境基因组学研究有助于寻找环境因素易感基因,遗传和物理图谱的建立以及测序工作的进展促使了大批基因的发现和分离。随着基因组上各种作用坐标的密集和已测序基因的增多,克隆特定基因日趋容易和精确。比如"候选基因"克隆法已发展成为"定位候选基因"克隆法。这些进展使得寻找基因组中负责对辐射和化学物易感型的基因变得切实可行了。现已证明一些基因在环境暴露的易感性中起重要作用,但这些基因多态性还未被系统地分析、鉴定和报道。目前已列入环境基因组研究计划目录的候选基因有:异源生物体代谢和解毒基因、激素代谢基因、受体基因、DNA 修复基因、细胞周期相关基因、细胞死亡的控制基因、参与免疫和感染反应的基因、参与营养的基因、参与氧化过程的基因以及与信号传导有关的基因等。多态性中心数据库的建立,可支持等位片段的功能研究和疾病危害度的群体研究。群体流行病学的研究将基于鉴定引起疾病的等位片段和环境暴露。当然,除了上述基因,生态与环境基因组计划还包括易感性基因的研究。

2.4　生态与环境基因组学研究的意义

研究基因与生态、环境暴露在中国有很大的前途。虽然在人类基因组计划实施过程中越来越多的基因被发现,但引起人类复杂疾病的相互作用基因和环境因素还有待进一步研究。中国人口众多,具有研究复杂疾病的很多优势,如:13 亿的人口资源,包含大量罕见或常见疾病的个体;在很多地区保留下来的相对异质性人群;分层相差较远;城市/乡村和地理上环境因素和疾病发生的情况相差很大;家系成员趋于聚集性;流行病学调查较西方国家的费用低得多。在中国,环境和健康的问题一直得到很高的重视,1999 年 11 月,中国环境诱变剂学会在汕头大学召开第九届全国学术会议,讨论了环境因素与人类、动物、植物疾病的关系。因此,有选择地研究生态环境对特种人群的影响,对于提高公众的健康水平,具有非常现实的社会效益。生态与环境基因组计划的主要目标是推进有重要功能意义的环境应答基因的多态性研究,确定其引起环境暴露致病危险性差异的遗传因素,并以开展和推动环境－基因相互作用对疾病发生影响的人群流行病学研究为最终目的。EGP 的科学家试图确定这些基因在物种个体之间是如何变化的,以及这些变化是否与疾病易感性有关。为此,他们计划首先“重新测序”一组代表典型美国人群的个体的 DNA 样本中的这些基因,寻找单碱基突变,即 SNP。起初,一些专家对这项计划的可行性持怀疑态度,但随着测序成本的降低以及基因组研究人员意识到 SNP 发生的模式与疾病紧密相关,这些疑虑被逐渐打消。

生态与环境基因组学的发展将会促进基因组学研究方法的快速发展。早期的生态与环境基因组学研究集中于对模式物种的研究,随着生态与环境基因组学的发展,越来越多的天然环境中的非模式物种被应用到相关研究中。非模式物种不具备详细的基因组学相关信息,这就需要出现大量的新技术以降低研究成本,并使非模式生物的研究成为可能。非模式生物生态基因组学的研究促进大规模的平行测序、下一代测序方法、SuperSAGE 方法、RNAi 基因沉默等方法来研究功能基因组学等新技术的进一步发展与完善。

生态与环境基因组学广泛应用于生态学研究的各个领域,发挥了其他技术及学科所不可替代的重要作用,并将在物种间的相互作用、进化生态学、全球变化生态学、入侵生态学、群落生态学等研究领域发挥更大的作用。采用生态与环境基因组学方法阐明生态及进化的分子机制,如阐明时间及空间上的生态环境变异引起的天然选择及其生态学后果及机制等成为研究的热点,其取得的成果也将极大地丰富生态学和进化生物学的学科理论发展。基因组学的方法将不会取代传统的生态学的方法,但会进一步增强生态学实验中获得的信息的类型。生态基因组学提供了新的方法研究这些分子的特性,可提供新的、独特的视野以了解生态学现象。生态环境基因组学的发展要求多学科的综合,如综合分子生物学、生态学、生理学的学科知识探索生物有机体在环境选择压力的驯化过程中如何通过可塑性的变化来适应环境的变异。在后基因组时代,进化基因组学和生态基因组学的研究不仅有助于在理论上破解生命奥秘,阐明基因组结构和功能产生的过程,也可理解代谢途径、遗传和发育过程中的机制,而且对诸如形态等表现型变异的分子基础研究将直接导致技术上的突破,对人类经济生态平衡、环境保护和健康生活带来前所未有的影响。

第3章　模式生物基因组学

3.1　模式生物的定义

模式生物学就是利用模式生物来研究生物学问题的学科。由于生物进化的保守性,在某一种生物过程很可能在高等生物(例如人)中也是类似甚至完全一样的。因此,研究人员可以利用一些技术上更容易操作的生物来研究高等生物的生物学问题。从严格意义上来说,这不是一门独立的学科,国外也没有专门设置这个学科,而只是把它作为一种研究手段和方法而已。目前在人口与健康领域应用最广的模式生物有:噬菌体、大肠杆菌、酿酒酵母、秀丽新小杆线虫、海胆、果蝇、斑马鱼、爪蟾和小鼠。在植物学研究中比较常用的有拟南芥、水稻等。

研究分子生物学的基本问题,用简单的单细胞生物或病毒通常更方便些,这些生物结构简单并且可以快速大量地生长,通常可以把遗传学和生物化学的研究方法结合起来,而其他问题,如有关发育的问题,通常只能用更复杂的模式生物来解决。例如,噬菌体(如 T_4 噬菌体)被证明是一个解决基因和信息传递本质的理想体系;酵母具有高效的适合遗传分析的交配体系,所以酵母成为解释真核细胞本质的首选系统;线虫和果蝇也提供了很好的遗传系统,用来解决那些在较低等的生物中不能有效解决的问题,如发育和行为;最高等的模式生物小鼠,尽管它不如线虫和果蝇容易研究,但因为它是哺乳动物,所以是了解人类生物学和人类疾病最好的模式系统。

3.2　模式生物基因组研究进展

模式生物是人们研究生命现象过程中长期和反复作为研究材料的物种。早在20世纪20年代人们就发现,如果把关注的焦点集中在相对简单的生物上,则发育现象难题可以得到部分解答。因为这些生物的细胞数量少,分布相对单一,变化也较好观察。由于进化的原因,细胞生命在发育的基本模式方面具有相当大的同一性,所以利用位于生物复杂性阶梯较低级位置上的物种,来研究发育共同规律是可能的。尤其是当在有不同发育特点的生物中发现共同形态形成和变化特征时,发育的普遍原理也就得以建立。因为对这些生物的研究具有帮助我们理解生命的一般规律的意义,所以它们被称为“模式生物”。随着科学的发展,其范围也在不断地扩大。模式生物在现代生命科学舞台上扮演着举足轻重的角色,已经成为各国生物学家关注的焦点。目前 HGP 已揭开了新的一页,从基因组与环境相互作用的高度阐明基因组的功能,即功能基因组学。模式生物基因组计划作为 HGP 的重要组成部分,在 HGP 特别是在比较基因组学研究中扮演着重要的角色,对提前完成 HGP 的主要目标起着前所未有的作用。

3.3　模式生物的基因工程

3.3.1　原核生物模式生物

原核生物中的大肠杆菌(*Escherinchia coli*)、枯草芽孢杆菌(*Bacillussubtilis*)和酸根还原细菌(*Archaeoglobus*)是有代表性的模式生物。大肠杆菌无疑是所有微生物中被研究得最深入的一种,它的全基因组序列的获得更巩固了革兰氏阴性菌中作为领袖模式生物的地位。枯草芽孢杆菌是针对生态与环境生物技术相关的革兰氏阴性真细菌;酸根还原细菌是一种嗜热和降解硫的微生物,独特的生活习惯使其成为研究微生物和种群的一个模型。

3.3.1.1　大肠杆菌基因组学研究进展

大肠杆菌是相对简单的单细胞生物,因为细菌没有细胞核,其 DNA、RNA 和蛋白质合成的机器都包含在同一细胞器中,可以相对容易地培养和操作。大肠杆菌只有一条染色体,比高等生物的基因组要小得多,并且具有较高的基因密度(大约每 1 kb 就有一个基因),没有内含子和很少有重复 DNA,易于寻找和分析基因。另外,大肠杆菌的生活周期很短,单个细胞可以很容易地获得一个遗传上同源的细胞群体(克隆),细菌是单倍体,这意味着即使是隐性突变,也能够表现出突变的表型,同时细菌与细菌之间可以方便地进行遗传物质的交换,细菌的这些特征便于对其进行遗传学研究。20 世纪 70 年代初期,在建立 DNA 重组技术的同时,便开展了对大肠杆菌基因组的研究,目前对大肠杆菌的研究主要集中于揭示其新的功能基因,查明 DNA 序列和基因结构的特点,以及基因间的调控关系(即对操纵子学说的补充和扩展)等,这一技术路线也成为其他模式生物特别是人的基因组计划研究的技术路线。表 3.1 为大肠杆菌中的重要发现年表。

表 3.1　大肠杆菌中的重要发现年表

年份	重要发现
1886	T. Escher 提出“大肠杆菌”
1922	Herelle 发现溶源性和噬菌体
1940	M. Delbruck 提出噬菌体生长动力学(1996 年诺贝尔奖)
1943	S. Lura 提出统计学方法解释噬菌体生长曲线(game 理论)(1969 年诺贝尔奖)
1947	E. Taum 和 J. Lederberg 提出共轭作用(1958 年诺贝尔奖) A. Kelne 和 R. Dulbecco 提出紫外线损伤修复理论(对肿瘤病毒学贡献获诺贝尔奖)
1954	M. Chase 和 A. Hershey 应用放射性同位素发现 DNA 是遗传信息承载者(1969 年诺贝尔奖)
1959	A. Lwoff 发现第一个基因调控因子:噬菌体免疫性(1965 年诺贝尔奖) A. Kornberg 发现 DNA 聚合酶 I(1959 年诺贝尔奖) J. Lederberg 发现第一个被分离的基因 gal 基因转化 M. Grunber – Manago 和 S. Ochoa 发现多核糖磷酸化(RNA 合成)(1959 年诺贝尔奖)
1960	M. Meselson 和 F. stahl 发现 DNA 半保留复制
1961	F. Jacob 和 J. Monod 提出操纵子学说和“诱导合成”假说(1965 年诺贝尔奖)
1964	W. Arber 发现限制性内切酶(1978 年诺贝尔奖)
1965	A. L. Taylor 和 M. S. Toman 绘制了 99 个基因的基因组物理图谱 B. Bachmann 进行了菌株收集

续表3.1

年份	重要发现
1968	几个课题组同时发现了DNA连接酶
1976	P. Berg和D. Kaiser发明DNA杂交
	H. Boyer和S. Cohen申请基因工程专利
1978	应用W. Gilbert发现的Lac操纵子和F. Sanger的大肠杆菌聚合酶,发明了测序技术
1979	H. Schaller的启动子;C. Yanowsky的自身疫苗;H. G. Wittann描述了核糖体机构的概况
	H. Goodmann在大肠杆菌中表达兔的胰岛素
	K. Itakure和H. Boyer合成基因表达
1980	M. Smith定点突变(1993年诺贝尔奖)
1985	K. B. Muillis发明聚合酶链式反应(PCR)
1988	Y. kohara和K. Isono全基因组的限制性图谱
1990	M. Kroger的生物特异性序列数据库
1995	用大肠杆菌比对流感嗜血杆菌的全基因组序列
1999	由H. Mori领导完成了系统测序
2000	F. Blattner的系统测序完成
	核糖体的三围结构被四个课题组同时提出

当大肠杆菌测序工作结束时,大部分基因组的特征已经被获知。人们不再以大肠杆菌的测序作为一个突破。众所周知,基因组几乎完全被基因覆盖,尽管人们只知道一般基因的遗传性质。因为基因密度高,因此研究者发现一个大于2 kb的非编码区域,将其定义为"灰洞",研究者还发现复制的末端和复制的起始几乎完全相反,复制方向之间没有特殊区别。大约40种正式描述的遗传特性不能被定为或者得不到序列支持。另外还有例子证明一个基因同时存在几种功能。研究者同时发现绝大多数多功能基因以一种通用控制因子角色参与基因表达,并有研究人员测定了重复基因的数目,若不计核糖体操纵子,测定出所得的数目并没有出人意料。几种菌株的差别导致了可以得到几种序列的差别,因此基因数目和核苷酸有微小差异。表3.2为一些大肠杆菌基因组的统计特征。

表3.2 大肠杆菌基因组的统计特征

总长度	4 639 221 bp	根据Regulon的数据	根据Blattner的数据
翻译单元	证明数	528	
	预测数	2 328	
基因	总发现数	4 408	4 403
	调整	85	
	基本必需的	200	
	非必需的	2 363	1 897
	未知的	1 761	2 367
	tRNA	84	84
启动子	rRNA	28	29
	证明数	624	
	预测数	4 643	

续表 3.2

总长度	4 639 221 bp	根据 Regulon 的数据	根据 Blattner 的数据
位点		469	
交叉调控	发现数	642	
	预测数	275	
终止子		96	
核糖体结合位点		98	
基因产物	调节蛋白	85	
	RNA	115	115
	其他肽段	4 190	4 201

3.3.1.2　枯草芽孢杆菌基因组学研究进展

芽孢杆菌属的细菌,通常是需氧的革兰氏阳性,能够形成内生孢子的杆状细菌,长期以来被用作分子生物学适宜的实验生物。有趣的是,它要靠其基因组的测序来还原其真实的生存环境。当然,树叶落在土壤上,人们自然在那里发现枯草芽孢杆菌,但是其本原的小生存环境是树叶的表面。因此,如果人们想把这种细菌用于工业生产,改造其基因组,或者仅仅是想理解其基因组中所编码基因的功能,那么了解调控其生命周期和相应基因表达的自然生长环境条件,就显得非常重要。目前,芽孢杆菌属至少有 65 个被描述的种,16S rRNA 序列分析显示它们分属于 5 个不同的分支。1997 年 11 月 20 日《自然》杂志公布枯草芽孢杆菌全基因组 4 214 810 个碱基对的序列,在超过 4 100 个编码蛋白质的基因中,53% 只出现了一次。25% 的基因属于由于基因复制而形成的基因家族。其中最大的家族含有 77 个已知和潜在的腺苷三磷酸结合盒(ABC)透性酶,说明枯草芽孢杆菌有大量与代谢相关的基因。目前,已经完成了芽孢杆菌属的其他致病菌的染色体序列分析。

另外,在枯草芽孢杆菌中还有一个特殊系统(非环状 cAMP)介导的与功能代谢相关的抑制调控。引人注意的是,在枯草芽孢杆菌中,除了预期存在的葡萄糖介导调控,与蔗糖有关的碳源通过复杂的高度调控通路扮演着重要角色,这说明与植物相关的碳供应通常是作为这种细菌的主要碳源。同样,枯草芽孢杆菌也可以利用其他草本类植物合成的碳水化合物来供自身生长。枯草芽孢杆菌与植物联系紧密的原因在于它能在很大范围,最高可在 54 ~ 55 ℃的温度内生长,这在大规模工业生产时是一个非常有利的特点。这表明枯草芽孢杆菌的物质合成机制包含了调控元素和实现这一多样性的分子伴侣。这可能与其加倍的基因有关,加倍使得酶具有广泛的温度适应性,继而使得菌种可以适应不同温度。由于枯草芽孢杆菌的微环境是植物,所以它们也要受到干湿变化的影响。与此相一致的是枯草芽孢杆菌抗渗透压的能力非常强大,它可在 1 mol/L NaCl 浓度的培养基中长势良好,并且白天的高氧浓度也不会对枯草芽孢杆菌造成伤害,它有自我保护机制,其有 6 种编码过氧化氢酶的基因,包括含铁的类型。

由这些现象得出的结论就是正常的枯草芽孢杆菌的微环境位于植物叶子表面。这与过去观察到的现象一致,枯草芽孢杆菌构成了腐败干草上的主要生物细菌群落。此外,与这种细菌对各种环境的高度适应性相符合,枯草芽孢杆菌是一种可形成内孢子的菌种,它的孢子对于各种不良的有害因素都具有高度耐性和抗性,如抗热性、抗干性、抗化学药剂性及抗辐射性。

通过分析枯草芽孢杆菌基因组的重复序列发现一个意想不到的特征:在实验室的168号菌种不存在插入序列,这与大肠杆菌相反。对于重复片段空间分布的严格限制性质,使得其基因组内的重复片段最大不超过25 bp。对重复序列空间分布限制和基因组内不存在插入序列说明对其避免或(和)消除的机制已经得以发展。这项观察结果与生物技术相关性较大,因为生物技术实验中涉及扩增多拷贝以提高其产量。尽管生物体的结构和功能之间一般并不存在特定的某种联系,但自然选择压力已经调整了基因和基因产物的平衡。

枯草芽孢杆菌中基因组存在独特的局部重复,体现外援DNA的Campbell - Like式整合,这与在它的进化过程中参与重组很吻合。对重组来说,必参与突变与纠错。在枯草芽孢杆菌中,MutS和MutL是同源发生的,被研究者推测为辨别错配的碱基对。MutH能将子链和母链区别开来,但至今尚未鉴定其活性对应者,所以无法知道错配修复系统是否更正合成链中的错误。

欧洲 - 日本功能基因组学联盟致力于枯草芽孢杆菌的基因失活工作,在这项工作中,共统计了4 100个基因,其中271个是在实验室富营养条件下培养所必需的基因。它们的大部分基因可以归到一些大的可预见功能识别的基因,例如细胞生物合成、信息处理、分化和能量管理等。而剩下的基因就归到被认为不是基因必需的类别里,例如一些EMP糖酵解途径基因等。引人注意的是,在26个被归为“其他功能基因”,其中7个属于或携带(ATP)GTP - 结合蛋白的标记,现在看来是为了修饰RNA。除了鉴定枯草芽孢杆菌的必需基因之外,欧洲 - 日本功能基因组学联盟计划还得到了几乎所有的枯草芽孢杆菌突变体,最近鉴定出由两部分组成的系统desKR,它调控des基因表达。des基因编码去饱和酶,该酶能修饰膜的磷脂层以及对冷环境的适应性。为了解desKR系统只是对des调节起作用,还是在整个冷适应调控中都起作用,大型阵列研究不失为一种筛选方法。看起来应该是desKR系统仅仅调控des基因的表达。出人意料的是,这项研究工作同时发现了很多与冷激活相关的辅助基因,这些基因中有一半在这之前被认为是未知功能基因。

枯草芽孢杆菌一般在工业上产酶和食物发酵被认为是安全的。核黄素就是用基因工程改造过的枯草芽孢杆菌发酵产生的。枯草芽孢杆菌的杂合基因高水平表达比较难。与革兰氏阴性菌相比,富含A/T的革兰氏阳性菌有着更为合适的转录和翻译信号;尽管枯草芽孢杆菌有一个和rsp相对应的基因,但是它缺少对核糖体S_1蛋白反应的功能,即识别翻译起始密码子上游的核糖体结合区。作为生物领域的重要工程菌株了解基因组内容更为食品工业开辟了一片新天地,尤其可以使食品成分更加健康。

3.3.1.3　酸根还原细菌基因组学研究进展

酸根还原细菌是一个严格厌氧的、超高温生长及能还原硫的古细菌。硫还原生物对于生物圈是很重要的,因为生物硫还原是全球硫循环的一部分。几乎很少有原核生物可以通过硫还原生存,酸根还原细菌在这方面很特殊:其一,它们都是古细菌的成员,所以与细菌类中的硫还原菌无关;第二,它们是硫还原菌中唯一嗜热的,这就使它们可以在极端环境中生长,例如热水或地下油田。

酸根还原细菌基因组计划是由微生物基因组项目的US能源部门自助完成的。最终基因测序的编码区可以结合两套的可读框来鉴定,一套是GeneSmith,由TIGR的H. O. Smith开发;另一套是CRITICA,由Urbaba的G. J. Olesen等开发。两套最后被整合为一个被大家认可的可读框。

酸根还原细菌基因组计划所选择的方法有以下优点：

(1)因 TIGR 有相对较大的自动配对序列仪，整个基因组随机序列较快，包括测序之前的绘制图谱阶段。

(2)在 DOE 微生物基因组计划中，TIGR 针对甲烷球菌和酸根还原细菌的策略和测序技术与建立在多元测序基础上的方法相比，无疑具有更大的优势。完成两个基因组测序比完成一个的时间还要短。

(3)最后请分类专家组对结果进行分析，确保最后的准确性，这比目前的任何自动系统都要精准得多。

酸根还原细菌基因组成果显示，其基因组大小为 2 178 400 bp，(G + C)的平均质量分数为 48.5%，3 个(G + C)质量分数小于 39% 的区域已经被鉴定，其中两个是编码脂多糖酶生物合成的。2 个(G + C)质量分数大于 53% 的区域是与亚铁血红素合成相关的核糖体 RNA 的编码区和蛋白质的编码区。根据生物信息学分析显示，基因组只含有一种编码核糖体 RNA 的基因。编码其他 RNA 的基因是 46 种 tRNA 编码基因，其中 5 种有内含子，大小为 15 ~ 62 bp，没有明显的 tRNA 簇、7S RNA 和 RNA 酶 P。基因组中 0.4% 的基因是为了稳定 RNA。基因组里具有 9 个长的重复编码片段区已被鉴定，其中 3 个可能代表了 Is 元件，还有 3 个编码在其他基因组中鉴定为假定保守蛋白。公认的可读框包共包含 2 436 个成员，平均长度为 822 bp，每千碱基对含 1.1 个可读框，基因密度略高于其他微生物基因组；缺乏终止密码子。预期的起始密码子是：ATG(76%)、GTG(22%)和 TTG(2%)，没有内切肽。其白质等电点(中间 PI 为 6.3)比其他原核生物的要低，其他的峰值一般在 5.5 ~ 10.5 之间。酸根还原细菌中，相似基因家族数量颇多，有 242 个家族，719 个成员(占可读框的 30%)。在 1/3 已经鉴定了的家族(242 个中有 85 个)中，所有成员都具有生物学功能是可预测的。最大的家族包括了参与能量代谢、运输和脂肪酸代谢的基因成员。

葡萄糖被认为是酸根还原细菌的碳源，但是在基因组中却没有一个关于葡萄糖吸收运输或是催化通路被发现，预测是存在隐藏基因位于未鉴定功能的读码框内。另外，酸根还原细菌具有复杂的感觉和调控网络，这些网络包含了 55 种被认为转换信号的组氨酸激酶，但只发现了 9 种响应调控元件。

3.3.2　真核模式生物

3.3.2.1　出芽酵母

出芽酵母即酿酒酵母，可以说是被人类应用的第一种微生物。最早追溯到公元前 6000 年，就有关于人类利用酿酒酵母的记载。数千年来，其一直被用于制作面包和酒类饮料。酿酒酵母是一种单细胞生物，细胞形状呈卵形、椭圆形或者圆形，宽度为 2.5 ~ 10 μm，长度为 4.5 ~ 21 μm，具有细胞壁、细胞膜、细胞核、线粒体、内质网和液泡，其繁殖方式为出芽生殖。酿酒酵母能够在简单的基本型培养基上生长，在单倍体和二倍体的状态下均能生长，并能在实验条件下较为方便地控制单倍体和二倍体之间的转换，针对酿酒酵母的这种特性，对其基因功能的研究十分有利。另外，真核生物生命中的基本生物活动具有高度保守性，可以成功地研究其细胞结构和重要的细胞机制。表 3.3 列举了酿酒酵母在早期研究中的重大发现。

表3.3 酿酒酵母在早期研究中的重大发现

时间	重大进展
前6000年	埃及已酿酸啤酒
前1000年	中国已经饮用蒸馏酒
1192年	爱尔兰已经生产威士忌酒
1200~1300年	北欧普遍建立酿酒厂
1680年	Leeuwenhoek 首次观察到酵母菌
1832年	Persoon and Fries 认为酵母菌是真菌
1838年	Meyer 把酿制啤酒的酵母菌命名为酿酒酵母(Saccharomyces cerevisiae)
1839年	Schwann 描述了酵母菌的子囊孢子
1863年	Pasteur 确认了酵母菌在发酵中的作用
1866年	de Barry 证实了酵母菌的生活史
1881年	Hansen 获得了酵母菌的纯培养
1896年	Hansen 发表了科学的酵母菌分类系统
1897年	Buchner 报道了酵母菌无细胞抽提物的发酵作用
1934年	Winge 证实了在酵母菌生活史中存在单倍体阶段和双倍体阶段的交替
1943年	Lindegren 报道了酵母属中异宗结合现象

酵母基因组计划开始于1989年,属于欧盟生物技术项目框架。在1992年完成了酵母三号染色体的测序。1996年,酿酒酵母基因组测序完成并将数据发布到公共数据库中,这是第一个测序完成的真核细胞生物。人们将所有的酵母基因同GenBank数据库中的哺乳动物基因进行比较,发现有近31%的编码酵母蛋白质的基因或者开放阅读框与哺乳动物编码蛋白质的基因有高度的同源性,大约有23%的酵母基因是与人类同源的。人体中许多重要蛋白质及其同源物质在酵母中都能找到并发现,包括细胞周期的蛋白、信号蛋白及蛋白质加工酶等。表3.4列举了与定位克隆的人类疾病基因高度同源的酿酒酵母基因。

表3.4 与定位克隆的人类疾病基因高度同源的酿酒酵母基因

人类疾病	人类基因	人类基因登录号	酵母基因	酵母基因登录号	酵母菌基因功能
遗传性非息肉性小肠癌	MSH2	U03911	MSH2	M84170	DNA 修复蛋白
遗传性非息肉性小肠癌	MLH1	U07418	MLH1	U07187	DNA 修复蛋白
囊性纤维变性	CFTR	N28668	YCF1	L35237	金属抗性蛋白
威尔逊氏病	WND	U11700	CCC2	L36317	铜转运器
甘油激酶缺乏征	GK	L13943	GUT1	X69049	甘油激酶
布卢姆氏综合征	BLM	U39817	SGS1	U22341	蜗牛酶
X-连锁的肾上腺脑白质营养不良	ALD	ALD	PAL1	L38491	过氧化物酶转运器
共济失调性毛细血管扩张症	ATM	Z21876	PAL1	L38491	过氧化物酶转运器
肌萎缩性脊髓侧索硬化	SOD1	K00065	SOD1	J03279	过氧化物歧化酶
营养不良性肌萎缩	DM	L19268	YPK1	M21307	丝氨酸/苏氨酸蛋白激酶
勒韦氏综合征	OCRL	M88162	YIL002C	X47047	IPP-5-磷酸酶
I-型神经纤维瘤	NF1	M89914	IRA2	M33779	抑制性的调节蛋白

酵母基因组长12.8 Mb,大约是人类基因组的1/250。目前已经测序定义6 000可读框,都很有可能是编码酵母中特定蛋白质的基因。酵母基因组中,每2 kb就含有一个编码蛋白质的基因,整个序列近70%都是包含可读框的。这就为基因间区域留下了有限的空间,而已知这个区域在染色体维持方面、DNA复制和转录等方面都起着主要调节作用。酵母基因组包含了大约120个核糖体RNA基因,排列在三号染色体上;40个编码小核RNA(sRNA)和275个编码tRNA(属于43个家族)的基因分散在整个酵母基因组里。酵母基因组里的重复序列很少,除了转座元件(Tys),大约占基因组的2%,而且因为这些元件的遗传可变性,它们是不同株之间多态性的主要来源。最后,非染色体元件如6 kb的质粒DNA、一些菌株里的杀手质粒和酵母线粒体基因组(75 kb)都需要考虑。

酵母基因组测序的完成,使得首次定义一个真核生物细胞的蛋白质组成为可能。蛋白质组中约40%是由膜蛋白组成的,大约8%~10%的核基因编码了线粒体的功能。引人注意的是,酵母基因组里约40%的基因没有相对应的基因功能。这可能是由于在基因组中需要大量的基因储备作为种或类的特定功能基因。比较所有的酵母序列,发现实际上酵母基因中存在着大量的基因冗余,转换蛋白质水平大概有40%。对于序列相似性是容易预测的,但很难将这些值与功能性冗余相关联起来。在其他的基因组中也观察到类似的结果。酵母中基因加倍属于另一种类型,很多时候,加倍是限于几乎整个编码区域而不是基因间的区域。所以,基因产物在氨基酸水平上高度相似甚至完全相同,因此可能是功能冗余。但是启动子的差异序列提示它们的表达不一样,因为一个基因拷贝高表达,而另一个是低表达。若开启基因家族中的特定拷贝表达,可能依赖于细胞的分化状态。

酵母基因组的完成不仅可以使人们清晰地认识到其基因组的结构和进化,也可以使研究者在其他生物内寻找同源基因,将人类基因组与酵母基因组ORF进行比较,超过30%的酵母基因在人类已知功能基因中找到了同源基因。很显然,从酵母序列功能分析收集得到的最新的信息将会对其的测序工程影响深远,同样在医药工业领域也具有重大价值。

3.3.2.2 植物拟南芥

拟南芥是一种小型的十字花科植物,在分类上为荠菜属。拟南芥作为模式生物具有以下显著特点:

(1)繁殖期短,只有2个月。

(2)后代多。

(3)植株矮小,成熟植株一般高15~20 cm,占地面积小,适合在实验室栽种。

(4)营养需求简单。

(5)自育,容易进行杂交。

(6)仅有5条染色体,约120 Mb,可以自发分离突变和诱导突变。

早些年,遗传学家通过经典的遗传分析方法,绘制了包含约90个基因座位的拟南芥遗传图谱,后期随着分子标记技术的发展,标记数目的增多,遗传图谱也逐渐得到最大限度的完善,物理图谱得以建立。在1996年,启动了拟南芥基因组全序列测定这一国际合作项目,2000年底,全序列测定与分析基本完成。拟南芥基因组的测序区段覆盖了全基因组125 Mb中的115.4 Mb,共含有25 498个基因,编码的蛋白来自11 000个家族。

与其他生物相比,开花植物具有自己特有的组织和其特有的生理特性。植物基因组序列不仅提供了详细研究植物基因功能的基础,而且在遗传学的基础上为理解植物与其他真核生物提供了方法。

拟南芥基因组全序列的测序分析表明,拟南芥的进化过程中包含一个全基因组的复制,之后又发生了一些基因的缺失和基因的重复复制,并且叶绿体和线粒体中的一部分基因转移至核基因组中,因此也丰富了核基因组的内容。被测序的染色体除了一个被测序的标记以外,超过100个标记以预期的顺序存在。重复元件和转移元件的拷贝集中分布在着丝粒周围的异染色质区域,此区域基因密度和重组率要比平均值低。从序列中也可以看出包括部分核基因组在内的大约120 Mb基因区域包含大约25 000个基因,然而线粒体和质体的基因组分别在366 924 bp和154 478 bp的DNA上含有57和78个基因。绝大多数细胞蛋白必须在细胞核内编码并且通过N端转移肽将其转移至目的地。据最新预测大概有10%和14%的核基因分别编码线粒体蛋白质和质体蛋白质。在已经被鉴定的二号染色体的着丝粒中,含有一个270 kb左右大小的与线粒体基因有99%同源性的片段被鉴定出来,PCR确定其位置与独特的核DNA相连接。近10多年来,植物科学家利用拟南芥模式系统,对植物不同组织和器官的发育开展了类似的研究。通过大量拟南芥突变体的分析,科学家们对植物根、茎、叶、花、胚胎和种子的发育,对植物抗病性和抗逆性机理,以及对各种生命活动有关的激素、光和环境因子引起的信号传导过程等进行了深入的研究,极大地丰富了人类对于植物生命活动内在机理的认识。

microRNA (miRNA)是拟南芥研究中近几年来最值得注意的热点之一。miRNA是高等真核生物中一类非翻译RNA,由基因组编码。miRNA前体的转录过程与普通基因mRNA的转录过程基本类似。不同的是,初始miRNA转录本(pri-miRNA)为“发夹”结构,然后通过不同酶的修饰最终形成成熟miRNA。成熟miRNA仅含有19~23个碱基核苷酸,但是这些寡聚核苷酸却可以通过碱基配对与一些基因的mRNA结合,在酶的参与下破坏与之结合的mRNA或者干扰mRNA的正常翻译。miRNA最早于1993年在线虫中被发现,在拟南芥中,大多数已经发现的miRNA都参与植物重要的生命活动,例如,植物的形态建成,RNA诱导的基因沉默以及植物对于逆境的适应性等。

目前,基因组测序得出的数据提示许多植物基因的功能与动物及真菌有所不同。在于蓝细菌内共生,产生植物界之前,在最后一位共同的祖先中,已经存在最基本的真核细胞器。它可以通过真核基因的同源基因进行鉴定描述,从而使植物特有功能得以阐明。因为超过40%的拟南芥预测蛋白还没有确切的功能,其他许多蛋白还未进行全面的研究,因此需要更多种方法和巨大的努力。以基因芯片为基础的蛋白质表达图谱分析及基因分型,到高通量的蛋白质组合蛋白配基相互作用以代谢图谱的各项新技术,必须通过与自然存在的,以及突变或是基因敲除手段所得到的多样性鉴定结合应用。2010年1月,在美国圣地亚哥的Salk研究所召开了第一次名为“国际合作拟南芥2010工程”的会议,由此可以看出拟南芥研究的快速发展还会在未来继续。

3.3.2.3　秀丽新小杆线虫

秀丽新小杆线虫(*Caenorhabditis Elegans*, *CE*)自20世纪70年代被用作模式生物后,对此线虫的研究开创了一个对今日医学发展具有举足轻重作用的创新领域,特别是获得2002年诺贝尔生理学与医学奖的3位科学家均以秀丽新小杆线虫为实验模型,通过遗传分析和显微观察,系统跟踪了秀丽新小杆线虫从受精卵发育至成虫全过程中的细胞分裂和分化,发现了调节器官发育和程序性细胞死亡的几个关键因素,并证明相应的调节基因在高等动物和人体内也存在。在高达 2 000 万成员的线虫家族中,蛔虫和蛲虫是和人类关系最为密切的,秀丽新小杆线虫本身和人类关系不大,它主要生活在土壤中,以细菌为食,也被称为自由线虫。秀丽新小杆线虫之所以能在经典模式生物的名单中占有一个重要地位,主要和它的形态特征有密切关系。它是一种原始的动物,长约 1 mm,雌雄同体是其主要存在形式,自我受精,容易保持基因突变。在显微镜下,全身透明,便于观察。它的生长周期一般只有 3～4 d,易于繁殖,平均寿命只有 13 d。因此,它适合于做遗传试验,在短期内就能观察到试验结果。

秀丽新小杆线虫是非常典型的多细胞生物,又是唯一一个身体中所有细胞都能被逐个盘点并各归其类的生物,它的幼虫含有 556 个体细胞和 2 个原始生殖细胞,成虫则以性别不同具有不同的细胞数,常见的雌雄同体成虫成熟后含有 959 个体细胞、2 000 个生殖细胞,较少见的雄性成虫则只有 1 031 个体细胞和 1 000 个生殖细胞。因为其成虫细胞数目较为固定,这就便于研究人员通过显微镜观察活的完整虫体的内部结构,而且可以直接观察线虫发育过程中单个细胞的迁移、分裂以及死亡,从而使人们能够了解线虫发育过程中每个细胞的命运。另外,秀丽新小杆线虫还是最简单的具有神经系统的多细胞生物之一,所以科学家把它作为发育生物学和遗传学研究的重点。

秀丽新小杆线虫作为一种低级多细胞生物,它发育的细胞过程已被完全阐明。此线虫作为第 1 个多细胞真核生物于 1990 年开始进行基因组研究,1998 年 12 月完成了其基因组测序。该基因组大小为 100 Mb,分布于 6 条染色体,预测有 19 099 个基因。以上成果无疑对高等动物和人的器官发育研究具有开创性意义,特别是由秀丽新小杆线虫引发的细胞凋亡和 RNA 干扰研究等已成为当今生命科学中的前沿研究热点。

对线虫全基因组的约 100 Mb 进行分析表明,预计有近 20 000 个基因远远超出测序前的估计,平均密度为每 5 kb 含一个预测基因。预计每个基因平均含有 5 个内含子,而 27% 的基因组位于外显子中。基因的数量约是酵母中已发现数目的 3 倍,大约是预计人类基因组中基因数量的 1/5～1/3。

编码序列被内含子打断,以及相对较低的基因密度,使得精确的基因预测比在微生物基因组中更富挑战性。有效的生物信息学工具得以发展,被应用于鉴定假设编码区域,以及提供一个对基因结构的初始概观。为了进一步完善电脑分析获得的基因结构预测,可得的 EST 和蛋白质相似度,以及从另外一种线虫中获得的基因序列数据,被用于确证工作。虽然大约 60% 的预测基因通过 EST 配对所证实,但近期分析表明,很多预测基因在它们的外显子、内含子结构方面需要进行修正。与已知蛋白质的相似性,使得预测基因功能的研究有了进一步的曙光。Wilson 报道大约 42% 的预测蛋白产物具有跨门匹配,它们中大多数提供了可能的功能信息。另外,34% 的预测蛋白质只与其他线虫蛋白相匹配,这些蛋白质中只有很少的功能被探明。基因片段的信息相似性远远要比在微生物基因组中观察到的 70% 少。这可能反映了线虫基因中或许只有更小的部分与核心细胞功能相关,也反映了对动物体建立功能知识的缺乏以及对线虫与其他当时已被大量研究的动物在分子水平上的进化差异。

除了编码蛋白质的基因外,基因组还包括几百个非编码 RNA 基因。已经鉴定了 659 个广泛分散的转运 RNA 的基因,以及至少 29 个起源于 tRNA 的假基因。44% 的 tRNA 基因是在 X 染色体上发现的,而 X 染色体只占整个基因组的 20%。其他的编码 RNA 的基因,如编码剪切体 RNA 的基因，分散在多基因家族中。一些 RNA 的基因位于蛋白编码基因的内含子中，这种现象表明了 RNA 基因可能参与转座。其他非编码 RNA 基因位于串联片段区域，核糖体 RNA 基因仅仅发现于 1 号染色体末端的一个区域，另外 5S RNA 基因串联排列存在于 5 号染色体上。

线虫基因组的(G + C)质量分数在所有染色体中保持在 36% 左右，不像人类染色体中差异很大。而且没有在大多数其他后生生物中出现的局部化中心粒，取而代之的是在其他生物中涉及纺锤体分离的大量高度重复序列，在线虫中体现为分布于基因间，尤其是染色体臂上的许多长的串联重复。各染色体的基因密度也基本保持一致，但还是存在一些差异，尤其是在常染色体中心、常染色体臂和 X 染色体之间。

对于其他特征的检测体现出了更多的差异。相比于中心区域成 X 染色体，反向和串联重复序列在常染色体臂上更为常见。常染色体臂上的这种重复的丰度很可能是这些区域的黏粒克隆和完成测序困难的原因所在。具有跨门相似性的基因片段似乎在臂上更小，具有 EST 匹配的基因片段亦如此；局部基因簇在臂上似乎更多。

线虫基因组计划为研究后生生物发育提供了一个可能的开始。在基因组序列方面还有很多需要研究和理解的问题。令人感兴趣的是，现在已经清楚构造了一个多细胞生物所必需的全部基因，即使它们的准确界限、关系和功能角色还有待于深入了解，研究者也已经掌握了能更好地理解对这些基因的调节的基础。另外，线虫中的很多发现与研究的高等生物有关。这个范围包括了基础的细胞行为，如转录、翻译、DNA 复制以及细胞代谢。

3.3.2.4　果蝇

自 1908 年 Morgan 将果蝇作为遗传学研究的实验材料以来，果蝇越来越受到科学家的关注和青睐，直到今天，人们很难说出生物学哪个领域不曾受到果蝇的影响。黑腹果蝇(*Drosophilamelanogaster*)是最普遍应用于遗传学研究的果蝇，奠定了经典遗传学基础的重要模式生物之一。果蝇作为模式生物，其优点包括以下几方面：

首先，果蝇体型幼小，饲养管理简单，短暂的生活史，高效的繁殖，极快的胚胎发育速度和完全变态等特点都是其他实验动物所无可比拟的。果蝇完成一个世代交替过程平均只需要 2 周时间，1 只雌果蝇一生能产下 300 ~ 400 个卵，卵经 1 d 即可孵化成幼虫，组成庞大的家族。如此众多的后代，足以作为一个研究样本进行数理统计分析。果蝇由卵发育为成虫大体经过卵、幼虫、蛹和成虫 4 个阶段，属完全变态发育。在实验室里，果蝇的饲养条件并不苛刻，凡能培养酵母菌的基质均可作为其养料。

其次，果蝇的性状表现极为丰富，突变类型众多，而且具有许多易于诱变分析的遗传特征，如果蝇的复眼性状可分为白眼、墨黑眼、朱砂眼、砖红眼和棒眼等；果蝇的体色可分为黄身、黑檀身和灰身等；果蝇的翅膀可分为长翅、小翅、残翅、卷翅和无横隔脉翅等。果蝇表型性状的遗传分析为数量性状遗传规律的研究及生物多样性的研究提供了丰富的研究素材。

此外，果蝇的染色体数目极少，基因组约为 180 Mb，包括 4 对同源染色体，便于分析。

在 1910 年，T. H. Morgan 就开始了对黑腹果蝇的分析研究，并且鉴定出了第一个白眼突变果蝇系。在 100 多年后的今天，这种昆虫的全基因组几乎完成测序，这为阐明包括它的发育到日常行为的各种生命活动提供了最根本的基础。黑腹果蝇是一种生命周期短暂，发育快速且对其了解完善的小昆虫，它是研究最广泛的多细胞生物之一。19 世纪，超过1 300个基因已经从遗传学上被鉴定、克隆并测序，这些大多数基于对突变表型的研究。值得注意的是,这些基因中的大多数在其他包括人类的后生生物中可以找到相对应的基因。很快有证据表明基因不仅存在种间保守性,它们编码的蛋白质功能也是相似的。细胞中的生命活动,如神经系统、翅膀、眼睛和心脏的发育,周期性节律的存在和先天性免疫都具有高度保守性,甚至人源基因,可以补充果蝇中的基因功能。20 世纪 90 年代早期,对 HOX 基因的研究发现从果蝇到人类都是保守的。此外,肌肉发育和分化所必需的基因,如 twist、MyoD 和 MEF2,在大多数生物中都有作用。最令人惊讶的一个例子是一类基因 PAX－6 家族的作用,不管是源于何种动物的该基因,均可以在果蝇体内诱发异位眼睛发育。除了这些发育过程,还有与人类疾病相关的基因,如复制、修复、翻译、药物和毒性物质的代谢,诸如阿尔茨海默病神经疾病甚至更高级功能,如记忆和信号转导的级联等,都表现出高保守性。虽然黑腹果蝇只是一个简单的小昆虫,但是果蝇却可以作为复杂的人类疾病的研究模型。

黑腹果蝇的基因组结构已经被了解多年。果蝇具有 4 个染色体,三大一小。早期估计有 1.1×10^8 bp。在 1935 年和 1938 年,Bridges 以多线性染色体为工具,发布了其精确图谱,直至现在还在使用。他充分使用染色体重排技术,构建细胞发生图谱,将基因定位到特定部位,甚至是特定的条带上。随着多倍染色体的原位杂交等技术发展,基因能够以不到 10 kb的分辨率绘成图谱。果蝇的另一个重要优点是存在随机混合的染色体,即"衡子",它可以被轻易地监视并追寻同源染色体上的特定突变,通过抑制减数分裂重组以保证突变在最初染色体发生处的存留。

通过 GENIE 程序的果蝇最优化版本,测得基因数目约为 13 600 个。在近 20 年里,果蝇联盟对 2 500 个基因进行了研究,并且它们的序列继果蝇计划启动后陆续被测出。果蝇基因的平均密度为每 9 kb 内含 1 个基因,不过密度范围为从 0 到每 50 kb 含 30 个基因,与线虫不同,基因丰富的区域并不成簇。高密度基因区域同时也是(G＋C)富含的区域。与已知的脊椎动物基因相比,既有意料之中也有意料之外的发现。编码基本 DNA 复制机器的基因在真核生物中都是保守性质的,所有已知的与识别复制起始位点有关的蛋白质,都以单拷贝基因的形式存在,而且 ORC3 和 ORC6 蛋白和脊椎动物蛋白质非常类似,但与酵母有很大不同,与线虫的差异更大。在染色质蛋白质方面,果蝇缺少与大多数哺乳动物都具有的中心粒 DNA 相连的蛋白质同源物,例如 CENP－C/MIF－2 家族。由于果蝇端粒缺乏大多数真核生物都具有的简单重复,所以已知的端粒酶的成分是缺失的。在基因调控方面,相对于酵母 RNA 聚合酶亚基及辅助因子和它们在哺乳动物中对应的蛋白亲缘关系更近。在果蝇中整套转录因子似乎是由大约 700 个成员组成,一般是锌指蛋白,而在线虫的 500 个转录因子中,1/3 属于锌指蛋白结构。核激素受体似乎更少见,只发现了 4 个新成员共 20 个,与线虫中的 200 多个形成鲜明对比。铁代谢通路作为代谢过程的范例得以分析。发现 1/3 铁蛋白基因可能编码的是胞质铁蛋白的亚基,胞质铁蛋白是脊椎动物体内铁蛋白的重要类型。新发现的 2 个铁转运蛋白是人类黑色素铁转运蛋白 p97 的同源物,它们之所以备受关注是因为到目前为止,在果蝇中分析研究的铁转运蛋白都与抗生素反应有关,而非铁的运输。另外,目前还没有在果蝇中发现转铁蛋白受体的蛋白同源物,所以黑色素转铁蛋白的同源物可能介导了昆虫体内铁摄取的主要通路。另外,根据最新的报道,利用最新的转录诸型方法,并与更低严紧度的基因测序相结合,大约可检测到近 2 000 个新基因。

3.3.3 模式生物总结

该章总结了典型的模式生物已经完成或几乎完成基因测序的模式生物基因组计划。这些模式生物代表了系统发生的主要种系：真细菌、古细菌、真菌、植物和动物。表 3.5 为本章所述模式生物的基因信息。

表 3.5　本章模式生物的基因组信息摘要

模式生物	基因结构	基因组大小/kb	预计基因组数可读框数
大肠杆菌	1 条染色体 环状	4 600	4 400
枯草芽孢杆菌	1 条染色体 环状	4 200	4 100
酸根还原细菌	1 条染色体 环状	2 200	2 400
酿酒酵母	16 条染色体 线性	12 800	6 200
拟南芥	5 条染色体 线性	130 000	25 000
秀丽新小杆线虫	6 条染色体 线性	97 000	19 000
果蝇	4 条染色体 线性	180 000	16 000

每种生物的基因组都有各自的意想不到的性质。例如，在枯草芽孢杆菌中，对于与复制有关的基因的转录极性有很强的偏倚；而在大肠杆菌和酿酒酵母的基因中，基因差不多是平均分布在两条链上的。在拟南芥中，高比例的蛋白质与植物界之外的生物没有同源性，这是植物特有的。另一个源自基因组计划的有趣现象是关于基因密度的。在原核生物中，如真细菌和古细菌，基因组大小变化差异很大，但是相比之下，它们的基因密度却基本恒定，大约每 1 000 碱基 1 个基因。真核生物在进化的过程中基因组逐渐变大，但其基因密度却在减小，酵母中的每 2 kb 含 1 个基因，果蝇的每 10 kb 含 1 个基因。这就造成一个惊人的现象：某些细菌种类比一些较低等的真核生物的基因数还要多，而果蝇的基因数仅比大肠杆菌高 3 倍。

另外有趣的问题是关于模式生物之间基因或者基因的一般同源物。比较蛋白质的序列后发现，某些基因产物在很大范围内的生物种类中广泛存在。因此，对线虫和酿酒酵母基因组编码的预测蛋白质序列的比较分析，说明核心的生物功能是由这些生物中相近数量的同源蛋白质所执行的。将酵母基因组与已有的人类基因序列数据库的目录相比较后发现，酵母从基因中很大一部分在人类未知功能的基因中具有同源物。果蝇在这方面对研究相当重要，因为众多人类疾病网络在果蝇中具有很高的保守性。因此，昆虫可以作为一个出色的模型系统，来研究复杂的人类疾病。因为果蝇基因都是单拷贝的，所以对它们进行遗传分析容易得多。

关于模式生物基因组领域的研究，正迅速扩展，仅靠本书这短短的一章，是无法涵盖的。

第4章　水体基因组学——海洋环境生态基因组学

4.1　水体的概念

水体,即水的集合体,是地表水圈的重要组成部分,以相对稳定的陆地为边界的天然水域,包括江、河、湖、海、冰川、积雪、水库、池塘等,同时也包括地下水和大气中的水汽。水体是人类用水的主要来源,包含了人类聚居的主要区域。水体系统为人类的发展提供了必要的物质保障,也是基础保障,具有供水、航运以及调节气候等重要功能。近一个世纪以来,随着经济的迅速发展、人口数量的快速增长和城市化进程的不断加快,工业废水及生活污水的过度排放,对水体造成了严重的破坏,且超过了其自身的修复能力。此外,还出现了严重的环境问题,如重金属污染、有机农药生物富集、蓝藻暴发等一系列问题,严重影响了人们的健康和社会的可持续发展。

4.2　水体污染治理方法与现状

目前,污染水体修复的方法主要有:物理方法,包括截污治污、挖泥法、换水稀释法等;化学方法,包括投加除藻剂等;生物方法,包括水体曝气、投加微生物、种植水生植物、养殖水生动物、湿地技术等;水系综合整治等。其中,生物方法具有操作简单、费用低,且不产生二次污染等优点。另外,微生物种类丰富、生长速度快、适应性强、控制性强,以微生物处理污染为主体的湖泊污染治理技术日益成为水体修复的研究重点。污染水体的产生伴随水体生态的失衡,且污染物类型、浓度因污染湖泊的不同使微生物种群发生较大变化。通过一种通用菌剂来治理所有污染水体操作性差。目前,利用传统微生物技术在水体污染物质的高效转化和综合利用方面仍有以下几个方面困难:一方面,目前已知的微生物种类少,未培养微生物资源占总微生物资源的99% ~99.9%,而这些生物在水体生态中有非常重要的作用;另一方面,污染物质代谢降解途径复杂,许多有效微生物的代谢途径仍不清楚,研究菌群之间的关系对实现水体治理意义重大。

科学家从20世纪80年代就开始研究不依赖于培养的研究微生物的方法,为大规模开发利用微生物基因资源提供了可能,这一崭新的研究领域称为“宏基因组学”(metagenom - ics)。1986年,Pace提出了环境基因组学的概念,并构建了第一个环境样品中DNA的噬菌体文库。2007年3月,美国科学院指出:“宏基因组学为探索微生物世界的奥秘提供了新的方法和思路,这是继发明显微镜以来研究微生物方法最重要的进展,将是对微生物世界认识的革命性突破。”

4.3　宏基因组学研究方法进展

4.3.1　宏基因组文库方法

宏基因组文库构建的主要策略是从环境样品中直接分离大片段DNA，然后把这些DNA片段连接到载体上，转化宿主菌，形成重组DNA文库。获得的克隆可以根据宿主细菌获得的功能进行筛选，或可以用已知的探针来分离目的基因片段，从而获得产物(图4.1)。宏基因组学研究方法避开了微生物研究中的常规培养过程，最大限度地保留了样品中微生物群落的数量和种类。

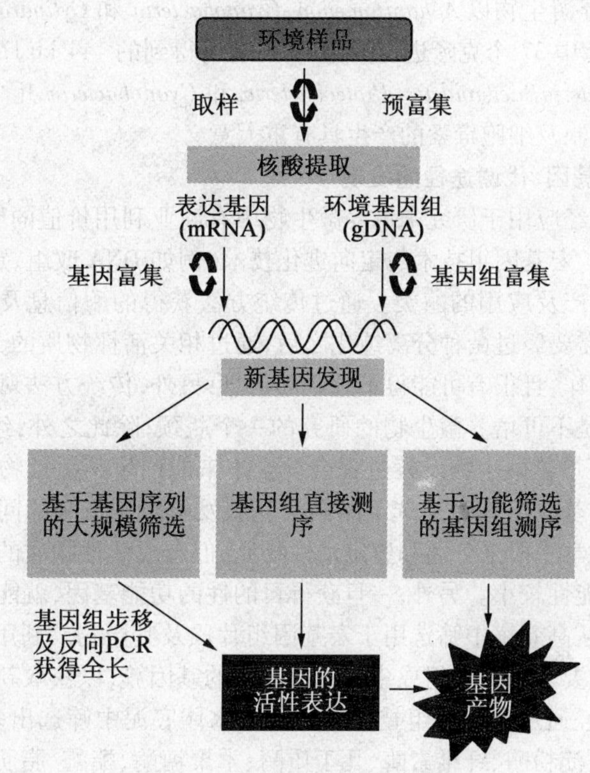

图4.1　宏基因组文库构建流程

4.3.2　宏基因组在水体研究中的应用

近年来，宏基因组学研究已渗透到各个研究领域，包括海洋、土壤、热泉、热液口、人体口腔及胃肠道，并在医药、环境修复、替代能源、农业、生物技术、生物防御及伦理学等各方面显示出重要价值。在酶学发展方面也显示了宏基因组学的强大生命力，在发现新型酶以及有新型功能的已知酶方面已经取得一些进展。

4.3.2.1　微生物的生态监测

研究微生物系统在水体生态系统中的结构及作用是十分必要的，水体的污染往往伴随微生物生态的变化，微生物生态的变化可能成为水体污染治理的突破口。传统微生物分类学是建立在微生物分离、培养和生理生化基础上的,这种基于对微生物预先选择的手段不是真正意义上的微生物生态,因为大部分的不可培养微生物的功能及种群结构往往被忽略。研究发现,目前可培养微生物数量仅占微生物总数的 0.01% ~1% 。海洋和淡水中都存在着数量巨大的微生物群体且种类丰富多样,仅仅原核微生物平均密度就高达 50 万个/mL。实验室环境下通过实验手段培养获得的微生物不能完全代表现实环境中的作用,因为存在相互竞争、捕食等行为及环境多变等因素。研究微生物在生态中的作用必须考虑微生物的种类、数量和密度。因此,传统的分离鉴定技术不能更深层次地研究复杂生态系统中微生物种群及其作用。

Pope 等建立了淡水体系中蓝藻暴发的宏基因组 BAC 文库和 PCR－16S rRNA 文库,发现 *Cyanobacteria*, *Actinobacteria*, *Planctomycetes*, *Verrucomicrobium*, *Bacteriodetes*, *Chlo－roflexi* 等 8 个属细菌最多,浮游生物以 *Aphanizomenon*, *Cyanobacteria* 和 *Cylindrospermopsis* 最多。对随机选取的 BAC 文库中 37 个克隆进行测序后,发现所得到的 144 kb 序列编码的 130 个蛋白分别属于 *ActinobacteriaBacteroidetes*, *Proteobacteria* 和 *Cyanobacteria* 几个属,该研究对有毒的蓝藻暴发水体的控制及细胞毒素的产生具有重大意义。

4.3.2.2　新型基因、代谢途径的发现

宏基因组技术已经应用于研究未培养微生物中有商业利用价值的酶。如转移酶类、水解酶类、氧化酶类等。宏基因组技术与定向进化技术(例如 DNA 改组、定点突变等)结合可以获得更适于工业生产及应用的酶类。通过传统方法获得的酶信息及天然代谢产物过程往往比较烦琐,一般需要经过菌种分离纯化之后,通过相关活性物质的分离鉴定,最后再通过相关基因克隆等操作,且很有可能得不到全部信息;另外,传统方法对菌的数量和纯度都有很高端的要求,这是不可培养微生物的研究的一个瓶颈;除此之外,经常还会遇到“发酵限制”等问题,即在可培养微生物发酵过程会发生本来能产生某活性物质的菌会丧失该物质的合成能力。而宏基因组文库筛选策略则会克服发酵限制带来的问题。尽管宏基因组文库筛选需要借助化学手段来分离和鉴定活性物质,但合成活性物质的基因已经携带在载体上,功能丢失的可能性较小。另外,一旦获得目的性的功能基因,就能通过基因工程途径强化产物的高表达,从高效率中筛选用于宏基因组片段及其产物。利用 DNA 重组技术,可从环境样品分离的重要基因元件组成生物活性物质的基因簇,以获取新的活性物质产生途径。目前,研究者已经通过宏基因组技术从水体或水体底泥中筛选出多种酶,包括乙醇脱氢酶类、过氧化氢酶、淀粉酶、纤维素酶、几丁质酶、木聚糖酶、酯酶、脂肪酶等。这些酶因其来源不同,因此序列相似度上及性质上与普通酶具有一定的差异。在生物活性物质筛选方面,已经筛选获得多种抗生素并了解了其相关的合成途径,成为高效综合利用水体资源的一种有效方式。

4.3.2.3　污染治理

水体污染处理的有效手段是利用生物的修复能力来分解特有的有毒物质。农药、杀虫剂一类的物质并非自然界中天然存在的或是人工合成的,要达到去除污染物的目的可能需要多种新型酶的参与。此外,污染水体的复杂性及可变性,如环境温度、水体 pH、水体盐度的变化等,极大地影响了微生物群落结构稳定性及相关活性物质的活性。研究和开发具有一定耐受能力的菌、活性物质及其机理有助于解决这一问题。宏基因组学技术可以开发未曾培养的微生物,并发掘这些新菌种的基因资源,获得具有降解污染物质能力的酶等,进而

了解特定环境下微生物或活性物质的耐受机理,用于水体的污染修复,具有传统水环保技术不可比拟的优势。利用类似技术建立污染水域的宏基因组文库,筛选具有某一物质降解能力的克隆,运用生物工程手段,把从宏基因组中分离出来的重要基因元件组编成具有其他活性的成分,或可降解污染物功能的基因簇,以替代原有不易降解的化合物,或直接降解水体环境中的石油烃、重金属离子、有毒有害化合物等。

例如在应用上,Kube 等研究者建立了黑海海床 Fosmid 文库,分析了其微生物组成并筛选得到了厌氧环境下降解苯甲酸盐类的相关酶类,发现编码此代谢过程的酶类由 31 kb 组成。经过生物信息学分析后,完成了苯甲酸盐的厌氧代谢通路,并克隆到了控制此过程的关键基因。

4.3.3 海洋环境生态基因组学

近些年来,海洋生态环境受到了很大的破坏,极大地影响到海洋生物的生存质量甚至灭亡。利用基因组学对海洋环境进行抢救性研究是环境学家和生态学家所面临的重大机遇和挑战,也是环境生态学研究的新热点,也由此产生了一门海洋生态学与环境基因组学的交叉学科——海洋环境生态基因组学。

4.3.3.1 海洋环境生态基因组学的概念与起源

海洋环境生态基因组学是以“环境”和“生态”为核心,通过海洋生物的全基因组功能分析信息,深入了解和剖析有关生物响应海洋环境的调控机制,研究海洋生物群落的组成多样性、生理生化以及生态功能的科学。海洋环境生态基因组学的思想起源于1991年,γ噬菌体首次作为质体来获取自然界中物种的 DNA,使人们认识到从海洋微藻(picoplankton)种群 DNA 的散弹枪基因库中获取的 rRNA 基因序列可能成为了解它们的最佳方法。直到1996年,当 Jeff Stein 和 Ed Delony 将基因组学的最新技术与海洋学的研究方法相结合测定环境样品时,环境生态基因组学才算真正成为一个独立的研究领域,并由此产生了第一个环境基因组库——美国俄勒冈州的沿海水域为样本的 Fosmids 库。

4.3.3.2 海洋环境生态基因组学的研究内容

1. 建立海洋生物资源基因库

研究表明,在海洋中有99%以上的微生物是无法进行人工培养的。虽然根据 rRNA 进行克隆和排序可以为微生物种群的确认和分布提供信息,但仅凭借 rRNA 序列无法全面揭示这些存在于自然界的微生物的生理生化特性以及生态学的特征,因而也无法获知它们的生理特征及其在海洋生态环境中所起的具体作用。环境及生态学家应用 DNA 微阵列技术分析并鉴定了海水中微生物的基因表达图谱,建立了海洋微生物基因资源文库,将所获得的基因组学数据与生态学及发育生物学的研究相结合,从基因组整体水平上认识这些“被遗忘的大多数”的生理生化及生态功能,得到了大量的数据。这些全新的数据可以用来证实和说明微生物系列在不同的生物组织层次上与环境生态因子的相互作用,大大地拓展了海洋环境生态学研究的深度与广度。

可以用于海洋生态环境基因组学研究的工具正在迅速开发和拓展,以前只用于研究模式生物的技术,近些年来,也已用于海洋生物的基因组及转录组的研究当中。基因组文库是研究基因组结构与功能的基础,近年来得到广泛应用的人工染色体载体系列主要包括:YAC、BAC 和 PAC 等。相关学者已应用这些载体完成大量有关动植物 BAC,YAC 与 PAC

文库的建立，由于BAC具有嵌合和重排频率低、外源DNA稳定遗传、转化效率高、重组DNA容易分离等优点，得到了迅速的发展并在构建基因组文库方面得到了最为广泛的应用。现在至少有55个不同海洋生物的BAC文库以及建立了用于筛选克隆的过滤器或正在建立之中。同样，EST文库，SAGE以及DNA微阵列、巨阵列的建立可将转录组层次的分析用在至少65种不同的海洋生物上。科学家建议，要想在海洋环境生态基因组学上有突破性发展，还需要筛选更多具有生态重要性的海洋生物系列，建立更完整的资源数据库。

2. 研究海洋生物响应环境胁迫的生理机制

人类的经济活动及工业化发展对海洋沿岸（尤其是河口地区）和珊瑚礁的环境产生了严重的破坏性影响，对生活在这些环境中的水生生物造成了极大的生理胁迫，使海洋环境中的生物多样性面临着前所未有的巨大威胁。清楚生态环境体系的恢复条件，预测各项环境胁迫因子对特定海洋生物所造成的影响，在很大程度上取决于我们对海洋生物的生理可塑性了解的多少。在海洋生态环境研究当中利用基因组学的工具，不仅可以获得有关生理多样性和生物功能的详尽数据，还可以帮助我们了解生物体是如何响应环境胁迫的。这类技术已经成功地应用在一些模式生物的研究上，例如利用DNA微阵列技术分析酵母基因表达图谱，可揭示出酵母基因是如何进行上下调节的，这对于我们理解细胞是如何耐受生理胁迫，以及如何做出响应的生理机制具有重要的启示作用。

3. 研究不同生物种群的基因表达图谱与生物地理分布关系

目前，生态与环境基因组学正将其研究的触角深入到复杂的非模式生物当中，DNA微阵列技术不仅应用于分析温度等外界因素对水生生物的影响，还用于探索不同生物种群的基因表达谱是否与其地理分布相关。研究结果表明，基因表达谱上发生的明显变化与所研究生物体的表型可塑性有关，因此可以为研究基因与生态环境之间的相关性提供重要信息。此类研究已经逐步从实验室阶段进入现场研究阶段——将基因组学技术用于研究天然海洋生物群落，以此揭示在自然的生态环境当中，生理多样性的生态效应。

4.3.3.3　海洋生态环境基因组学研究的热点问题

1. 温度与海洋生物种群分布的关系

在海洋生态环境的体系研究中，温度一直是影响海洋生物物种空间分布的关键因素。随着研究的不断加深，对于温度的研究已经更为细化，包括温度对生物群落的影响，温度与生物群落边界环境的关系，以及预测生物群落对气候变化的响应等分支，这些研究取得了显著的成果。但对于温度与海洋生物地理分布的相关机制、海洋生物地理与生物群落的生理学特性之间的关系等还是未知的。除此之外，温度是如何调控生物的基因型来改变生物的表现型，从而改变生物功能，温度是如何通过影响生物功能来改变生物物种的繁殖与生存状态的，这些都是我们目前缺乏清晰了解的内容，因此也无法解释海洋环境中水生物种的地理分布状况，也无法预测生物物种的分布及随环境的变化将发生的演变情况。基因组学技术可以帮助我们以新的视角审视这些问题：海洋环境基因组学利用测定基因表达谱变化的方法研究海洋生物对环境温度的生理响应，绘制出生物空间分布图谱即生物地理图谱。这一研究方法已应用到一些海洋非模式生物的研究中，如根据紫海胆的基因对热胁迫所作出的响应的表达，绘制出了紫海胆的纵向分布图。虽然在海洋生态环境研究中将基因组数据与生物物种的空间分布相结合的方法尚处于萌芽阶段，但这一领域将大有作为。利用基因组学的方法可以探究基因在生态环境中发生的变化，为我们认识生理和细胞响应环境温度变化的过程搭建一个平台,从而进一步探索生物生理机能。某些基因的表达形式是在预料之中的,例如在响应热胁迫过程中,热激蛋白基因的表达会上调。但有时基因表达的形式是不可预测的,只能通过基因组学的知识和技术测定才能够确定。例如,研究显示,通常情况下,响应热胁迫的上调的基因在冷胁迫时也会表现出表达上调,这是标准分析无法测得的。

2. 环境变化对物种间相互作用的影响

生态系统的功能与生物多样性密切相关。在自然环境当中,温度等环境因子的变化是作用于整个生态生物系统的,因此个别生物物种对环境因子变化所作出的响应不仅取决于其生理特性,同样也依赖于与其有作用物种的生理特性。物种间的相互作用包括竞争、捕食、寄生和互利共生等关系。有关研究表明,处于隔离状态的单一物种对环境变化所作出的响应与存在竞争与捕食这类相互作用时的结果是完全不同的。只有综合利用基因组学进行研究,在基因水平上比较物种间的相互作用及环境变化之间的关系,才能够真正理解环境因素的变化对生态的影响。生态学研究已经提供了一些例证说明物种之间的相互作用依赖于例如温度等非生物因素。如海星(*Pisaster ocraceus*)是西北太平洋沿岸的关键种,以贻贝为食。Sanford 等人用野外和实验室研究得到的数据表明,海星对海水温度的变化极其敏感,当海水仅仅比通常温度低 3 ℃时,海星捕食贻贝的能力就会大大下降。3 ℃的水温变化可能是沿岸上升流所造成的,也可能是全球的多种气候综合变化的结果。有海星活动时,沿海岸边的生物种类繁多,没有了海星的活动,贻贝就会增多,排挤其他生物,从而形成单一生态区域。这说明海星对猎物数量的影响受到温度变化的制约,海星的猎物也会因此经历由环境变化所引起的间接波动,发生繁殖和代谢速度等方面的变化。利用较为传统的研究方法,如测定半致死温度(LT_{50})或测定呼吸速率可以得到胁迫因子作用于生物个体的最终结果,但这些方法在阐明作用机制方面显得没有说服力。而基因组学则为研究生态学提供了全新角度,例如,通过测定基因转录水平的变化研究温度变化所造成的生理支出,可以更好地理解非致死因子所起的作用,从而预测热气候漂移对海洋生态环境所造成的累积性后果。

生态环境基因组学的方法还为我们提供了研究海洋生物群落响应多种胁迫共同作用的平台。虽然利用环境胁迫模型也可以精确预测海洋生态群落的结构,但在这些模型中均假设存在单一的胁迫:如捕食者和猎物或者只对同一胁迫因子作出响应,或只对平行变化的胁迫因子作出响应,很少有人注意到研究相互作用的物种面对变化不平衡的不同胁迫因子时的响应,而了解这种响应机制很可能才是我们认识生物群落响应环境变化的关键所在。利用基因组学的工具比较物种对不同环境因子作出的响应,可以使我们更加清晰地阐明非生物因子是如何影响生物群落的结构和功能的。

3. 环境胁迫对共生关系的影响

在海洋环境中,珊瑚礁是一个很独特的生态体系,它是植物与动物组织的共生体,在海洋生态体系的平衡方面有重要的地位和作用。珊瑚的美丽颜色来自于其体内共生的海藻,目前,珊瑚礁由于失去共生的海藻而产生白化死亡的现象已十分普遍和严重,对海洋生态体系的平衡产生重大的影响。珊瑚虫的健康状况在很大程度上是由珊瑚与其共生藻之间微妙的共生关系决定的,因此理解和弄清这种共生关系对热的耐受性,对理解珊瑚白化的机制,预测气候变化对珊瑚礁的影响是至关重要的。珊瑚白化通常被认为是珊瑚虫对各种环境因子的变化(水温和光照)所作出的应激性反应。促使白化过程发生的因子有可能作用在共生物身上,也有可能作用在珊瑚寄主身上,也可能在二者身上都有作用。也有研究人员认为,白化有可能是寄主动物面临环境胁迫时,所表现出来的一种适应性。在不断变化的环境当中,原来的共生关系已经不符合当前生物体的需要,所以这些寄主动物可能借由白化,从而获得更适合当前环境的藻类与之共生,以提高珊瑚寄主对环境的适应性,称之为"适应性白化假说"。无论白化机制如何,现在已有初步的证据表明珊瑚和其共生藻均会对环境变化作出应激性的响应。从共生藻的角度来看,在优势种虫黄藻中可能存在胁迫耐受基因。从寄主动物的角度讲,研究证实后生动物的确存在着如胁迫响应基因表达上调的生理响应等。在面临环境的非生物胁迫时,这些生理反应是如何相互影响和彼此制约,最终改变寄主与共生物之间关系的,我们尚不知晓。基因组学所提供的新思路和方法可以是我们探索寄主与共生物之间关系中的分子交汇点,从共生藻或珊瑚基因组中确认在珊瑚白化过程中的关键基因。

4.海洋环境中的疾病

近些年来有关海洋生物病害的报道不断增加,将基因组学的研究手段应用于海洋病害防治方面,同样取得了很大的突破。通过功能基因组途径筛选出了爱德华氏细菌的致病基因,这对于研制防治这种细菌病的药物非常重要。由于海洋环境中的许多病害尤其是微生物引起的病害不仅与病原生物的存在有关,而且和水体的微生物生态平衡有着不可分割的联系,海洋生物病害的发生会对海洋生态环境体系中水体生物群落的结构产生重大的影响,因此,需要利用不断改进和发展的分子技术监测病原体的发生,深入研究环境胁迫因子与微生物种群群落的组成关系,以此找到通过维持水体的微生态平衡来消除某些病害发生的途径。在这方面生态环境基因组学的研究方法具有先天的优势,它可以从生理学的角度研究环境变化和水生生物病害感染的关系,从而深入认识病菌传播机制,预测和评价环境状况。同时研究者一直都在努力寻找受胁迫的生理指标中危及健康的指示因子,转录组谱可以提供在基因表达水平上的健康与有病生物体比对的生理"指纹"。转录组谱由于具有早期检测和高通量样品筛选的优点,因此是用于检测感染生物存在的主要工具。用DNA微阵列技术分析染病生物的基因表达,为理解病毒感染机制提供了大量实质相似的信息。在这方面所取得的成果有:利用表达序列标签(EST)技术,已从真鲷脾脏cDNA文库中成功筛选出包括抗菌肽和天然抗性相关巨噬蛋白在内的10多个免疫相关基因;利用DNA微阵列技术分析了牙虾免疫系统中的免疫相关基因等。另外,对虾类白斑病的致病因素和感染机制的研究也取得了令人瞩目的进展。

生态与环境基因组学的研究已经成为生态、环境领域中最活跃和最有潜力的学科方向。将基因组学技术与生态和环境学科相结合用于研究海洋生物群落,是海洋环境生态学领域能够迅速发展的原因。利用生态和环境基因组学开展针生物群落结构和环境变化的生理响应的研究,会促进我们更好地理解海洋生态体系,极大地提升海洋生态环境的研究水平。

第5章　土壤基因组学

土壤是这个星球上最多样的生态系统,通过 DNA - DNA 重新结合的动力学测量,一个土壤样品中至少含有 12 000 ~ 18 000 种不同的生物种类。通过来自动植物学家的估计,一份土壤样品可能包含高达 500 000 个不同的物种,是自然环境中最复杂的异质体系。土壤也是微生物的主要栖息地,土壤微生物起到分解者的作用,其对有机物的分解与转化、养分循环与利用、温室气体产生、土壤肥力形成、污染环境净化等起着关键性作用。土壤微生物组成复杂、数量巨大、功能多样、类群繁多,组成了地球上最丰富的生物资源库,也是最重要的代谢产物库和基因资源库。对土壤微生物群落多样性特征、分布格局、重要元素循环的生态过程介导等的考察,受到土壤学、生态学和微生物学等领域学者的普遍重视,成为研究的热点和前沿。这也决定了土壤微环境的多样化和土壤微生物的高度多样性。每克土壤含有大约 10^7 个原核生物细胞,但仅有 0.1% ~ 10% 的土壤微生物是可以培养的,所以直接培养法得到的微生物只是很小一部分,而大部分微生物多样性还未被认识和开发利用。

土壤宏基因组学技术是近年来发展迅速的一种新方法,这种方法是从土壤环境样品中直接提取微生物基因组 DNA(也称为宏基因组)并克隆于不同的载体,再将重组载体转移到合适的宿主以建立基因组文库,同时结合筛选技术,从基因文库中筛选新的生物活性物质或新基因。应用新方法和新技术,可以绕过微生物菌种分离培养这一技术难关,直接在基因水平上进行研究、开发和利用微生物资源,有利于揭示那些不可培养的微生物的基因多样性,为医药、环境和工业等领域的可持续发展提供丰富的资源。

5.1　土壤宏基因组文库

关于土壤宏基因组学技术的构建已有很多研究报道,主要的突破口在于 DNA 文库的构建,并基于一定的方法对基因文库进行筛选。如图 5.1 所示,文库构建的关键在于高质量的 DNA,因此土壤 DNA 的提取和纯化是相当重要的。土壤微生物要比土壤其他组分更为紧密结合,这就增加了 DNA 提取的难度。常用的土壤 DNA 提取方法有两种:直接裂解法和细胞分离提取法。直接裂解法是通过化学的、酶解的或是机械的方法直接破碎土壤中的微生物细胞而使 DNA 得以释放。细胞分离提取法则是先从土壤基质中将细胞分离出来后再进行裂解以达到释放 DNA 的目的。直接裂解法破碎效率较高,所得 DNA 更能代表土壤微生物的组成,但它对 DNA 的剪切较强,而且较易受土壤组分的污染;细胞分离提取法提取的 DNA 片段比直接裂解法的大,更适合用于构建大片段插入文库的 DNA 提取,但是细胞提取法所得到的 DNA 比直接裂解法所得到的 DNA 要少很多。

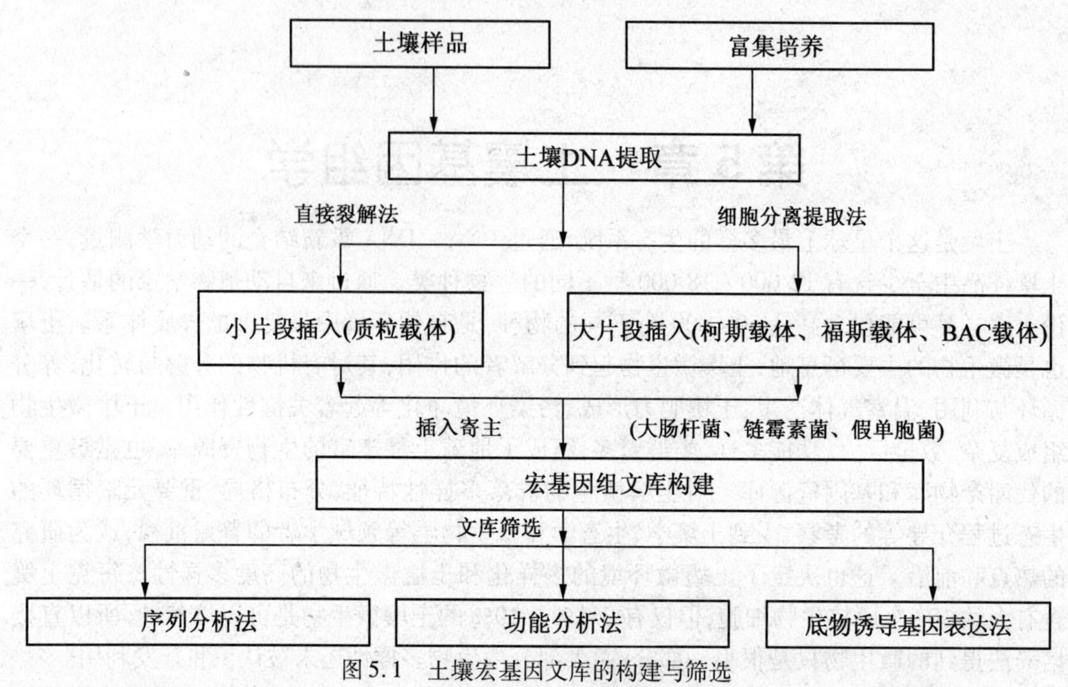

图5.1　土壤宏基因文库的构建与筛选

根据插入片段的大小,可将基因文库分成两类:一般小于15 kb的质粒载体的小片段插入和15~40 kb之间的柯斯质粒、超过40 kb BAC(细菌人工染色体)大片段载体的插入。大肠杆菌是表达土壤细菌基因或基因簇的常用宿主,穿梭载体或BAC文库可将大肠杆菌包含的文库信息转移至其他宿主(如假单胞菌或链霉菌)上。如何选择载体系统取决于所研究的目的和提取土壤DNA的质量,包括欲插入目的片段的大小、使用的宿主、所需要的载体拷贝数,以及筛选方法等。如腐殖质含量较高、剪切较为严重的DNA样品比较适宜构建质粒文库,小片段的文库则适用于筛选新的代谢相关的单基因或小操纵子。而对含大片段的或基因簇DNA样品则可以构建大片段和大容量的载体文库。Rondon等研究者直接把环境DNA克隆到低拷贝BAC载体,用大肠杆菌作为宿主构建了含100 Mbp的小文库(SL_1),并从这个文库中检测到脂肪酶、DNA酶、淀粉水解酶的活性。而后又在此基础上改进方法建立了一个更大的文库(SL_2),检测到29个具溶血作用的克隆,这表明大范围构建BAC文库是非常可行的。据估计,若要代表出现在1 g土壤中所有原核生物物种的基因组,构建的文库需要超过10^7个质粒克隆且插入片段大小为5 kb,或10^6个BAC克隆,插入片段为100 kb左右,这是一个巨大的工程。而事实上,由于不同的微生物种类在土壤中出现的丰度有所不同,要获得土壤中稀有微生物基因组的足量信息,就有必要构建更大的文库。例如,Knietsch等研究人员从超过100 000个克隆中只筛选得到了8个功能性克隆子。另外,有研究显示,克隆文库中的某些细菌类群的16S rRNA基因与土壤中实际存在的种类有所不同。尽管如此,通过土壤基因组文库构建和分析,已筛选获得了不少新的生物分子,并为不可培养微生物基因组学和土壤生态学的研究提供了新的视野。

5.2　土壤宏基因组文库的筛选技术

土壤宏基因组文库的构建首先是揭示新基因，接下来就是如何有效地利用文库中丰富的基因资源，挖掘新的生物分子。由于土壤宏基因组的复杂性，需要通过高灵敏度和高通量的方法来筛选及鉴定文库中的有用基因资源。筛选技术大致可分为三类：第一类基于核酸序列差异分析即序列驱动；第二类基于克隆子的特殊代谢活性即功能驱动；第三类基于底物诱导基因的表达。

5.2.1　核苷酸序列分析法

序列分析法需要根据DNA保守序列来设计PCR引物或是杂交探针，并用于从基因文库中筛选含目标序列的克隆。聚合酶链式反应即PCR技术是序列分析中最常用的技术，对目标序列特异的探针杂交技术也已被用于土壤基因文库的筛选。序列分析法需要根据已知的基因和基因表达产物的保守序列设计引物和探针，因此对鉴定新的基因成员有局限性；其优点是不必依赖外源基因在宿主中的表达。它已被有效地用于系统发育学中鉴定标志基因，如16S rRNA基因和具有高度保守域的酶基因，如聚酮化合物合成酶、腈水合酶、葡萄糖酸还原酶等。PCR方法的弊端是只能获取部分基因的扩增，而需要从土壤基因文库中分离到全长基因是非常困难的，而利用整合子——基因盒系统巧妙地解决了这个问题。在自然环境中，细菌中广泛存在着质粒、整合子和转座子等遗传因子，这些遗传因子的存在很大程度上增加了土壤微生物间的水平基因转移。Stokes等研究者整合了酶基因和一个含59 bp的重组位点，基因盒可从这个特异的重组位点插入并将这个位点分隔开与之比邻，被分隔开的这些位点常含有约25 bp的保守序列也就是反向重复序列，以这些保守位点序列作为PCR引物扩增即可获得基因盒中的全长基因。

利用DNA微阵列技术（Microarray）研究土壤宏基因组学，可以了解土壤中的微生物群落基因表达图谱和一些新的代谢途径，快捷地探测出未知基因的功能，从而可以追踪一些能高效表达或控制微生物群落功能的关键性基因。例如最早报道的，参与氮循环反应的主要编码基因可以由微阵列方法对土壤样品进行检测，并且能提供土壤微生物群落组成和活性的信息，这就是微阵列技术应用之一。但是此技术的灵敏度相对于PCR灵敏度要小很多。这种差异会导致土壤中丰度较低的微生物的序列难以检测。因此提高微阵列技术的专一性和灵敏度是面临的挑战。

土壤宏基因文库测序的随机性是在基因水平上表征土壤生态系统的一种方法，但是物种富集的土壤微环境需要进行大量的测序和后期分析工作，测序技术的日益进步也促进了该技术的快速发展。焦磷酸测序技术比较适合于验证一些碱基对只有几十个的短序列DNA片段，适合对大样本进行快速检测。最近新发现了一种在焦磷酸盐测序法的基础上结合一种乳胶材料和皮升级反应孔称之为皮升级反应器，利用该反应器进行测序的方法，可将基因组DNA进行随机切割，批量测序。利用此方法，能够在相同的时间内破译6×10^6组以上的基因组序列，比Sanger测序法要快100倍，大大提高了测序的效率。另外，鸟枪法测序的策略也为大规模测序提供了技术支持和保障，该方法首先是将一条完整的目标序列随机打断成小的片段，分别测序，然后根据这些小片段的重叠部分将它们拼接成一致的序列。

利用这种方法研究宏基因组学，为筛选新的天然产物提供了一种可供选择的途径和平台，并可产生大量可供参考的信息，从中挖掘出大量新基因，进而揭示不可培养微生物的代谢途径。Venter 等研究者就应用鸟枪测序法分析了马尾藻类海草(Sargasso)中的微生物，共测得 1.045×10^{10} 个碱基对，探究发现了 1 800 多种新的海洋微生物，以及 1.21×10^{6} 个从未见过的新基因。但是，鸟枪法的弊端是需要大量人力和物力。建立更经济高效的测序方法对于筛选土壤宏基因文库具有重要的意义。

5.2.2 功能性筛选方法

功能性筛选主要通过化学或生物化学的手段从克隆文库中检测表达目标活性物质的转化子。该筛选法以活性测定为基础，通过建立和优化合适的方法，从基因库中获得所需的克隆子，目前，大多数发现的新的生物催化剂或活性化合物都是利用这种方式筛选得到的。目前，功能驱动的筛选已经发展出了主要的三种策略：第一种方法是进行直接检测。针对具有特殊功能的克隆子，通过加入化学染料、含有发色团或不溶的底物等，制成选择性培养基，将菌株接种后，阳性克隆产生的活性物质会引发显色反应，产生透明圈或荧光等。这是一种根据表型特征进行筛选的方法，这种方法的灵敏度较高，即使较少的克隆子也能检测到的。例如，插入了土壤基因组片段的克隆子可以利用培养基中的多羟基化合物来合成羰基化合物，由此可从土壤基因文库中筛选到编码多羟基氧化还原酶的基因。

第二种方法是基于异源基因的宿主菌株与其突变体在选择性条件下功能互补生长的特性进行的。也就是说，宿主细胞的生长，需要外源基因的转入并表达出相应的活性物质才可以。例如，从以缺陷型大肠杆菌为宿主建立的土壤基因组文库中，筛选出了与 Na^{+}/H^{+} 反相转运通道有关的两个新基因。

第三种方法是基因诱导法(SIGEX)，这种方法也发明了多种不同的改良变体，与代谢相关基因或酶基因往往在有底物存在的条件下才表达，反之则不表达，SIGEX 就是利用这个原理来筛选目的基因的。该方法基本过程包括四个步骤：首先，是以 p18 GFP 作为载体构建宏基因组文库，克隆位点将 Lac 启动子和 gfp 结构基因分离开来；然后以异丙基－β－D 硫代半乳糖苷(IPTG)作为诱导底物去除自连接的阴性克隆和荧光蛋白基因(gfp)表达的克隆子；第三步是在培养基中添加底物诱导代谢相关基因的表达；最后根据 gfp 基因的表达从宏基因克隆库中筛选出表达代谢基因的克隆子，利用荧光激活细胞分离仪将琼脂培养平板上的 GFP 表达的克隆子分离出来。该方法的优点是具有高通量筛选，且不需要对底物进行修饰；不足是基因的结构性和适应性很敏感，且无法利用无法进入细胞质的底物，荧光激活细胞分离仪对外界条件要求也很高。然而，SIGEX 法仍然是在工业上使用的一种筛选抗体基因和生物化合物的有效手段。

5.3 宏基因组测序及数据分析

从土壤环境样品中提取的 DNA 也可用于测序，以考察微生物群落的功能、结构、代谢调节、进化及其与各种环境因子的关系。目前对宏基因组测序，采用的有传统的 Sanger、鸟枪法测序技术。综合考虑其高通量、快速、成本的影响，第二代甚至第三代测序技术已经迅速发展起来并得到了普遍的应用，传统的 Sanger 法在大规模测序上有被取代的趋势。下面主要介绍应用较为广泛的第二代测序方法。

5.3.1　第二代测序技术的基本原理

第二代测序技术主要包括 ABI 公司的 SOLiD 测序平台、罗氏公司的 GSFLX 测序平台和 Illumina 公司的 Solexa Genome Ana - lyzer 测序平台。测序过程可分为以下两步：首先进行的是模板的扩增。大致步骤为：将片断化的基因组 DNA 两端连上相对应的接头，然后用不同的方式将每个基因片段结合在芯片或微珠上，形成几百万个可以同时进行反应的微型反应池，每个单链 DNA 片段在其微型反应池中通过 PCR 扩增产生大量的拷贝，形成单克隆的 DNA 簇，用作测序的模板；再通过酶延伸反应或是寡核苷酸连接反应同时对这几百万个微型反应池中的模板进行测序。三种测序平台在固定 PCR 克隆列阵的方式和后续的测序原理上略为不同，各有优缺点。表5.1为三种第二代测序平台比较。

表5.1　三种第二代测序平台比较

平台	Roche 454	Illumina Solexa	ABI SOLiD
上市时间	2005年	2007年	2007年
仪器价格/10^4 dollars	50	54	59.5
测序成本/dollars · Mb^{-1}	50	4	2.5
单次反应数据量	0.4	20	50
读长	400	100	50
优点	读长长，运行速度快	性价比高，是目前应用最广泛的测序平台	准确度高
缺点	测序成本高，均聚物重复序列区错误率高	适应样品种类较少	运行时间长

5.3.2　第二代测序数据处理

与传统的 Sanger 法相比，第二代测序技术不需要构建克隆文库，便可以获得大量的序列数据，但是第二代测序主要的问题在于数据处理困难。由于环境样品通常具有高度的复杂性，且序列片段较短，因此很难确定某条序列来自于哪个物种，并且所提取的土壤 DNA 中也许并没有包含该物种的全套基因组，另外，可参考的数据库中该物种的信息不全也可能没有（如新的物种），因此面对海量的短的序列，进行序列拼接和进一步分析具有相当大的困难和挑战。这就要求相应的生物信息学方法和软件及配套的计算能力才能有所突破。通常情况下，宏基因组的数据处理包括序列拼接和基因征集，之后分析生物多样性，进行基因注释；在此基础上，可获得一些重要的宏基因组信息，包括序列组成、功能组成、物种组成和群落特征等。数据分析的关键步骤是对序列进行分类，将测序的样品归集到正确的类或是系统发生的外部节点（OTU），与其来源相联系。基于相似度的方法将序列与数据库资源进行对比，然后依据相似度来对序列归类。目前相关的生物信息学的分析工具有：CARMA、Metagenome Analyzer（MEGAN）、Phymm 以及 SOrtITEMS 等。这些分析工具的缺陷是依靠现有的数据库，而环境中大多数微生物的序列数据是未知的，其中90%的微生物序列由于缺少参考而无法被鉴定。基于组成的方法则是分析序列自身的特征，如密码子使用率、（G+C）质量分数或寡核苷酸频率。其相关的工具有 TACOA、TETRA、PhyloPythia、GSOM 和 S－GSOM 等。

由于种种困难，目前直接对土壤宏基因组测序进行的报道基本没有，其主要的障碍在于序列拼接，但针对特定的序列片段（如功能基因、rRNA 基因等）的大规模测序已经有了相当的研究。以 16S rDNA 序列分析为例，得到高通量测序数据后，先去除低质量的序列，再计算 OUT，之后进行相似性搜索，分析群落组成（丰度、优势种、α－多样性等），若是环境复杂的样品，则可计算 β－多样性，进行主成分分析（PCA）或聚类分析等，考察环境因子对微生物群落的影响。

比较不同宏基因组的各项相关指标有助于了解微生物群落与无机环境间的相互关系。对宏基因组的比较最早见于 Tringe 等的报道，该研究表示，从不同环境中获得的微生物群落，采用鸟枪法进行测序后分析，所表现出生境特异的指纹图谱，这为诊断和解释各种环境因素提供了新的思路和研究方法。随后，由于宏基因组数据的持续积累以及算法和软件的发展，相关的研究报道也在不断增加，一些基于网络宏基因组注释的平台，也相继被开发出来。例如 metagenomics RAST server、IMG/M server 以及 METAREP 等，将宏基因组数据上传与核苷酸和蛋白质数据库进行比对，可以分析不同环境中微生物群落的结构和功能。

5.4　基于宏基因组的微生物生态学与环境学分析

克隆文库的筛选，其主要目的是获得一些新基因和新的生物活性物质用于生产实践。土壤微生物生态环境学研究的是微生物群落的结构与功能，及其与无机环境间的相互影响，采用的方法是对 DNA 序列进行获取和分析。基于宏基因组的微生物生态环境学研究手段主要可以分为以下三类。

5.4.1　16S /18S rDNA 或其他标记基因调查

16S rDNA 和 18S rDNA 分别是编码原核生物和真核生物核糖体小亚基 RNA 分子，由于其具有高度的保守性，一直以来被用于分析物种间的亲缘关系和物种多样性。通常的方法是提取土壤总 DNA，再利用通用引物扩增 16S rDNA 或 18S rDNA 序列，进而分析系统发育关系和生物多样性。或者采用指纹图谱的方法，例如末端限制性片段长度多态分析（T－RFLP）和变性梯度凝胶电泳（DGGE）等。但是，也有人质疑将 rDNA 作为判断 OTU 的标记基因，因为 rDNA 会发生水平基因转移，并且在细菌体内 16S rDNA 的拷贝数会有所不同，这就会导致对群落中个体数目或 OTU 中成员数目的计算产生一定的偏差。因此，研究者提倡用一些功能基因作为标记基因替代或补充 rDNA 分析。常用的功能基因包括参与碳、氮转化的基因，如甲烷氧化酶基因（pmoA）、RNA 聚合酶 β 亚基基因（rpoB）、氨单加氧酶基因（amoA）、光合基因亚硝酸盐还原酶基因（nirS/nirK）等。

以上构建文库或指纹图谱的方法相对费时费力，且覆盖的物种有限。新一代测序技术的出现，可以绕过构建文库的过程，直接对土壤 16S rDNA 或 18S rDNA 进行扩增测序，使大规模的土壤微生物多样性调查得以实现。

5.4.2　大尺度 DNA 测序

大尺度 DNA 测序既可获得大规模的 16S/18S rDNA 序列，也可获得其他特定功能的基因;同样也可以将所得到的环境 DNA 全部测序,以考察群落的物种组成和基因组成,明确群落的结构和功能与环境之间的相互关系。

大规模测序工作最早是由 Venter 等对 Sargasso Sea 环境基因组的研究。该环境基因组是应用鸟枪法进行测序,研究者在这一研究中发现了新基因和新的物种,大大开拓了对海洋环境微生物的研究。在这些序列里,发现了古细菌的氨单加氧酶基因(amoA),这开启了对氨氧化古细菌的研究。此外,宏基因组学在研究微生物与宿主间的关系以及环境病毒学方面也得到了很好的应用。由于时空变异和管理方式的差异,土壤从微观尺度到宏观尺度都存在着巨大的异质性,相应的土壤微生物群落也存在着巨大的不同。Buee 应用第二代测序技术中的焦磷酸测序法对森林土壤进行调查,揭示了真菌的多样性。研究者首先取样于6 片不同植被类型的林区,每个林区采集 8 个土样。对这 48 个土样用 DNA 试剂盒提取后,将每个 DNA 产物稀释两倍,获得 96 个样品,用带有寡核苷酸标记的引物分别对其核糖体内转录间隔区即 ITS－1 区进行扩增,之后将 96 样品 PCR 产物与 6 个临区合并成 6 个扩增的子文库,再将它们等物质的量浓度混合后在平台上进行焦磷酸测序,不同的样品 PCR 时,引物中所带的寡核苷酸标记不同,因此测序后也可将来自不同样地的序列区分开来,随后进行序列分析。经过质量筛选后得到高质量序列,最终产生 166 350 条序列,平均长度为252 bp。确定 OTU 后,进一步建立稀释曲线,计算丰度指标和多样性。同时将序列分类结果用 MEGAN 构建系统发育树。结果显示 81% 的 OTUs 属于子囊菌门(Ascomycota)和担子菌门(Basidiomycota),其中最丰富的 26 个 OT 囊括了 73% 的 ITS－1 序列。不同植被类型的样地的真菌组成在门水平差异显著,在科、属、种的水平比较类似,反映出真菌群落结构随环境变化的精细结构。该研究体现了高效的 454 测序平台在研究森林生态系统群落时空动态中的应用。

对于宏基因组的分析有两种角度,一种是一个群落的成员微生物,即以基因组为中心的分析,另一种则是以基因为中心,也就是说从组成群落的基本成员基因入手。前者将宏基因组序列拼接成近完整的基因组,以此研究群落中的微生物组成结构、功能和及其多样性;后者则考察了群落包含哪些基因,以阐明群落的功能和其对环境做出的响应,在某个群落中高频率、高丰度的基因通常对该群落具有积极的作用,例如白蚁后肠中降解纤维素的酶的基因较其他生境要多。

5.4.3　杂交或微列阵方法

通过设计特定序列的探针与环境样品中的核酸进行杂交以此考察微生物或感兴趣的基因也是宏基因组学重要的研究思路,一般主要应用基因芯片技术和荧光原位杂交技术(FISH)。荧光原位杂交技术是由原位杂交技术改进发展而来的。其原理是用荧光标记的寡核苷酸探针特异地和互补核酸序列结合,通过检测荧光信号强弱可以对目标 DNA 进行定性或定量分析,以反映微生物组成和功能。FISH 的具体过程包括以下步骤:①样品固定;②预处理样品;③用对应探针杂交;④去掉未结合的探针;⑤封固、呈像最后分析结果。在应用过程中应注意探针的设计、标记方法和荧光染料的选择。由于 FISH 技术具有快速、准确、原位等特点,因此已在微生物生态学各个领域研究中得到了广泛的应用。张伟等利用FISF 技术分析了喀斯特山地土壤硫酸盐还原菌(SRB)的数量和空间原位分布状况。结果显示所研究土壤剖面各层均有 SRB 检出,平均为$(2.7 \pm 1.2) \times 10^7$ 个/g 干土,并且 SRB 沿剖面深度有变化,表明 FISH 能同时对土壤中的 SRB 进行定性和定量分析,是快速有效的检测手段。微列阵技术也叫基因芯片,它同样采用核酸分子杂交的原理,应用已知核酸序列作为探针与互补的靶核苷酸序列杂交,然后通过检测信号对样品进行定性或定量分析。基因芯片采用集约化和平面的处理方法,在微小片基上高密度而有序地排列大量核苷酸片或基因片段,从而形成 DNA 微矩阵,从而一次性分析大量的基因,快捷高效地探测环境微生物基因组,了解环境样品中微生物群落结构、基因功能、基因表达图谱和代谢途径。其过程是首先运用自动化系统将高密度的核酸样品点涂或压印在载体上并进行固定,再将对应来源的带有荧光标记的复合核酸混合物即探针与制好的微阵列进行杂交,然后用激光扫描仪检测荧光标记信号,用数字成像软件分析每个点发出的信号即可获得基因表达图谱,最后,将实验组与对照组进行表达谱差异分析。2007 年,He 等报道了首个用于研究微生物群落功能活性和地球生化循环过程中的微生物广谱基因芯片(GeoChip),目前版本已经升至 GeoChip 3.0,其含有探针约 28 000 个,涵盖了 292 个基因家族中约 57 000 个基因,而这些基因涉及碳、氮、磷、硫循环,抗生素抗性、能量代谢、有机污染物降解和重金属抗性等功能。研究人员利用 GeoChip 对多种环境中的微生物群落进行了调查,在实际的应用中它确实是一种强大的、高通量的分析工具。但是,基因芯片灵敏度较低,必须提高低丰度微生物的检测能力。

5.5　宏基因组学在土壤微生物生态学中的应用与展望

正如前文所述,环境中存在着大量未知或不可培养的微生物,宏基因组学由于直接研究环境中的总 DNA,直接为新基因的发现、新生物活性物质的开发、研究微生物群落结构与功能、微生物群落演替与进化、微生物对环境变化的响应与反馈、微生物区域分布与生物地理学、土壤肥力形成与变化机理以及恢复生态学等开辟了一条新的途径,为解释和解决一些重大农业和环境问题提供了重要依据。

5.5.1　土壤中新基因的发现

从土壤宏基因组文库中获得新编码基因是该技术的核心功能所在,已发现的新基因主要有抗生素抗性基因、生物催化剂基因以及编码转运蛋白基因。从克隆文库中筛选感兴趣的基因需要建立大量的克隆子,如 Yun 等研究者选用 pUC19 作为克隆载体构建了大肠杆菌基因组文库,采用活性筛选方法,从 30 000 个重组子中筛选得到一个淀粉酶基因(amyM)的克隆子。又如 Courtois 等运用柯斯载体构建了一个含有 5 000 个克隆子的环境基因组文库,用 PCR 序列分析的方法进行筛选得到一个编码聚酮合成酶的新基因。在筛选其他功能基因方面, Majernik 等利用缺陷性大肠杆菌作为宿主菌建立了土壤基因组文库,从 148 000 多个克隆子中筛选得出两个编码 Na^+/H^+ 反相转运通道蛋白的基因。随着方法和技术的不断发展和改进,现只需构建少量克隆子就能得到新基因,如 Voget 等利用培养、筛选相结合的方法有效地、快速地鉴定出 4 个克隆子,其中含有 12 个可能编码琼脂水解酶的基因,同时运用序列分析法鉴定出编码生物催化剂的某些基因,包括了 2 个纤维素酶基因,1 个立体选择性酰胺酶基因,1 个 α-酰胺酶基因,2 个果胶裂解酶基因和 1 个 1,4-α-2 葡聚糖分支酶基因。以上研究结果充分说明了土壤微生物是基因资源库,其蕴藏的基因多样性大大超出了人们过去的认知程度。表 5.2 为土壤宏基因文库的应用。

表5.2　土壤宏基因文库的应用

目标产物	载体	DNA来源	筛选策略
16S rRNA gene	Fosmid	石灰性草地	基于序列
16S rRNA gene	BAC	未耕地	基于活性
分类标记基因	Fosmid	林地,沙地	基于序列
抗生素抗性基因	Plasmid	未耕地	基于活性
反向转运基因	Plasmid	甜菜地,河谷草地	基于活性
磷酸转移酶,硫代转移酶,DNA糖基化酶,甲基转移酶	Plasmid	土壤,沉积物	基于活性
羰基化合物,乙醇氧化还原酶,甘油/二醇脱水酶	Plasmid	甜菜地,农田,草地	基于活性
纤维素酶	λ-phage	沉积物	基于活性
琼脂酶,DNA酶,脂肪酶,淀粉酶,酰胺酶	BCA Cosmid	土壤	基于活性、基于序列
淀粉酶,酰胺酶,β-内酰胺	Plasmid	海洋污泥,砂质黏壤土,城市堆积物	基于活性
D苯甘氨酸-L亮氨酸,酰胺酶,β-内酰胺	Plasmid	农田	基于活性
4-羟基丁酸脱氢酶,脂肪酶,酯酶	Plasmid	甜菜地,河谷草地	基于活性
酯酶	Fosmid	污泥,海滩,森林土	基于活性
脂肪分解酶	Fosmid	森林土	基于活性
聚酮合	Fosmid	砂质黏壤土	基于序列
聚酮合酶	Cosmid	耕地	基于序列
抗菌剂	BAC	土壤	基于活性
抗生素	BAC	土壤	基于活性
生物素	Cosmid	农田,森林土	基于活性
靛玉红	BAC	土壤	基于活性
抗菌剂,紫色杆菌素,脂肪酸,烯醇酯,长链N-酰基氨基酸系列化合物	Cosmid	土壤	基于活性

5.5.2　生物活性物质的发现

宏基因组学技术十分重要的贡献就是发现了新生物催化剂,包括淀粉酶和腈水解酶、蛋白酶、酯酶、氧化还原酶、脂肪酶等,同时在此基础上获得了某些新酶的特征性信息。Henn等研究人员以pBlue-scriptSK(+)为克隆载体,以大肠杆菌DH5α菌株为宿主构建了不同土样的3个基因组文库,筛选出了具有脂肪酶活性的克隆子,且当把甘油三酸酯添加到培养基上后,从730 000个克隆子中发现了1个阳性克隆,从三酪脂琼脂平板上的286 000个克隆子中得到了3个阳性克隆。Yun等以pUC19为克隆载体构建了大肠杆菌的基因组文库,对表达的酶蛋白进行特征分析,发现该酶具有转糖基作用,同时还具有葡聚糖转移酶、α-淀粉酶和新普鲁兰酶的共有特征。在这些文库的筛选过程中,抗菌活性物质也会和新酶物质一起被鉴定出来。利用未培养的方法挖掘新的抗生素资源已经成为非常奏效的方法。例如Osburne等是最先构建大片段和大容量土壤细菌宏基因文库的,筛选出的生物活性物质包括抗真菌、抗菌活性成分以及载铁蛋白等,并从4个抗菌的克隆中发现1个含有与靛玉红(具有抑制酪氨酸激酶的活性和抗白血病作用)有关的小分子物质。加拿大的TerraGen Discovery公司首次以链霉菌作为宿主构建文库并筛选到具有抗菌活性的Terragine系列小分子物质。在筛选基因过程中,一旦获得功能性基因,就可以通过基因工程手段强化表达产物,通过增加克隆表达强度,高效率筛选感兴趣的宏基因组片段及其产物。利用重组DNA技术,把从环境样品分离的重要基因元件组编合成生物活性物质的基因簇,以期获得目的活性物质。可见,宏基因组学技术在活性物质开发上具有很大的潜力。

5.5.3 其他方面的应用

土壤宏基因组学技术除用于筛选和挖掘新基因和新活性物质外,也为土壤微生物复杂性、群落结构特征等提供了重要工具。对基因组文库中的保守的16S rRNA基因序列的测序及系统化研究,使环境微生物的多样性分析更为完整和客观。Rondon等研究人员利用可插入大片段DNA的BAC载体,构建了27.0 kb、44.5 kb和98.0 kb等片段大小不同的土壤宏基因组文库,对文库16S rRNA的基因序列进行系统发育学分析表明,文库中的DNA包含来源于分属于不同系统分类单位下的微生物,揭示了微生物极为广泛的多样性。Treusch等分别从沙地生态系统和森林土壤中提取DNA构建了3个大片段Fosmid粒基因库,主要针对古细菌多样性进行了研究,发现存在着更丰富的微生物资源。同时,在该研究中还发现对古细菌的研究可以利用除16S rRNA基因以外的功能基因(如mcrA,nirK ,amoA)进行分类学上的研究。

另外,宏基因组学技术也为微生物纯的培养提供了新的培养基资源。如用4-羟基丁酸作为唯一的碳源和能源进行筛选得到了5个能利用4-羟基丁酸的克隆子。分析表明,这些克隆子具有4-羟基丁酸脱氢酶活性,可以利用该性质开展实验室纯培养。这个方法主要是基于活性筛选技术的特殊条件——选择性培养基。它为实验室条件下培养和编码新基因的微生物提供了新途径。在进行微生物生态学研究时,可以充分结合生态学尤其是群落生态学和系统生态学的相关理论和方法。例如沿着一系列环境梯度,如降水、温度等进行土壤宏基因组学的调查,更有助于揭示环境因子乃至气候变化对微生物的影响以及微生物对此作出的响应。根际微生物的活动对植物生长意义重大,将植物生长状况与根际微生物宏基因组状况相联系起来可以更好地理解植物-微生物相互作用关系。群落生态学中的种间关联或群落分析或许可以用于考察生物地球化学大循环中元素耦合的问题,例如碳氮耦合的关键在于生物的碳氮比,弄清楚宏基因组中碳循环相关基因与氮循环相关基因的关联,有助于了解碳氮循环耦合的强弱,解释生物群落间碳氮比变化并进一步明确元素循环中的库和流。

分子生物学技术为了解土壤微生物生态系统的结构和功能以及两者之间的相互关系提供了大量信息,而某些传统的微生物培养技术已经无法全面反映土壤微生物的多样性。土壤宏基因组学技术为具体调查和全面挖掘土壤微生物的多样性及开发利用其资源提供了一种有效的途径。利用宏基因组学的方法,可以获得分类学和系统发育学等方面的广泛信息,并可利用功能基因获取新的生化产物。土壤宏基因组学技术在我国土壤及环境微生物生态学方面的起步较晚,对这一新技术的跟踪和应用,会有力地促进土壤微生物生态环境学研究的发展。

第6章　环境中的病原微生物基因组学

病原菌的致病机理尤其是动物宿主与引起它们的病原菌之间相互作用的分子基础与调节是相当复杂的,且涉及多个毒力因子的相互控制和作用。生理特性和毒力特性的广谱性是多种基因功能表达密切协调的一种反映。通常情况下,病原菌的感染循环开始于黏附并植于宿主,随后细菌侵袭宿主组织或是细胞,在宿主细胞中进行大量繁殖,最后释放出来再感染新的宿主,微生物感染是被复杂的网络调节网络调控的。20 世纪 90 年代流感嗜血杆菌全机组序列的发表标志着病原微生物基因组的到来,研究全基因组范围内细菌毒力特性的分子特征的方案使科学家对细菌致的病机理研究方式发生了改变。目前,已经有至少 25 个亲缘关系很远的病原菌全基因组序列得到解析,同时其他某些病原微生物的全基因组序列的测定工作也正在进行中。例如幽门螺杆菌(*Helicobacterpylori*)、结核分杆菌(*Mycobacterium tuberculosis*)、铜绿假单胞菌(*Pseudomonas aeruginosa*)、生殖道支原体(*Mycoplasma gEtalium*)、肺炎链球菌(*Streptococcus pneumoniae*)、单核细胞增生性李斯特菌(*Listeria monocytogem*)、霍乱弧菌(*Vibcholerae*)、炭疽芽孢杆菌(*Bacillus anthracis*)的全基因组序列已经被测出。大量的环境中重要的真菌与古菌,例如耐高温多型古菌(*Pyroccus furiosus*)、金属离子还菌(*Shewanella oneidensis*)、耐放射异常球菌(*Deinococcus radiodur*)的全基因组序列也相继被测定。

将不同种间微生物进行基因组结构和功能基因的比较,可促进对结构改变与功能变异之间的相关性研究,不断引导和发现新的特异序列、核心序列及耐药位点,深入研究对致病因子存在、发生、变异和调节的规律。毒力基因的改变将导致微生物致病性的改变,例如霍乱弧菌由自由生活的环境生物转变为人类病原菌的关键因素,就是毒力基因的水平转移;而基因在不同种属,甚至不同区域之间转移,就更增加了生物的多样性和进化复杂性。从整体的角度以完整基因组序列为基础结合功能基因组学研究的实验方法,例如芯片技术、二维电泳技术、各种功能基因的筛选技术等大量、快速的鉴定新的致病相关因子,结合生物信息学构建各种生理过程的模型进行研究,将深化对致病机制、耐药性的认识,为防病治病奠定基础。微生物的全基因组生物信息学分析可用于寻找与感染相关的基因以及潜在的抗生素药物作用的新靶点。比较并分析种系相差很大的病原菌微生物和种系相近的病原微生物,可以揭示天然群落中细菌的易变性、种属多样性的分子机制,以及细菌致病机理的进化与引起不同致病情况的菌株特异性的基础。

6.1　通过基因组测序和功能注释研究细菌致病机理

病原菌可以感染动物和植物细胞,也可以逃避宿主免疫防御抗生素制剂,在不同的细胞内外环境中存活,由于细菌的致病机制多样,建立一个可根据细菌数目与种类而变化的紧密调节毒力的因子库是非常有必要的。虽然有很多有毒力的因子具有宿主特异性,但还是有少量机制是多种细菌共同表达的一些广谱的毒力表型,经研究发现,这些共同的机制说明,至少一些病原菌的基本毒力机制是不同微生物种类中存在保守性的古代进化起源。传统的对病原菌的研究方法费时费力,基因序列分析和高通量工具的应用使微生物感染相关的多个基因和蛋白可同时鉴定出来并进行功能分析。病原菌的全基因组序列可以用于多领域。例如鉴定新的毒力相关的基因或是致病岛,或是设计新的微生物抗生剂等。

6.1.1　序列同源性预测毒力基因

对于微生物全基因序列的认识,首先我们可以从公共数据库中基于已知的毒力因子进行预测,但并不是序列相似的基因都具有相似的功能。例如在鉴定假定的毒力基因的时候,对于假定的毒力基因是否与已知基因有同源性的功能,经验判断也是重要的。用公共的基因组数据库来鉴定假定毒力基因是存在一定局限的。因为生物信息学只能识别已被鉴定的已知功能基因。对细菌基因组学的比较分析显示,大约30% ~40% 预测的基因为未知功能基因或假定其功能基因,为鉴定毒力相关基因,需在数据库中寻找普遍特征性的序列蛋白。因为宿主致病相关的毒力因子常常定位于细胞表面或用于胞外运输。例如脑膜炎奈瑟菌的一个毒力血清 B 株的群基因序列被用来寻找潜在可开发成基因疫苗的新毒力基因。脑膜炎奈瑟菌基因组的 ORF 区已被用于序列分析、结构基序分析和相关蛋白特征分析等。

目前快速且易于理解的方法是从一个生物体全基因组序列中获得新的生物信息,如在流感嗜血菌 Rd 株基因组的 1.8 Mb 序列已经很好地用于寻找负责生物合成功能的 LPS 的假定毒力基因与结构。通过在流感嗜血菌的基因序列数据库中搜寻与已知的其他生物合成 LPS 的基因相似的 DNA 和氨基酸序列,得到 25 个 LPS 基因的候选基因。序列信息技术保证了可以设计并构建该 25 个基因上产生的靶向中断所必需的克隆子。聚丙烯酰胺凝胶电泳 PAGE 分离技术、免疫化学技术和质谱 MS 分析,在大量的候选基因中确定潜在的 LPS 生物合成基因,估计幼鼠血管内散播所必需的 LPS 最小的结构提供了很大的可能性。类似这样的研究说明了计算机技术可以寻找编码假定的毒力基因序列以及如何运用这些数据来快速鉴定的任务。

6.1.2　重复的 DNA 元件所提示的毒力因子

序列具有同源性,重复的 DNA 序列可提示潜在毒力基因。在许多致病菌中,例如流感嗜血杆菌或是奈瑟菌的一些菌株等重复的 DNA 序列都与毒力因子的表型或变相相关。许多编码细胞表面毒力因子的一个特征就是在翻译读码框的 5′末端存在单核苷酸重复,或是二、三核苷酸重复。一些假说例如滑动链的错配学说或者是基因重组机制可解释重复核苷酸序列的改变,重复核苷酸序列的改变又通过改变读码框基因从而调节暴露于表面的蛋白的表型。滑动链的错配学说是指高度重复的 DNA 的三级结构导致重复序列附近 DNA 序列的错配。根据链的方向与 DNA 聚合酶介导的 DNA 合成,DNA 可以重复被插入,也可被缺失,从而引起 ORF 区的移框现象。毒力相关因子的表型变化时病原微生物逃避宿主免疫应答、适应宿主中不同微环境的策略。例如流感嗜血杆菌的菌毛是一种细菌黏附到呼吸道上皮细胞的所必需的黏附蛋白,这种蛋白的相变与二核苷酸 TA 的重复相关。与此类似,脂多糖生物合成基因翻译阅读框的 5′末端包含多个串联 GCAA 或 CAAT 重复序列,与翻译的转换相关。

基于重复DNA序列在细菌致病性中的重要作用,可以通过搜寻基因组中串联寡核苷酸重复序列来鉴定可能的新毒力因子。Hood等采用这样的方法在流感嗜血杆菌的Rd株的假定ORF中找到9个包含多个(6~36个)串联的四核苷酸重复序列。这些基因编码奈瑟菌的血色素受体蛋白或糖基转移酶的同源物,或编码耶尔森菌的一个黏附蛋白。另外,目前已鉴定三个与LPS生物合成相关的基因也包含多个重复的CAAT,证明可用全基因组序列寻找毒力因子。进一步研究其中的一个新位点lgtC,表明该基因与脂多糖表位的表型转换有关,并且其在新生鼠模型中与流感嗜血杆菌的毒力相关。该研究清楚说明了如何用全基因组序列信息获得生物学相关的实验数据并用于病原菌生物学研究。

6.1.3　病原菌的进化——基因的获得与缺失

基因组序列的获得和序列间的比较为研究基因转移在病原菌进化中的作用提供了方法。基因的水平转移是通过从染色体上引入或删除DNA重构基因来改变基因指令。点突变的积累可以通过调节毒力表型与改变现有基因的表达来增加微生物的多样性,然而逐步的突变则很少形成新的功能基因或使细菌适应新的环境。相反,基因横向转移,即可移动的遗传因子在细菌中的传递,便可导致遗传信息的获得或丢失,这对尤其是在新的病原体出现的紧急情况下的基因组进化与细菌物种形成起着重要作用。

基因水平方向或横向转移的发生率可以用DNA序列分析的方法进行研究。根据碱基比对,大部分细菌在种水平的基因序列中的(G+C)质量分数,密码子使用偏好,二三核苷酸的频率是相对同源的。新的序列,像通过基因的横向转移获得的外源基因——致病岛(PAI),会保持其供体基因的序列特征,因此可以从(G+C)质量分数与密码子使用的模式上把它们和亲代垂直传播区分开来。目前通过全基因组序列比对已经确定了基因横向转移范围。在已测序的细菌基因组中,横向获得的外源DNA的积累量有所差异,如12.8%的大肠杆菌Klz基因组、4.5%流感嗜血杆菌基因组、3.3%结核分枝杆菌基因组、6.2%幽门螺杆菌基因组来自横向获得的外源DNA。

6.1.3.1　致病岛

致病岛编码毒素、黏附因子(介导黏附到宿主细胞表面的蛋白)、分泌系统成分、干扰血清抗性的蛋白与其他因子的基因和毒力基因共同决定发病的条件。这种疾病的决定基因既可以存在于可转移的基因元件上(例如转座子、质粒、细菌噬菌体),也可存在于细菌染色体中的一些不连续的称为致病岛的片段中。对PAI测序分析表明,这些致病岛大部分来源于基因的水平转移,因此可能在形成新的致病突变种或致病表型中起重要作用。然而,这种可以改变细菌天然种的横向基因转移并不是不加选择的,而是特定的细菌在获得致病岛之前已经具备形成病原菌的一些条件,因为它们已经拥有在宿主细胞生存的能力,例如抵御宿主预防的能力与营养缺陷的代谢补偿能力等。下面来探讨PAI区别于其他基因组序列的特征、微生物的PAI以及PAI的调节。

1. 从全基因组序列中区分出PAI

在基因组测序中最常见的问题就是(G+C)质量分数与密码子的使用是否同源。例如,一个基因的密码子使用频率与基因组中其他序列基因的密码子使用有明显差异,该基因很可能是来自水平转移的,将其归为假定的外源基因(pA)。细菌中的pA与反常的基因簇(有时是指基因岛)和致病岛相关。在测序中可以运用5个DNA序列分析的准则来发现已测序基因组中反常的基因区。

（1）(G+C)质量分数的差异。标准的辨别例如致病岛这样的异常基因区的方法是在变化窗口 *W*(*W* 在长度上相当于10 kb,20 kb,或者直到50 kb)中与平均基因组的(G+C)质量分数进行比较。若发现(G+C)质量分数与基因组剩余序列中(G+C)质量分数有很大差异,则可能是穿在基因岛的。

（2）基因组标签比较。每一个基因组都有一个区别于其他细菌基因组的特有标签(signature)。基因组的标签就是指一套二核苷酸的相对丰度值,二核苷酸的相对丰度值是指所观察的二核苷酸频率与随机选择的相邻序列中预期二核苷酸频率的比值。与基因组平均标签的差异或二核苷酸的偏好都可以提示外源性 DNA。

（3）密码子使用偏好。统计所有基因的密码子偏好并与基因组中平均基因比较,与经典密码子的应用存在明显差异的一个基因或一组基因可能就是代表着一个 PAI。

（4）氨基酸应用产生的分歧。比较组成蛋白的氨基酸偏好性与决定蛋白质组的平均氨基酸频率。在翻译阅读框中,氨基酸的使用与平均蛋白氨基酸的使用存在明显差异的区域可能是组成基因组岛或 PAI。

（5）假定外源基因簇。若一些基因与平均基因、核糖体蛋白基因、翻译或转录过程中加工因子的基因和伴侣基因的密码子利用率差异较大,那么这些基因都被标记为假定的外源基因。这些假定的外源基因就可能代表包含致病岛的毒力相关基因。

以为 PAI 不断在多组病原菌中发现,特别是作为微生物基因组序列的一部分,它们共同的特征已经被发现,这使得 PAI 根据一系列标准被定义:PAI 含有毒力相关基因,如毒素、黏附因子、Ⅲ型分泌系统等;PAI 广泛存在于病原微生物的基因中,但在无侵袭能力的相同菌株或相关的共生菌株的基因中不存在;PAI 在微生物基因组中占相对大的区域,其(G+C)质量分数及密码子的利用明显区别于核心基因组;PAIs 常与 tRNA 基因相关,tRNA 可能是整合外源 DNA 的“基因指路标”;PAI 经常被短的直接重复序列和插入元件(IS)包围,因为直接重复 IS 可能是重组酶的靶点。

2. PAI 对毒力表型的贡献

通过具有重要致病性的革兰阴性杆菌来阐述 PAI 相关毒力决定因子的多样性。肠杆菌家族的成员是肠道疾病与尿路感染的致病菌。肠道与尿路大肠杆菌染色体 PAI 是一个被阐述和研究深入的毒力决定区域。例如,尿路大肠杆菌 536 含有两个 PAI,即 PAIⅠ和 PAIⅡ,大小分别为 70 kb 和 190 kb,并且直接重复序列包围。PAIⅠ编码一种 α 血溶素(hly)的毒素,通过插入细胞膜裂解红细胞与其他真核细胞。PAIⅡ携带与 prf 决定因子相关的 hly 毒力基因,prf 决定因子编码与 P 相关菌毛是尿路大肠杆菌的重要黏附因子。PAIⅡ编码 P 菌毛使尿路大肠杆菌通过半乳糖-a-1,4-半乳糖特异性受体黏附到尿道上皮。两个 UPEC-特异性 PAI 都与 tRNA 基因相关,PAIⅠ定位在 selC tRNA 基因上,PAIⅡ整合到一个亮氨酸的转运 RNA 上。与之相类似,肠道致病大肠杆菌 EPEC 在染色体 selC 位置有 35 kb 大小的致病岛,但是与 UPEC-特异性的 PAI 不同,EPEC 特异性致病岛编码高特异性的Ⅲ型分泌系统,输出可黏附肠道上皮并可导致上皮细胞损伤的蛋白,因此导致不同的疾病条件。与鞭毛进化相关,革兰氏阴性杆菌的Ⅲ型分泌系统具有高度保守性,是唯一的适应性的毒力机制。Ⅲ型分泌系统的结构成分虽然是保守的,但运送到细胞质中的调节宿主细胞功能的效应蛋白对于每一个细菌菌株是唯一的。组成Ⅲ型分泌机制的蛋白也在志贺菌、耶尔森菌、沙门菌与许多植物病原菌的 PAI 中编码。

6.1.3.2　抗生素抗性的获得

目前开发新的疫苗与干扰治疗感染性疾病比从前变得更为重要,因为具有抗生素抗性的重要人类致病菌的菌株在不断增多,这些菌株包括肺炎球菌、葡萄球菌、肠球菌、结核杆菌等。基因转移的一个共识基础是抗生素抗性基因转移到原本敏感的细菌中,因此扩展了微生物的生态环境并给微生物提供了一个生存发展优势。由于抗微生物的抗性选择优势,基因转移通常与高度移动的基因元件相关,一般是指质粒,质粒可以在种间转移并且能保持其外源性不会被打断。微生物基因组间的抗生素抗性基因转移也可通过转座途径而被调节。有时,抗生素抗性基因是由整合子传递的,整合子是驱动无启动子的组合基因转录的基因表达元件。整合子应具有三个序列元件:序列整合所需的附着位点;编码位点特异性重组酶的基因;控制组合基因表达的启动子。整合子的移动需要插入序列、接合质粒或转座子。近期,基因组微阵列技术为抗二甲氧苯青霉素的金黄色葡萄球菌的发病机制提供了新视角,金黄色葡萄球菌可引起心内膜炎、败血症、人类毒素休克综合征等疾病。一个包含大于 90% 金黄色葡萄球菌菌株 COL 基因的 DNA 微阵列可用于调查并研究基因多样性与基因进化。36 个金黄色葡萄球菌临床菌株,包含了 11 个从不同人类疾病类型和其他感染的哺乳动物中分离出来的具有二甲氧苯青霉素抗性株被应用于该研究。研究结果显示了这些克隆的广谱的基因变化可代表大部分金黄色葡萄球菌感染。对不同菌株基因组进行比较,之间差异大约有 22%,因此组成株特异性序列,一些是编码特异的宿主定植因子以及使得菌株在特定环境中生存的其他因子。DNA 微阵列也被用于揭示基因转移在致病金黄色葡萄球菌进化中的作用。比如在抗二甲氧苯青霉素的抗性中,mec 基因水平转移到金黄色葡萄球菌中有至少 5 次,这提示二甲氧苯青霉素抗性的进化多样性,不依赖于次数和单个的祖先系。

6.1.3.3　病原体进化过程中遗传信息的丢失

比较致病菌与相关的非致病菌基因组后发现细菌的毒力多数是获得了非致病菌没有的基因后表现出来的。例如转入单个的致病岛,非致病性大肠杆菌可以转变成毒力菌株。然而通过比较基因组序列,致病菌株的致病机理不单由获得毒力基因造成,也是在某些情况下是缺失了使毒力不表达的基因。比如,编码 OmpT 蛋白的基因是一个表面蛋白酶,也是毒力抑制因子,在志贺菌中不存在,而在和它有密切联系的非致病大肠杆菌中却含有。把 OmpT 基因转入志贺菌后,通过阻止细菌在细胞内传播的能力,使细菌产生的蛋白毒力下降。类似的还有弗氏志贺菌与大肠杆菌 K－12 的基因组提示,在志贺菌的 cadA 基因中存在一个大区域的缺失,被称为黑洞。功能性的 cadA 基因编码赖氨酸脱羧酶,在志贺菌的某些种中具有抑制肠毒素、减弱毒性的作用。基因缺失是毒性基因水平转移的一种补充,使得细菌发展成病原菌。

6.2　利用比较基因组学研究细菌致病性

基于生理、病理、细菌物种的进化差别,比较分析微生物基因序列为开发大量的基因突变与基因组可塑性提供新的手段和机会。本节重点阐述微生物总基因组,从细菌到古细菌到真核生物,全面地评估和预测基因水平转移对细菌物种形成的影响。1995 年,流感嗜血杆菌 Rd 基因组测序的完成首次阐述了一个可自主生存的微生物的基因组,开启了微生物基因组学的时代。研究重点已经从单个基因研究转移到基因组研究,以及多个单基因是怎样相互作用产生复杂表型的。在流感嗜血杆菌基因组序列公布后,很短时间内便公开了完整基因组的序列报告,为比较基因组学奠定了基础。幽门螺杆菌的基因组测序可以算是比较基因组学的里程碑,因为它真正展示了一个致病菌在不同菌株之间的差异。比较基因组学在研究基因内容、组织和基因的获得即细菌物种进化方面的影响是很大的。比如,比较不同细菌的完整基因组为病原菌与共生菌的区别提供视角。多个菌株的比较可以揭示疾病发生与疾病严重程度的遗传基础。

6.2.1　结核分枝杆菌的基因组:毒力基因的鉴定和基因组可塑性

结核分枝杆菌是一种引起结核病并不断地在世界范围内严重影响人类健康的慢性感染性病原菌。尽管对于革兰氏阳性杆菌的研究已很深入,但我们对于致病性的分子基础还知道甚少,尤其是当毒力并不是由毒素蛋白产生的时候。大量宿主对分枝杆菌抗原反应产生的炎性反应和细胞介导的免疫很大程度上是由感染所致。近年来,抗药的结核分枝杆菌的出现迫切需要新的预防及治疗策略。结核分枝杆菌的全基因组测序可用于比较并研究这种人类重要的病原菌,加速对分枝杆菌的致病机理、表型差异和进化方面的认识。应用 DNA 微阵列技术和蛋白质组学研究将为此种空气传播疾病提供新的可能更有效的预防与治疗方法。特征清楚的结核分枝杆菌 H37Rv 菌株的全基因组测序已经通过选择性的大片段的插入与鸟枪法制备的全基因组小插入克隆库的系统序列分析方法而获得。结核分枝杆菌 H37Rv 4.4 Mb 的环形染色体大约包含 4 000 个蛋白编码基因,并有高的(G+C)质量分数。有趣的是,高(G+C)质量分数存在于整个连续的 H37Rv 完整基因,提示该基因组中并没有由不同的碱基组成比例构成的、通过水平转移获得的致病岛。基因序列的解读预测蛋白的 40% 为功能蛋白,同时 44% 的蛋白编码基因在一定程度上具有功能相似性。剩余 16% 的蛋白不能描述其功能,也许为编码特异功能的基因。序列分析还提示结核分枝杆菌 H37Rv 基因组中富含重复 DNA 序列,特别是插入元件 IS 与管家基因。IS 元件是小于 2.5 Mb的 DNA 片段,在 IS 编码的转座酶作用下通过转座反应将其插入到基因的多个位置。H37Rv 基因组含有 56 个 IS 元件同源位点,这些 IS 至少属于 9 个不同的家族,其中 6 个 IS 形成一个命名为 IS1535 的新家族。这些 IS 大多数插入到基因间或基因组的非编码区,在 tRNA 基因附近转座的发生频率较高。IS 元件在毒力基因与耐药基因的水平转移中具有重要作用,此外 IS 介导的染色体的缺失与结核分枝杆菌基因组的可塑性相关。将结核分枝杆菌与其他细菌区分开来的明显标志之一是其存在 2 个重复结构的富含甘氨酸的蛋白家族。分析结核分枝杆菌 H37Rv 的基因组序列可发现 2 个大的非相关的富含甘氨蛋白,它们的基因成簇排列并且占总编码序列的 7%。这些多基因家族因在其高度保守的 N 末端都存在 Pro-Glu(PE)与 Pro-Pro-Glu(PPE)基序,因此命名为 PE 和 PPE。PE 和 PPE 蛋白的 C 末端在大小、序列与重复拷贝的数目上都有很大的变化幅度。PE 蛋白的一个大的亚家族是一个多形态的重复序列家族(PGRS),这个家族以其在 C 末端有多个串联重复的 GI-Gly-Ala 或是Gly-Gly-Asn 为特点。许多 PPE 蛋白中主要的多态性串联重复(MPRT)的 C 末端富含 Asn-X-G1y-Asn-X-G1y 序列。在结核分枝杆菌的基因组序列被深入了解之前,这些蛋白家族并不为研究者所知。因此,PE 与 PPE 蛋白的生物学功能尚不清楚。然而,这些蛋白的重复与变化提示它们可能是分枝杆菌细胞抗原突变的原因,也可能是一种免疫相关抗原。在全基因组序列被完成之前,只有很少的结核分枝杆菌毒力因子在实验中被鉴定。这些毒力因子包括编码巨细胞集落因子、一个 σ 转录因子和辣根过氧化物酶的基因。然而,使结核杆菌在巨噬细胞中存活并引起临床症状的毒力因子并不知道。通过生物信息学的方法或基因学研究方法角度预测与感染相关的因子。数据库的同源性搜索已经发现了与鼠伤寒沙门菌基因 smpB 同源的基因,该基因与细菌的存活有关。与单核细胞李斯特菌分泌因子 p60 的同源基因,以及与磷酸酶与酯酶形成有关的毒力候选基因可能与细胞膜降解相关。结核分枝杆菌的基因组序列还提示基因组中存在与氧化保护相关或可抵抗硝化的黄血色素蛋白。

为研究天然细菌群落中基因的可变性,DNA 微阵列技术已应用于结核分枝杆菌的基因组比较。一个包含结核分枝杆菌 H37Rv 的 3 924 个 ORFs 与 738 个基因间区域的 Affymetrix 寡核苷酸基因微阵列已应用于检测 19 个临床分离鉴定的结核分枝杆菌。与其他病原微生物相比,结核分枝杆菌的基因改变相对较低,且序列分析结核分枝杆菌的高保守区提示单核苷酸多态性与基因的水平改变和基因的可塑性关系较小。2001 年,经微阵列比较基因组方法检测的 16 个结核分枝杆菌中,以菌株 H37Rv 的 38 个 ORFs 为研究对象,发现参考菌株与 16 个结核分枝杆菌基因序列无区别。与 H37Rv 相比,占平均基因组 0.3% 的基因序列为 13 248 bp 发生丢失,并检测到 25 个不同的丢失序列全长共有 76 839 bp,提示基因缺失是分枝杆菌病原菌进化中遗传改变的主要原因。

6.2.2　基于微阵列技术的幽门螺杆菌的比较基因组学

幽门螺杆菌是革兰氏阴性的有鞭毛的细菌,可引起胃肠道疾病,如与消化器官相关的胃溃疡、胃癌,与黏膜相关的淋巴瘤等疾病。幽门螺杆菌与其他病原微生物的区别是其可以在酸度很高的胃黏膜环境中生存。患者的症状差别至少部分与感染的菌株特异性基因的多样性有关。两个独立的幽门螺杆菌菌株 26695 与 J99 的全基因组序列已通过全基因组鸟枪法测序获得。26695 与 J99 的基因组都包含一个小的环状染色体,分别为 1.67 Mb 和 1.64 Mb,(G + C)质量分数为 39%。这两株细菌基因组中还包含 40 kb 的致病岛,编码细菌的Ⅳ型分泌系统,与宿主细胞分泌和转移 CagA 蛋白相关。另外,基因序列生物信息分析提示在幽门螺杆菌的蛋白中,相对于流感嗜血杆菌与大肠杆菌,赖氨酸与精氨酸的出现频率很高。研究员 Tomb 和其同事认为带正电荷的氨基酸出现频率比较高可能会影响幽门螺杆菌在酸性环境的胃中的存在。

用生物信息学与微阵列技术可比较 2 个分离出来的幽门螺杆菌的基因组序列。尽管幽门螺杆菌 26695 与 J99 的基因序列及预测的编码蛋白非常接近,但计算机比较基因组学方法还是显示出了两者存在种内 6% ~7% 的差异。DNA 限制性修饰系统的基因占幽门螺杆菌 26695 与 J99 特异基因的 15% ~20%,然而预测的编码外膜合成、DNA 复制系统、DNA 转移系统、能量代谢系统、磷脂代谢系统等功能基因在菌株中变化很小。比较幽门螺杆菌 26695 与 J99 的序列提示它们都含有不常见的蛋白,预测这类蛋白功能为Ⅱ型限制性修饰系统。在菌株 26695 中,基于基因顺序以及与已知的甲基转移酶、核酸内切酶、特殊的亚基等序列相似性发现了 11 个限制性修饰系统。近期从 6 个幽门杆菌的不同菌株中鉴定出了不同功能特征的 22 个Ⅱ型限制性内切酶,其中 3 个是新发现的内切酶。Ⅱ型限制性修饰系统被两种分离酶所限定:限制性内切酶识别特异的 DNA 序列并且在特定位点清除末端修饰的外源 DNA;甲基转移酶在内切酶的识别位点修饰 DNA,保护 DNA 本身免受内切酶的消化。幽门螺旋杆菌不同菌株拥有很多种限制性修饰酶,这是幽门螺旋杆菌特有的性质。尽管在不同菌株中其限制性内切酶是不同的,生物信息学分析所有限制性内切酶都能特异性识别和切除 4 ~5 个碱基序列。这种不常见的限制性酶切的生物学机制还不清楚,然而幽门螺旋杆菌的这种天然性质阻止了外源插入到宿主基因组中。

利用 DNA 微阵列技术可以调查不同细菌的种内多样性,在基因学比较中,高密度的 DNA 微阵列应用于检测 15 个从临床分离出来的不同强度毒性的幽门螺旋杆菌。假设 26695 和 J99 包含相同的 ORF 区,26695 株作为标准菌株用于微阵列,91 个只存在于 J99 的 ORF 也在微阵列中显示出来。在分析 1 643 个基因中,1 281 个最小的功能被鉴定了出来,这些基因在所有的菌种中存在,编码与基础代谢、生物合成和调节功能相关。值得注意的是,在每个菌株中存在着 12% ~18% 的菌株特异性基因,大多数为未知基因(图 6.1),最大已知功能的基因是限制性修饰系统和转座酶基因,在调节 DNA 的交换和促进幽门螺旋杆菌的多样性方面起着重要作用。其他菌株特异性基因编码各种各样的外膜蛋白、三个 virB4 类似蛋白、脂多糖合成蛋白和一个 traG 蛋白。它们是与Ⅳ型分泌结构的组装相关的 ATP 酶。等级分类方法用菌株特异的基因鉴定一组可能的新的毒力因子。这些新的毒力因子与幽门螺杆菌的发病机理有关,可以调节 PAI 功能或与协同 PAI 作用使宿主发病。菌株特异性 DNA 限制性修饰基因与其他的菌株特异性基因和 26695 与 J99 中其余基因相比,具有相对较低的(G+C)质量分数(分别为 35%、39%),提示这些基因可能是来自于其他微生物基因水平转移的结果。比较基因组学研究幽门螺杆菌的限制性修饰系统说明菌株特异的限制性修饰基因都是有活性的,而那些在菌株中保守的基因都是功能水平上未活化的,这个结论支持菌株特异的限制性修饰基因通过基因水平转移获得这一观点。对幽门螺杆菌的比较基因组学研究将继续深入鉴定分离出的不同菌株的菌株特异性基因成分,用菌株特异基因的差别解释菌株适应不同宿主的差别以及疾病产生的差别。

应用幽门螺杆菌 26695 与 J99 的全基因组信息,以序列分析作为基础,寻找编码外膜蛋白的基因家族。因为外膜蛋白与幽门螺杆菌适应胃的酸性环境有关,并且这些外膜蛋白代表着某个细菌最重要的抗原决定簇。基于序列比较分析,组成菌株编码蛋白 4% 的 5 个横向进化同源基因家族在幽门螺杆菌 26695 与 J99 菌株中的基因组中被鉴定出来。横向进化同源基因是在基因组中复制相关基因,编码的蛋白具有相似的生化功能却具有不同的生物学作用。这些家族编码包括黏附素的 Hop 外膜蛋白、N 末端与 C 末端包含可变中心结构域的新鉴定出的 Hom 外膜蛋白、离子调节外膜蛋白(如 FecA 类似的蛋白)与泵外膜蛋白。其中有 2 个家族(编码 Hop 与 Hom 外膜蛋白)包含了 26695 或 J99 特有的成员。基因组序列分析提示许多基因的表达被在同源多聚体区域或二核甘酸重复位置的滑动链修复所调节,并导致抗原的变化或适应性的不断进化。例如大的 Hop 基因家族的相同成员在它们的信号序列中均含有 CT 重复,然而重复数量的区别并不影响预测蛋白的表达状态。

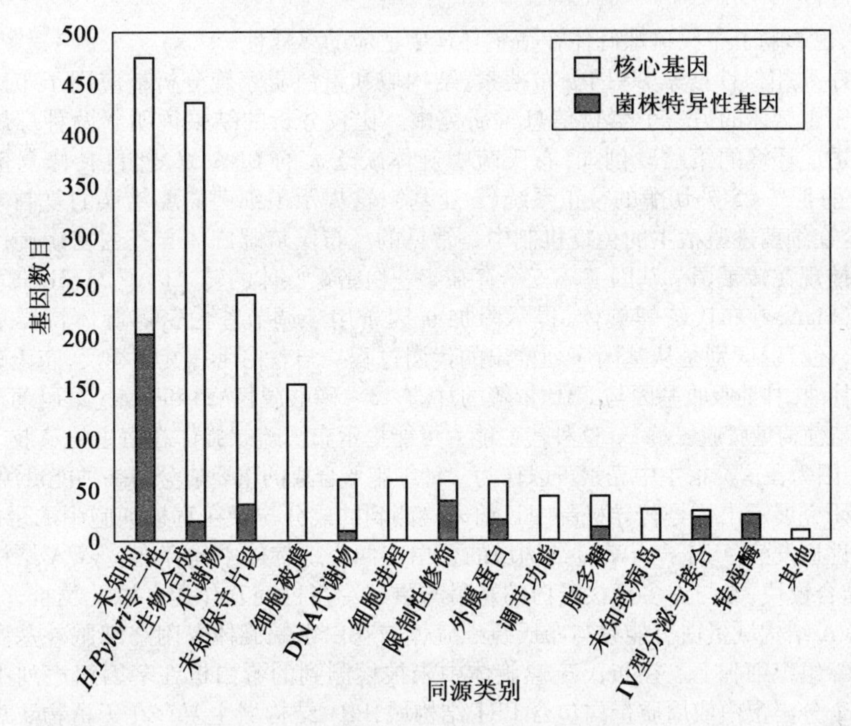

图6.1　利用DNA微阵列技术比较基因组学方法,比较临床上分离出的15株*H. pylori*的核心基因和菌株特异基因的分布(Salama,2000)

6.2.3　比较分析布氏疏螺旋体与苍白密螺旋体的基因组

原菌布氏疏螺旋体(Borrelia burgdorferi)与苍白密螺旋体(Treponema pallidum)是具有中等相关性的微生物,它们具有共同的祖先和相似的形态,基因组都很小(1.5 Mb和1.1 Mb),具有相似的蛋白编码能力,但是两者存在一些差别,所以适应不同的生态环境。这些差别使它们对人类产生不同的慢性疾病。布氏疏螺旋体是Lyme病的病原体,而苍白密螺旋体则引起梅毒。然而,引起疾病的特异机制及能引起长期感染的机制仍有待深入研究。测序以后比较两种菌的序列得知两者在染色体结构、脂蛋白成分、DNA修复的功能和一些具体的功能如信号转导、代谢和对宿主环境的应答中存在很显著的差异。这些基因水平的差别导致螺旋体在生理和适应策略上存在差异。与苍白密螺旋体相反,布氏疏螺旋体的基因组复杂,包含910 725 bp的线形染色体[(G+C)质量分数为28.6%],21个染色体外元件,其中包括12个线形质粒、9个环形质粒。值得注意的是,预测的布氏疏螺旋体质粒的大部分可读框与已知的细菌序列无任何相似性,这些基因似乎与基因的某些特殊功能有关,可使细菌既可在恒温动物体中进行也可在冷血动物体中进行。苍白密螺旋体基因组的基因结构相对简单,基因组为一个简单的138 006 bp的环状染色体[(G+C)质量分数为28.6%],无染色体外元件。比较基因组序列显示,布氏疏螺旋体的脂蛋白在基因组中所占比例相对于苍白密螺旋体或其他细菌的比例高。脂蛋白编码基因占布氏疏螺旋体预测ORF的5%,而脂蛋白编码基因在苍白密螺旋体预测ORF中只占2.1%,在幽门螺杆菌中占1.3%。另外,布氏疏螺旋体的细胞表面暴露蛋白多为脂蛋白,而苍白密螺旋体中没有明确位于外表面的脂蛋白。脂蛋白在数量与定位上的不同与它们和宿主之间相互作用的模式不同相关,也影响了布氏疏螺旋体在宿主环境中适应的多样性。

局部序列相似性搜索、基因分布搜索、结构域和蛋白质家族分析被应用于布氏疏螺旋体与苍白密螺旋体的另一个生物信息学研究中。比较分析的结果说明了两种螺旋体的进化趋势与适应环境的策略。例如,布氏疏螺旋体缺乏大的 DNA 修复蛋白、修复蛋白库和 DNA 聚合酶Ⅲ3′-5′外切酶的校正系统(ε 亚基),这提示了细菌需要错误的复制来产生抗原变化,这在细菌逃避宿主的免疫机制中是常见的。布氏疏螺旋体与苍白密螺旋体的其他显著区别体现在转录调节基因上。三个存在于苍白密螺旋体的转录因子 24(RpoE)、28(SigA)与 43(SigA)在布氏疏螺旋体,提示附加 σ 因子用于调节苍白密螺旋体特异基因的表达。另外,还有的区别是从基因序列推出的代谢过程。与苍白密螺旋体相反,布氏疏螺旋体需要利用甘油(甘油吸收基因与 FAD 依赖的甘油-3-磷酸脱氢酶)和壳素(编码葡萄糖胺脱乙酰基酶与葡萄糖胺脱氨酶)。这种代谢能力可能提示布氏疏螺旋体在宿主为节肢动物中的适应能力,因为在这类宿主中壳素可以作为一种细胞壁合成的重要成分与一种能量源。

蛋白研究展示出信号转导机制中目前未检测到的成分与只在真核细胞中的蛋白。3 个包含血管性血友病 A 因子(vWA)结构域的蛋白在两个螺旋体中均存在。vWA 结构域是一个 Mg^{2+} 结合模块,参与许多真核蛋白的黏附与蛋白-蛋白间互作用。以此类推,分泌与膜相关的 vWA 结构域蛋白可能参与布氏疏螺旋体与苍白密螺旋体黏附在细胞外基质或黏附到宿主结缔组织细胞上。在布氏疏螺旋体中未被检测到的蛋白也在基因组序列中被鉴定出来。这个分泌蛋白或周质蛋白包含 PR1 结构域,PR1 结构域主要存在于植物致病相关蛋白与动物免疫系统表达蛋白中。相反,基于预测基因组中编码蛋白的序列中一个包含寡核苷酸链或寡糖链结合折叠结构域(OS)的不常见的分泌蛋白只在苍白密螺旋体中被鉴定出来。这些菌株特异蛋白可能参与胞外蛋白-蛋白的相互作用(PR1 结构域蛋白)或调节螺旋体黏附宿主细胞与发挥毒力因子的功能。

6.2.4　序列分析比较致病与不致病的李斯特菌

李斯特菌是一种严重的由污染的食物而引起疾病的致病菌,为革兰氏阳性的细胞内细菌——单核细胞增生性李斯特菌(*Listeria monocytogenes*)。病原菌通过污染的食物进入机体,穿过肠道屏障,通过淋巴与血液循环播散到组织。单核细胞增生性李斯特菌通过巨噬细胞调节的噬细胞作用诱导自身产生噬细胞作用进入细胞感染宿主。在膜溶解的30 min之前,产生膜结合的噬细胞小泡,把细菌释放到细胞浆中,在细胞浆中复制并借助肌动蛋白在细胞间播散。李斯特菌感染中枢神经系统,可引发脑膜炎,由于其高的致死率成为临床研究中的重要疾病。研究毒力基因的一个方法是调查自然发生的突变体或相近物种的突变体。这些突变体在致病上是有差异的,为了更好地了解细菌的致病性及在不同微环境中的定植与生长,将单核致病性的李斯特菌和致病性的李斯特菌进行全基因组测序比较。这种比较基因组学的目的是找出在无害的李斯特菌中没有但是在单核细胞增生性李斯特菌中存在的基因。这些基因就可能是单核李斯特菌致病基因。

如图 6.2 所示,在基因组大小与(G+C)质量分数(分别为 39 %、37%)上,单核细胞增生性李斯特菌与无致病性李斯特菌是很相似的。270 个单核细胞增生性李斯特菌特异基因与 149 个非致病性李斯特菌的特异基因的分布在图 6.3 中说明。基因序列比较揭示,在致病的单核细胞增生性李斯特菌 86 个编码分泌蛋白的基因中有 23 个在非致病的李斯特菌中是不存在的。Intermalins(ActA 与 PlcB)是介导致病的单核细胞增生性李斯特菌入侵哺乳动物细胞重要的膜暴露蛋白,在无害李斯特菌中,有 3 种 internalin 分泌蛋白发生了丢失。基因组序列证实单核细胞增生性李斯特菌的10 kb毒力基因簇在无害李斯特菌中是不存在的。存在于这个位点的基因是编码毒力相关决定簇，它促进从噬细胞的液泡中释放，并参与细胞内肌动蛋白的移动和在细胞之间的播散。有趣的是，李斯特菌的毒力基因簇与其他鉴定的致病岛不同，它在序列长度上相对较小，且与染色体的其余部分的(G+C)质量分数接近。比较包含单核细胞增生性李斯特菌毒力基因簇的区域与无致病性李斯特菌的同源区域提示，毒力基因可能来自于一个共同的祖先李斯特菌。

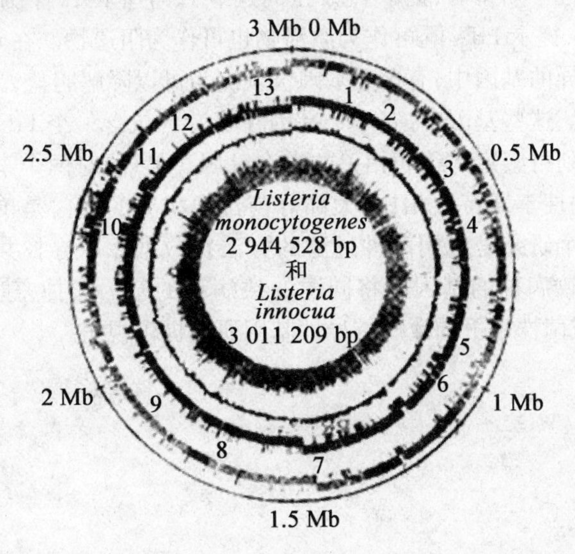

图6.2　*Listeria monocytogenes* 与 *Listeria innocua* 的环型基因组图

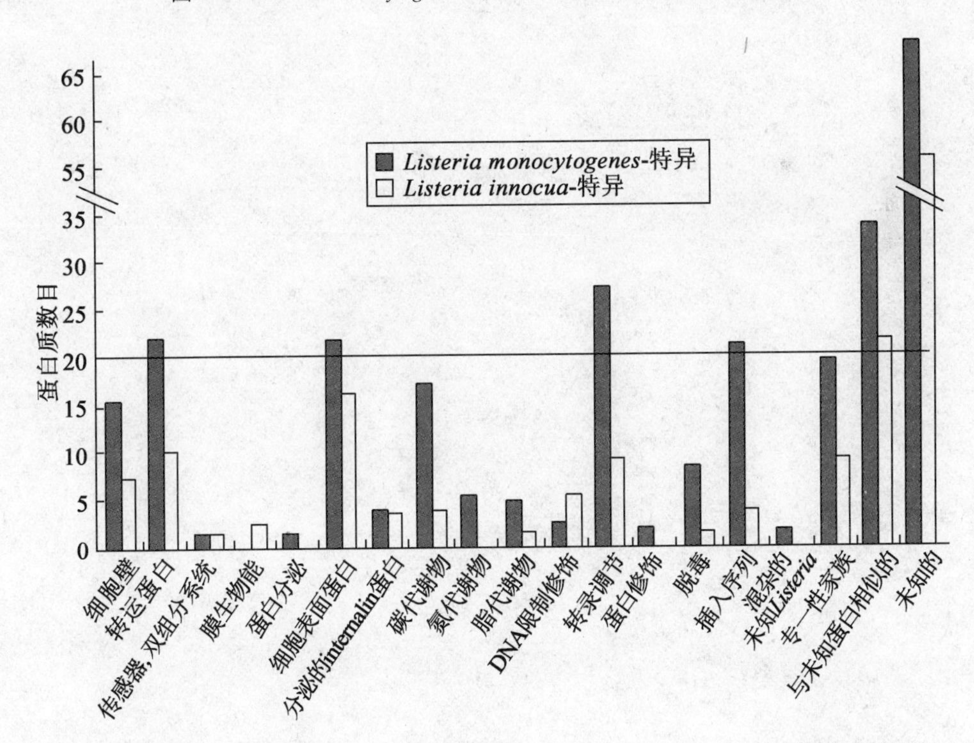

图6.3　270个 *Listeria monocytogenes* 特异性基因与149个 *Listeria innocua* 特异基因在不同的功能单元中的分布

通过比较基因组序列发现,单核细胞增生性李斯特菌与无致病性李斯特菌的另一个重要区别是无致病性李斯特菌没有 PrfA。PrfA 是单核细胞增生性李斯特菌的转录调节蛋白,它通过特异性结合启动子区序列激活毒力因子。序列分析 PrfA 识别的回文结构表明,在两个基因组的许多基因前均存在这种识别回文序列,提示在无害李斯特菌进化的某个阶段,重要的毒力决定因子发生了丢失。基于微阵列的转录物组分析比较野生型和 PrfA 缺失突变型的单核细胞增生性李斯特菌,提示 PrfA 正向调节 12 个基因,2 个为未知基因,反向调节另一组(第二组)基因,提示 PrfA 既可作为激活物也可作为阻遏物。在阐述的 270 个单核细胞增生性李斯特菌特异的基因中,有 3 个基因被预测为可以降解胆盐,为细菌在哺乳动物的肠道内生存提供条件。这些基因中,有一个基因在上游区包含一个 PrfA - 盒子。利用生物信息学分析基因组序列可鉴定与致病相关的潜在基因。另外,对两个李斯特菌的基因组序列进行分析,与无致病性李斯特菌相比,大部分与毒力相关的蛋白是单核细胞增生性李斯特菌种特异性的。这个研究是应用菌种过滤的方法在数据库中寻找共有或非共有序列的典型例子。通过从非致病种的基因中将同源的致病种的基因去掉,建立菌种特异的基因库,为特异的细菌种或菌株水平的致病特异性基因研究提供视角。

第 7 章　生态与环境基因组学研究方法

7.1　基 因 芯 片

7.1.1　基因芯片简介

DNA 芯片技术又称为 DNA 芯片或基因芯片,是研究基因表达和遗传变异的有效工具。随着完整测序基因组数目的增加,通过显示一个组织中所有基因的 DNA 芯片技术就能评估所有基因的表达情况。这项技术使生物医学研究进入了一个新的领域,这是对"假说研究"的补充,标志着过去几十年间分子生物学的显著成就。

实际上,DNA 芯片的生产主要应用了两项技术。第一项技术是光刻法,在固体支持物上实现寡核苷酸的直接空间排列合成。该技术由 Affymetrix 公司申请了专利,最早应用于制造半导体的电子工业。现在,在他们的基因芯片上,在大约 1.288 cm^2 的区域中所容纳的特征密度可以超过 500 000 个。另一项技术则是使用接触打印或喷墨加点,将合成后的寡核苷酸或者 DNA 排列在光学平面玻璃片的固体支持物上。这两项技术在细节上有大量的不同,而依托于合成后阵列的实验方法显然更适合实验室。尽管最初的实验是在尼龙或硝化纤维支持物上利用阵列排布的 cDNA 及基因组 DNA 克隆并通过^{32}P 或^{33}P 标记的探针进行检测,随着上述技术的改进和精确阵列机器的研发出现,玻璃显微镜片成为越来越普及的基质。对于那些传统杂交文献的研究者而言,"探针"这个词用来指代溶液中一些放射性的核苷酸种类。

DNA 芯片要用于基因表达谱的绘制、寡核苷酸多态性(SNP)的检测、突变体的分析、药物靶分子的确认、药物基因组学、被标记的生物株鉴定和废水及土壤中微生物菌落的监测。DNA 芯片的潜力已无需强调,但这项技术本身仍在继续发展,因为这是一个以遗传物质为靶点的定量高通量筛选手段。

研究者在传统制造和使用芯片时存在诸多障碍。芯片的造价昂贵,制作技术要求精细,而且对应用和分析时的条件多且苛刻,几项节约成本的策略为大型核心设备或者学院中心所采用,为研究者提供价格合理的高质量芯片。多数情况下,对某个生物体而言,芯片的制造需要已得的克隆 cDNA 或者表达列标签(EST)作为来源,这些可通过中心克隆库或者商业来源获得。质粒 DNA 可以被直接排列,然而,大部分频繁克隆的 DNA 插入片段的扩增是利用多克隆位点两边的通用寡核苷酸引物实现 PCR 的。这样,尽管最初获得这些克隆的花费可能很高,但寡核苷酸的花费很低。可供选择的方法之一是确认基因组 DNA 中的编码区、可读框(ORF)或外显子,且用 PCR 和特定的引物来扩增所选的 DNA 片段。这一方法的好处是对于任何已测序的基因组,所有确定的编码或可能编码序列都会被排列。避免了以 EST 为基础的方法中极其少见的转录物在克隆库中的缺失问题。在基因组 DNA 中,所有的基因拷贝都是等量存在的。用特定的引物对扩增选定的基因片段也可以避免克隆 cD-

NA 3′非翻译区(3′UTR)所含的像重复序列和 poly(A)尾巴这样的序列的无效扩增,这对芯片上的杂交点始终是必要的。

制造芯片的另一个策略是以一个或多个未修饰或者已经由氨基酸修饰的包含 60～80 个核苷酸的寡核苷酸序列代表每个编码区,直接排列在玻片上。这个方法的缺点在于合成寡核苷酸的成本高。值得庆幸的是近些年来,包括芯片的大规模基因组工作的开展已经降低了寡核苷酸的成本。而此方法的最大优点在于目的序列短,易于筛选,大大减少了与多探针序列的交叉杂交。芯片技术的应用还需要高通量和高精度的设备来完成,包括芯片的制造平台和全面的生物信息学平台以支持设计、克隆追踪及芯片分析等。在本章里,将以白色念珠菌的 cDNA 芯片的制造为例,来讲述芯片设备的实际应用。

7.1.2 数据库

白色念珠菌(*Candida albicans*)是一种人类条件性真菌病原菌,会在免疫缺陷的个体内引发系统的而且往往致命的感染。芯片技术的应用是研究发病机制的一种有力的新型工具,同样,人们对在培养液组成和环境条件都发生变化时,白色念珠菌由酵母到菌丝的两态转换的分子机制很感兴趣。白色念珠菌的基因组(菌株 SC5314)包含大约 2 000 万个分布于 8 对染色体中的碱基对。基因组最开始由 Ron Davis 测序,而今已减至仅仅 266 个重叠群和6 354个基因。可读框(ORF)最初通过被称为多用途自动基因组计划调查环境(MAGPIE)的自动基因组注释系统进行鉴定,而现在许多其他工程也在做此项工作。在本质上,软件在所有 6 个可能的读码框中扫描 3 个终止密码子(TAG、TAA、TGA)中的任意一个,然后向反方向读序直到抵达一个框内的终止密码子 ATG 为止。这些代表着潜在编码区的可读框可以自动地在 GenBank 中搜寻,从而鉴定 DNA 或是蛋白质的性质。制造芯片的一个重大挑战就是资料处理,为此人们开发出了一个整合的生物信息学平台和一套工具,用于引物的设计、扩增子质量的评估、芯片上 PCR 产物位置的追踪及数据分析包相连的链接。如图 7.1 所示。第一个过程就是筛选大于 250 bp 的 ORF,即大于 80 个氨基酸,并鉴定 ORF 中独有的引物序列(20 个核苷酸)。对于白色念珠菌而言,最初鉴定的 14 400 个 ORF 中只有 46% 的 SHI 大于 250 bp 个碱基对的。因为鉴定工具需要考虑引物长度,在起始和终止密码子的位置以及解链的温度(T_m),同时也要考虑到潜在的二级结构位点、引物的二聚化能和发夹结构等。引物设计的重要问题是将扩增子的长度限制在 250～800 个碱基对,最小化每个单独的扩增子和生物体大量基因之间可能的同源性,并且减少等量 DNA 时分子数目上的差异。基因家族中存在着大量的序列基元,能引起标记的 cDNA 与芯片中其他靶点发生非特异性杂交,从而导致基因水平普遍存在偏差。

Hughes 等研究者已经对不同实验条件下的目的序列的长度与杂交的特异性、敏感性之间的关系进行了系统化的评估。通过原位合成寡核苷酸阵列得出了以下结论:在传统的杂交条件下,与固定在芯片上的目的序列超过 40 个核苷酸具有高的同源性区域,就会与标记 cDNA 探针发生显著性的交叉杂交。人们在制造过程中也应用了该结论,以提高芯片的质量。人们通过 BLAST ORF 数据库寻找每一个候选扩增子以消除或者减少超过 40 个碱基对完整配对的序列。一个扩增子被否定掉,就根据基因再次设计下一个新的扩增子,以减少与其他 ORF 的同源性。有时,甚至经过寡核苷酸排列,也不可能找到区分高保守基因家族成员的区域。这种合理的芯片设计(RCD)策略显著增加了从芯片中获得的实验数据。在应用RCD策略前，对长度超过1 kb的ORF来说，最靠近起始密码子的引物定位在离终止密码子大约800 bp之内的区域中，即靠近基因的3′端。它的基本原理是在探针扩增的过程中，使用寡脱氢胸苷在mRNA的3′端作为引物，导致cDNA过量表达3′端的序列。当选好代表每个ORF的合适的扩增子时，在每个ORF中最靠近开始密码子的引物被归类为正向引物，而靠近终止密码子的引物则被归为反向引物。数据库也被设为分批地将96个正向引物直接分配到96孔板中用于寡核苷酸合成。相对应的相同ORF的96个反向引物被分配到另一块96孔板上，对每个ORF而言，正向和反向引物将进行孔对孔的重叠。这样有利于后续生产过程中所有的液态处理步骤自动化。

除了对ORF进行鉴定和PCR产物的设计外，芯片生产数据库还能在条带较弱或PCR失败时，自动重新设计引物。它可以对寡核苷酸和(或)扩增子产物的源头进行全程的系统分配和追踪，从96孔板到384孔板，到它们在芯片上的位置，并通过阵列仪所使用的点样法(点的数目、样本的数目、芯片的大小等)，生成一个基因图表(协同标记每个点的*xy*坐标)。所有追踪方案中的一个关键元素是条码的应用。任何基因组或芯片计划中的大量样本数使得这一程序必不可少，并且大大简化了质量控制的程序。

7.1.3 高通量的DNA合成

对于芯片制造设备来讲，高质量且价格合理的寡核苷酸的获得是一个重要的考虑因素。一个常用的方法就是直接用寡核苷酸从基因组DNA扩增ORF。然而在这种方法中，每个基因组都需要合成大量的寡核苷酸，形成了对寡核苷酸的大量需求。某些情况下，人们更倾向于将寡核苷酸直接固定在芯片上而不是扩增子上。例如，展开针对大量病原菌的诊断芯片时，从已知的基因组序列中设计寡核苷酸要比获得各种生物体，然后在合适的生物安全的条件下培养它们以得到基因组DNA，以及制备所需扩增子更为容易、快速和安全。另外一种情况是利用芯片区分紧密相关的基因或生物体间的杂交事件。这时特异性就对区分细微的多态性显得十分重要。

7.1.3.1 合成的规模和花费

以固相亚磷酰胺化学自动合成器为基础的现代寡核苷酸合成技术，是一个成本合理且能制备大量寡核苷酸的有效解决方案。生产规模不是问题，因为现在寡核苷酸生产技术通常准备的原料比PCR扩增正常需要量大得多。例如，精确到现代标准，假设每个反应通常只需25 pmol，5 nmol规模的合成产生足够满足200个PCR反应所需的原料。假如自动化机械的流控装置能有效地投放小体积的反应物以及排放合成过程中的氧气和湿气，甚至更小的规模也可以实现。

5 nmol的合成规模对许多用固化寡核苷酸芯片的设备也是适用的，除非要进行大批量生产。氨基相连的寡核苷酸的点浓度在10～25 nmol/mL范围内，所以可为合成提供200～300 μL样品，足够用于几百张片子的点样。在现代高通量DNA合成仪上合成寡核苷酸，试剂的单独成本通常为每个碱基对0.05～0.1美元，转化为每个寡核苷酸的花费为1.00～2.00美元(20个碱基)。若考虑到15%的PCR失败率，覆盖一个完整细菌基因组(平均约3 000个ORF，约6 000个寡核苷酸)的基因芯片的寡核苷酸成本大概为7 000～14 000美元。

7.1.3.2 操作过程中的注意事项

高通量 DNA 合成仪的运转每天能产生超过 500 条寡核苷酸,包括处理大量的易燃且腐蚀性高的致癌物质。这些化学试剂危险性很大,应该由专业受过训练的化学专家来处理。当被安置于合成仪上,某些试剂的稳定性降低,所以必须注意试剂的寿命和保存条件,在提高质量的同时控制成本。

合成仪的一个重大的优势在于可使用通用的合成支持物(可控孔径玻璃,CPG)。传统的 DNA 合成仪使用带有 A、C、G、T 四个碱基之一的膜或者 CPG 柱。这适用于少量的合成,不适用于 96 孔板的模式,应在节省时间的同时,避免错误地配对。在这种支持物中,第一个碱基由合成仪自动添加而不是已位于固相物上。

一种商业化的高通量寡核苷酸合成仪是 LCDR/MerMade,由 BioAutomation 公司研制。MerMade 是全自动化的液态化学分配机器,可以使用经典的亚磷酰化学。工艺流程全自动地进行 DNA 合成的所有步骤。MerMade 在为合成提供必需的惰性气体的封闭氩室中配备了一台自动化 XY 工作台,该工作台可以支撑两个 96 孔模式过滤板,通用的 CPG 支撑物可以装载于其上完成寡核苷酸的固相合成。这个装置配有计算机控制的电子管,将反应物从瓶中运送至注射器顶端。新一代的仪器可以通过调节完成任何规格的合成。合成的计划时间通常在 1 h 左右,合成时间主要依赖于合成的程序,MerMade 可以在没有操作者干预的情况下在 8 h 内合成 192 个寡核苷酸(两个 96 孔板,20mer)。可以通过对合成程序稍作调整而得到多至 70 个碱基的寡核苷酸产物。应用这些合成仪,通过电喷射质谱学鉴定,一个操作者每天可以生产 700 个寡核苷酸,成功率达 98%。这个设备不存在重大的缺陷,又为使用者提供了良好的适用性和便利性,且仪器性能高。

7.1.3.3 质量监控

寡核苷酸的质量监控一直是重点和难点。聚丙烯酰胺凝胶电泳(PAGE)价格不菲,适合少量合成,却远未达到每天生产几百个寡核苷酸的工作量。高压液相色谱(HPLC)技术面临通量的问题。要达到这一通量,每个寡核苷酸的整个生产过程必须控制在 2 min 以内,用离子交换层析是不可能完成的。确切来说,HPLC 仍然是解决和纯化失败序列的最合适的方法。尽管毛细管电泳(CE)平衡快,自动加样可能满足需求,但通量问题是影响着 CE 技术的难题。许多核心机构以及寡核苷酸供应商现在应用质谱学来判定他们的寡核苷酸的纯度和质量。但是该方法需要一个脱盐的步骤,因为盐离子以及杂质的丰度会影响电喷射离子化的效果。人们最近检测了由 Agilent 公司开发的偶联的 LC - MS 系统,意识到由于设备的正交喷射几何学,对 MerMade 合成的产物在 MS 前无需脱盐过程。而且,人们已经有能力在少于 1 min 的时间内,对每个样品进行分析,这样就可以在最少的干预下,每天轻松获得 700 个样品的理想通量。产物可以直接从 96 孔板上样,而仪器可以达到超过 1 Da 的精度。为了定量,寡核苷酸的标准也同时实行。

7.1.4 扩增子的产生

包含正向和反向 PCR 引物的 96 孔板已用于使用 Biomek 2000 或是 Biomek F/X 工作站进行的 PCR 反应。直接从 100 ng 基因组 DNA 中扩增白色念珠菌 ORF,扩增子在 96 - well 和 MultiScreen FB plates 或 Arraylt SuperFilter plates 上进行纯化来消除未掺入的三磷酸、盐和引物。提纯的步骤虽不是必需的,但却显著增加了其后扩增 DNA 片段。提纯后,通过琼脂糖凝胶电泳进行产物分析。

研究者开发了BandCheck这个独特的生物信息学工具，专用于在琼脂糖凝胶电泳之后评估PCR产物的质量。它根据数据库预测产生了一条可能的带型，被叠加于真实凝胶的数字化TIFF图像系统上。这个工具可以使96孔PCR扩增的注释在5 min内完成（图7.3）。该工具弥补了不规则的迁移，并且以分子质量标准作为参考。PCR扩增白色念珠菌基因组整体成功率约为85%。仪器自动重新设计新的寡核苷酸引物并合成以覆盖15%的PCR失败或者较弱的条带。基因组DNA的每一个扩增子在OD_{260}定量，每100 μL PCR反应体系平均产生4 μg的DNA。扩增的DNA在96孔板底部被冻干后在打点缓冲液中重组，确保超过90%的产物的浓度在0.1～0.2 μg/μL。4个96孔板的产物被转到384孔盘的V型底部用于打点。按照这样的产量，单个的PCR扩增产物足够点样千张片子。

7.1.5　基因芯片

目前许多基因芯片机器实现了商业化。使用多种针（裂口针、固体针、针和环系统，玻璃或石英管）和非触式喷墨装置（水晶激活的压电或者注射泵和螺线电子管末端）进行接触式点样是最流行的技术之一，用于将小体积的目标分子在玻璃基质的表面按序排列。在多伦多大学的工程师与安大略癌症研究所生物学家的合作下，一种接触式点样装置SDDC－2被开发出来，现在被称为Chip Writer Pro。这个特别的排序仪装备容纳了48枚羽针的点样头和表面滚筒，可持续点样75张片子。整个打点室系统内部是一个循环的超声波水浴和一个真空站，可以在加样之间清洗羽针。打点室处于HEPA过滤空气的轻微压力下是为了减少灰尘和颗粒物质。控制温度和湿度条件使96孔板或384孔板上和片子上点的形态最佳，而样品的蒸发最小。针头能使亚微升体积的溶液分布密度超过2 500点/cm^2，这意味着在25 mm×75 mm的显微镜载玻片可达到30 000个点。打点缓冲液和片子表面化学是点样和随后芯片杂交的关键。人们发现50% DMSO更有助于DNA些许变性，可增加用于杂交的单链分子的数量。因为DMSO缓冲液本身具有吸湿特性，储存于其中的DNA溶液更不易蒸发。尽管现在有许多衍生的玻璃和其他芯片基质出售，但很多选择CMT－GAP片子（Coming公司）作为cDNA芯片。以经验来看，这些氨丙基三甲氧基硅烷包被的玻片加上DMSO加点缓冲液是最比较适宜的，因为可得到更一致的形态、更好的信号强度以及更低的背景。

7.1.6　检测和芯片扫描

典型的转录谱型芯片已被人们设计出来，用于比较测试条件和实验条件。为了展示一个经典的例子，总RNA或者mRNA从生物样品中提取和纯化，cDNA于体外合成，利用反转录酶将一个特异荧光标记的，应用于检测如Cyanine3和另一个对应于实验条件的核苷酸类似物如Cyanine5就有核苷类似物掺入。这个多色荧光标记可以在单个实验中同时分析两个或多个生物样品。反转录反应后，荧光标记的cDNA被提纯除去未掺入的荧光染料，并在不超过100 μL的体积中与芯片表面杂交。使用盖玻片或者可密封的装置，以防止探针脱水，而整个阵列在杂交期间都被置于湿盒中。杂交结束后，未反应的探针从玻璃表面清洗掉，杂交的探针分子在荧光扫描下显现出来。探针的制备和清洗、预杂交、杂交和洗涤的详细过程可以参见Nelson和Denny以及Hegde等研究者的文献。不同公司生产了不同的氨基酸衍生物,或是提供了试剂盒用以检测低丰度的 mRNA。在 Eberwine 法的基础上实现线性扩增 mRNA 也十分有效,因为研究者持续地减少原初生物材料中的细胞数量。

不同公司的 CCD 相机以及共聚焦扫描设备被用于芯片的扫描,在片子表面激发出的荧光基团会被转换为电信号,再由检测器捕获,所有这些仪器可以对来自芯片表面不同点的荧光发射进行定量。无论何种扫描仪器,都应该调整 4 个设置来控制信号强度并实现对低强度的点的检测,即焦点、扫描速度、激光强度和光电倍增管(PMT)的敏感度。对于芯片上对应着不同基因或者编码区的每一点,定量软件在对照和实验条件间自动比较和鉴定诱导的或被抑制的基因,将芯片扫描获得的资料与基因的身份相联系。

7.1.7　总结

基因芯片技术对基因组研究的组织和实施具有深远的影响。该项技术的广泛应用受目前可用的商业化芯片的成本以及芯片种类的限制。甚至对小型实验室而言,为目标基因组建立和生产高质量的内部定制芯片是比较可行且相对节约成本的。这个机动性的关键在于在合理的成本下获得大量的高质量寡核苷酸以及拥有一个完整的信息平台以在整个质量控制步骤中追踪样品的能力。

7.2　DNA 微阵列的原理与应用

7.2.1　DNA 微阵列简介

随着 2003 年的“98% 以上基因包含部分的人类序列以 99% 的精度完成测序”消息的发布,人类的基因组计划正式宣布完成,同时提出了一项挑战就是怎样应用新发现的信息确定这些序列的功能。长时间以来人们就认识到一些基因与其他基因在功能上具有协同作用。因此在整个基因组框架之内,这些分子间的相互作用得到了最好的研究,新工具及信息技术的发展正在克服这种全局方式遇到的一些困难。例如由微阵列技术提供的工具,通过与微型有序的 DNA 片段阵列特异性杂交,可进行平行分析上千个基因。由于人类基因组可能包括小于40 000个蛋白质编码基因,恰好在现有的单一阵列能力范围之内,因此阐释所有这些基因的功能与作用是完全可以达到的。

7.2.2　微阵列的定义

微阵列包括上万个以一种微型化的格式呈现的阵列元件。对于 DNA 微阵列,那些阵列元件或点包括了微量的 DNA,它们原位合成或者由机器制作在固体支持物上的精确位置。通过它们被固定的序列与来自要研究样品中的被标记的核酸按照碱基互补配对进行杂交,由此检测这些阵列。单个点上杂交的强度是衡量样品中同源序列多少的标准。简单地说,当标记的 cDNA 用于检测阵列时,信号强度与 RNA 转录物的丰度相关。当使用被标记的基因组 DNA 时,信号的强度则与基因的拷贝数相关。微阵列研究者采用的命名规则——称排列的 DNA 为探针;称标记的核酸群体为靶。

7.2.3　阵列的类型

DNA微阵列可根据它们的内容物进行分类。所以微阵列可能代表了整个基因组或一个确定的子集。基因组范围的阵列发展反映了解释基因组数据的进步和生产强度不断增加的阵列技术的提高。基因表达研究的基因组阵列经常被设计成包括所有可能编码蛋白质的已知序列。最早,人们为了确保集之间不冗余作了很多的努力,因此,UniGene数据库是十分重要的。后期的集被设计成包括其他的信息,例如,可变剪接可以挑出可能差异表达的转录变体。来自Operon的阵列用的就是人类基因组集已经历经了的几个版本,包括了从2001年公布的针对UniGene的大约14 000个寡核苷酸链,再到2002年公布的22 000个,直至当前的基于最新的ENSEMBL数据库的34 000个寡核苷酸链。用于基因组DNA研究的基因组阵列可以被拓展到包括了启动子区域和间隔序列,这样可以更好地解决基因的调控问题。例如,已建立的研究蛋白质与DNA相互作用的染色体免疫共沉淀方法,已经与微阵列方法结合用以鉴定转录因子新的靶点。

聚焦阵列并不包括整个的基因组,因此,用阵列来研究特定的信号通路或基因网络,例如凋亡,癌症基因和肿瘤抑制基因,特定的细胞类型和组织的阵列,如用来研究直结肠的直肠芯片。

7.2.4　阵列的产生

DNA微阵列经常根据所使用的生产技术平台来进行分类。DNA微阵列的基本概念已经以多种方式被阐述和认识,同时也将随着技术的进步不断被赋予新的内容,这导致了不同平台的发展,每种都各有其优点和不足。

7.2.4.1　阵列的来源

微阵列上的DNA点通过原位合成或者通过预先合成的产物的沉积而产生。DNA原位合成的方法包括Affymetrix公司的光刻技术和Agilent公司的喷墨技术,目前已经实现了商业化。严格的生产流程和质量确保了持续阵列的生产商业化。研发部门的努力充分确保了DNA内容物的最优设计,持续的技术进步使高密度阵列的生产成为可能。

对于那些希望生产他们自己阵列的实验室或学术机构,一个选择就是采用斯坦福大学Brown实验室开创研制的阵列打印方法(Array Printing Inethodology)。纳克级的预先合成60~70 mer的寡核苷酸,或通过PCR和质粒插入纯化的DNA片段,通过机器人的沉积产生质量高、成本低的阵列。与商业化的阵列相比,也许这种点样阵列的最大优点在于其灵活性,有助于实验的迅速重复,特别是在验证某一假设的时候。打点的数量和序列,是否有重复点、阵列如何排列等一些设计特点都是可加以调整的,符合实验目标。生产的容量可以根据某一特定需要来“量体裁衣”,能很容易调整到变化所需的状态。例如,在Calgary大学的Southern Alberta Microarrav Facilitv里,已生产了定制的阵列,它的特别之处在于寡核苷酸根据它们基因组的位置在阵列上进行排列,而且那些打点的阵列在传运时间上也满足了研究需要。

7.2.4.2　阵列的内容物

选择要打点的DNA类型是最基本的。如cDNA克隆的PCR扩增所得到的长链DNA,产生强烈的杂交信号。但是,由于它们的长度问题致使错配,从而影响专一性。当需要最精细的区分时,如评估单个核苷酸的改变时,短的寡核苷酸链(24~30 nt)是最合适的。但是有些矛盾的是,专一性在非常短的寡核苷酸链中有时可能成为问题,设计几个寡核苷酸链来代表一个单独的基因已经成为克服这种问题的一种方法。长的寡核苷酸链(50～70 nt)在信号强度和专一性之间达到了良好的平衡,在学术核心机构中的使用在不断增加。简而言之,寡核苷酸链的设计十分重要,但需要一定量的经验和费用。根据翻译区选择寡核苷酸链增加了其特异性的可能性。由于不同原因,紧跟着3′端设计寡核苷酸链也可增加信号强度。这就是为什么标记能被以寡聚T脱氧核苷酸引导的RNA反转录的效率影响有关。因为在阵列上这些寡核苷酸链将被平行地进行实验,在相同的时间、温度及盐浓度的条件下,它们的杂交特征应该尽可能相似。它们应该没有二级结构或一系列相同的核苷酸,会减弱它们与标记的互补物的杂交的形成。实验室可以自己设计并验证寡核苷酸链,或是从商品化的渠道购买设计好的序列。

7.2.4.3 载玻片基质

显微镜载玻片是选择的固体支持物,它们应该被一种基质裹被着,这样会更有利于DNA的结合。最早使用的基质是多聚赖氨酸或APTES(Amino Propyle Thoxy Silane)为基因表达原位杂交研究建立的早期的载玻片包被物。为解决数据质量的需要,新的基质在原子平面或是镜面载玻片表面上的发展,才能得到更好的DNA滞留和具有更高的信噪比较低的背景。通过离子或共价作用结合DNA的硅烷、环氧、胺和乙醛基质的不同版本,目前也已经实现了商业化。商业化的阵列开发已经意识到基质可提供独特个性化服务属性的优点,例如Amersham公司的三维Code Link表面提供了高效的杂交动力学,Amersham公司也将其用于他们自己的阵列并作为载玻片基质提供销售。

7.2.4.4 阵列仪和打点机

若运送DNA到阵列上,需要预先在程序中确定坐标,实现该物理过程的硬件包括一个打印头携带的打印笔或是针,打印头在三维上是通过一个可以精确到微米以下的机器人支架进行控制。能使30 000个不同的点很容易地在25 mm×75 mm的载玻片上打印出来。制造商目前生产的新设计的针能在每张载玻片上打印多于100 000个不同点。阵列系统的改进包括更长的自动操作时间和更短的打点时间。阵列仪自然安装在可调控湿度的密闭室内,以保持打点的理想环境条件。

从使用者的角度来看,阵列在质量上必须从一开始就保持一致。研究者可以处理很多事情,而不用担心是否阵列上的某个特殊的点就是阵列lay-out文件中所说的那个,抑或今天的阵列丢失了某个格子。如果这些真的成为使用者的问题,那么对供应商的信任甚至是对技术的信任将受到严重损害。但是,充分利用精工制作的阵列的责任最终还是在于用户。

7.2.5 阵列的检测

微阵列技术出现不久,就被认为是后基因组时代强有力的工具,它成为有能力进行微阵列实验的每一个实验室或是研究机构的首选。在最基本的水平上,它使预制阵列(premade array)和杂交之后从阵列上获取数据的扫描仪成为必需。尽管这种模型对单个的实验室较为有效,但不能为特定要求和条件下的打印阵列提供优质的选择。有能力打印阵列、进行实验和获取数据的核心技术实验室使资源的利用达到最大化,他们将阵列、材料、特殊化的装备和技术分析支持提供给研究者。在Calgary大学医学部的研究者开创了微阵列计划，利用来自私人捐赠者建立的资金，Alberta 癌症协会、医学研究的 Alberta 遗传基金会和南方 Alberta 微阵列公司(简称 SAMF)于 2001 年成立了。加拿大的核心技术实验室列在多伦多大学 Woodgett 实验室的主页上(http://www.kinase.uhnres.utoronto.Ca/CanArrays.html)。尽管有许多诸如像 BioChip－Net 的网址(http://www.biochipnet.de)可搜寻到世界范围内的参与微阵列的公司和研究机构的地址，当前最新的列出微阵列机构的网页是可以通过全球搜索引擎找到的。

7.2.5.1 实验设计

合理的实验设计是微阵列研究中最基础、最重要的问题。从实践的角度看，其目标就是确定进行何种阵列的类型、多少以及哪些样品与每一块载玻片杂交以获得能进行统计分析的有意义的数据，在此基础之上，得到一些合理的结论。若是不精通统计学和处理微阵列的统计方法的最近进展，提前咨询有经验的统计学家是十分有必要的。实验设计的一个重要方面是确定如何使变异到达最小化，变异主要发生在 3 个层面上，即生物变异、技术变异和测量误差。处理变异的最简单的方法是重复，但是，为了充分利用可得资源，明确知道重复什么和应用多少个重复是非常重要的，这取决于实验的主要目标。举个例子，如果问题与确定一种处理对小鼠身上一种类型的肿瘤基因表达的效果有关，分几次检测许多小鼠即进行生物学重复，比多次检测几只小鼠即技术重复要重要得多。在后面这种实验中精度会很高，对被检测的少量小鼠很可能是真的。但是在总体上，小鼠肿瘤的信息的真实程度，是不太好确定的。

通常，包含 cDNA 克隆插入片段或长的寡核苷酸链的阵列(如来自 Agilent 公司的阵列)能与两个不同标记的样本在同一时间进行杂交，但是短的寡核苷酸链阵列，包括那些来自于 Affymetrix 公司和 Amersham 公司的阵列，只能与单个样本杂交。

用化学上不同的荧光标签标记每一个样品，这样使得两个样品对同一张载玻片的杂交成为可能。用于这些双色微阵列实验的理想标签在每个方面都应该表现一样，除了它们在光谱上完全分开的不同波长处发射荧光，可以阻止交叉。但是，在现实研究中，目前广泛应用的荧光标签(如 Cy3 和 Cy5)除了它们的最适激发波长，在很多方面表现不一致，由此在实验设计中引入色差的处理。尽管进行光交换实验已经成为惯例，但是这样做会使所需的阵列数量迅速加倍。研究的深入会有更多有效的处理色差的方法，例如通过一对分开对照的微阵列估计和校正偏差，其中对照的 RNA 被分成两份，以 Cy3 和 Cy5 标记，在同一阵列上合并。Dobbin 等研究者建议，平衡的实验设计应该能避免为每一个样品对进行光交换，虽然让两个样品在同一载玻片杂交增加了实验设计复杂性，但这也为最初感兴趣的样品之间的直接比较提供了平台。如果研究目的是要鉴定一个样品对另一个样品差异表达基因，在同一个阵列上直接比较这两个样品，比在该过程中通过一个参照样品比较两个阵列更为有效。研究者解释为直接比较和间接比较最主要的差异是在间接设计中变异更高。基于来自必须进行的两个阵列而不是一个，因此无论何时，只要有可能，直接比较要优先考虑。当有多于两个样品要比较，且配对同等重要时，在所谓的饱和设计中，样品之间仍可以作直接比较，图 7.1 显示了直接比较这种设计选择的图。

当面临多个样品时，用一个普通的参照作比较会变得更加有效。Alizadeh 在鉴定弥散的大 B 细胞淋巴癌亚型的研究中，在 128 个微阵列上分析了 96 份正常和恶性的淋巴细胞。所用的参照 RNA 制备是来于由 9 株不同的淋巴细胞组成的一个库。

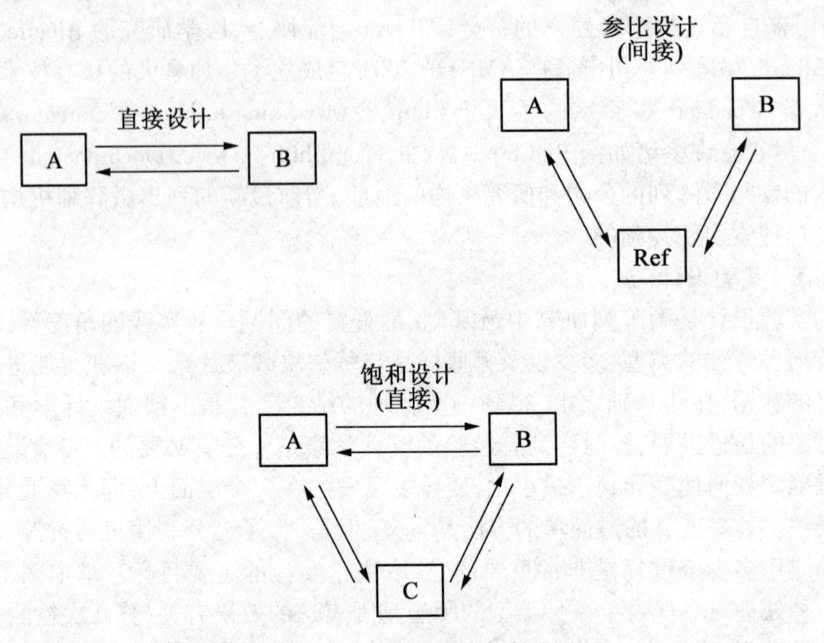

图 7.1 微阵列基本实验设计

方框—被检验的样品;箭头—方向;方向相反的箭头—燃料交换实验

7.2.5.2 样品的制备

在资源的分配中,实验的设计将确定与微阵列杂交的样品的 RNA 来源。这些来源可能是组织培养的细胞、活组织的切片或是某一病理组织。在考虑 RNA 分离的问题上,每一种来源都有其一系列的难题。从不被 DNA 和蛋白质污染的意义上来讲,获得纯的完整的 RNA 当然是很重要的,不能忽略。但是必须强调的纯度的另一个侧面就是 RNA 来源本身的均质性,当一个实验更着眼于比较肿瘤和正常的组织时,肿瘤的 RNA 应来源于肿瘤,正常 RNA 应来源于正常的组织。但是组织是由许多不同的细胞类型组成的,且是非常异性的,若细胞类型不是问题的关键,就不应该是实验所挑选出来差异的原因。因此是选用手头的组织还是用其他手段分离特定的细胞,都是很重要的。

随着 RNA 分离试剂盒的发展,RNA 的制备已经方便许多,但早期文献中提出的基本原理和一些警告还是要谨记的。由于 RNA 的特性,它很容易被降解,因此,任何进行 RNA 工作的实验室的主要问题就是阻止这些 RNA 酶。最广泛使用的 RNA 分离的方法是胍盐硫氰酸酯 - 苯酚 - 氯仿抽提步骤之上建立发展的。由于"TRI 试剂"的水合发热作用,培养的细胞会瞬间裂解,因此高纯度未降解的 RNA 很容易被抽提出来。在进行有机相和水相的分离之前,迅速将样品在至少多于 10 倍体积的试剂中匀浆,就能很好地获得 RNA。RNA 部分进入水相,由于提取混合物的酸性 pH,DNA 偏向于进入中间的界面。RNA 的质量可以通过凝胶电泳观察核糖体 RNA 的条带来检测评估,它应该符合预期的丰度比,在相互之间显出不同强度的、迁移清晰而明亮的条带。不正常的强度比例、梯度状或弥散状的核糖体 RNA 条带,表明 RNA 被降解,因此不适合实验使用。为了确保样品中的 RNA 就是用于微阵列实验中检测的 RNA,任何可能的经历 RNA 分离步骤后仍旧存留的基因组 DNA 都应该用没有 RNA 酶污染的 DNA 酶除去。DNA 酶本身必须失活,否则会开始降解后续步骤中反转录的

cDNA产物。尽管苯酚-氯仿抽提能够非常有效、可靠地除去DNA酶,但降低了RNA的总产量。每个杂交所需的RNA总量从适合于短的寡核苷酸阵列的2~5 μg RNA到适合于点样的cDNA阵列和长的寡核苷酸阵列的10~25 μg RNA。当处理单个的细胞的时候,这种微克级的起始RNA量有时很难满足。在这种情况下,扩增样品中的RNA以获得用于标记和与阵列杂交的RNA量是必需的。在Eberwine及其同事的线性扩增方法中,RNA在加有T7 RNA聚合酶启动子序列的oligo-dT存在时进行反转录。第二链合成并且双链分子能够被T7聚合酶会体外转录产生大量互补的RNA(cRNA),cRNA能被直接标记或进一步扩增。

7.2.5.3 标记

尽管有标记RNA本身的方法,如通过将荧光基团加到鸟苷酸残基的第七位氮原子上,但是反转录成cDNA提供了更为稳定的材料来解决标记问题,从理论上来说是样品中RNA群体的可信代表。cDNA产物可以被直接或是间接标记。在直接标记过程中,荧光标记的核苷酸在cDNA产物合成时掺入进去。如预期的样子,标记的核苷酸的整合效率要比未标记的核苷酸低,标记频率不能简单地从浓度比预测。但是,与进行双色实验的问题更有关的是不同的标记簇产生的静电阻力有所不同,这使得一些标记的核苷酸比其他核苷酸更容易被使用,也由此产生色差,使其中的一个样品会比另外一个样品标记的水平高。因此,Cy3核苷酸比Cy5核苷酸倾向于以更高频率掺入。出乎意料的是,Cy3标记的cDNA比Cy5标记的cDNA在阵列上更容易产生更高的背景,这可能表示提前终止的产物对于载玻片的非特异性黏附性。Taq聚合酶在临近Cy标记的核苷酸处终止链的延伸,因此,标记掺入的高频率导致更短的片段的产生。这一观察结果证实了转录酶可能是受到了相似的影响。为了防止标记核苷酸直接掺入引起色差,间接标记的方法得到了发展。在这种方法中,在少得多的大块的氨基苯甲醚修饰的核苷酸存在的条件下反转录RNA,重点是在cDNA合成之后,进行荧光标记的化学偶联。如果偶联反应完成,标记的频率不依赖于荧光基团。在实践中,通过间接标记的方法,色差被极大地降低了,但不能达到完全消除。图7.2为用于杂交的目标cDNA的直接标记和间接标记的示意图。在体外使用T7 RNA聚合酶进行双链cDNA的转录中,来自于RNA扩增步骤的cDNA能够用生物素标记。有趣的是,Cy-核苷酸由于不是RNA聚合酶较好的底物而不被使用。为了限制二级结构的影响,通常杂交之前需要将标记的cRNA进行片段化。

开发Cy3和Cy5的替代物是十分有必要和有价值的。尽管从历史的角度讲,Cy3和Cy5已经成为荧光基团的选择,但是其他的选择也是可行的,它们有相似的激发和发射特征,对抗光漂白有更强的稳定性,对淬灭物有更强的抵抗性。

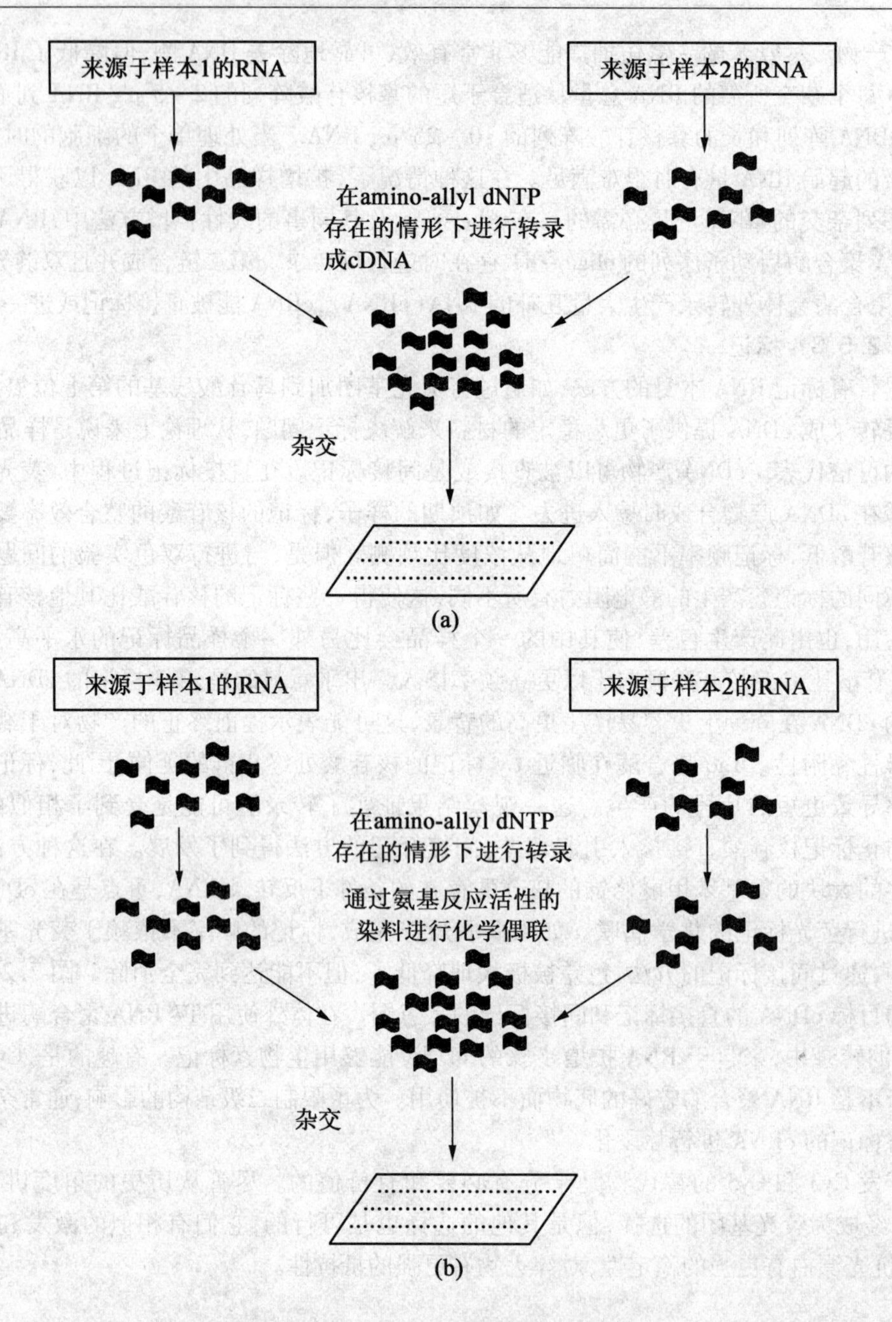

图 7.2　标记方法

(a)通过反转录过程中荧光 dNTP 的整合对 cDNA 直接标记;

(b)通过反转录中氨基修饰的 dNTP 的整合,然后通过荧光染料的化学偶联进行间接标记

7.2.5.4　杂交和杂交后的洗涤

杂交是将所有物质聚集在一起。阵列打点、准备和标记样品,所有的步骤都导向到这一点,至此,标记的分子在阵列上找到它们互补的序列形成足够强的双链杂交物,以经受去除非特异性匹配的洗涤。

像经典的 Southern 和 Northern 杂交一样,其目的是帮助杂交物的形成并保留特异的信号。因此,标记的样品在高盐缓冲液的条件下应用于微阵列,以此中和带负电的核酸链之间的排斥力。外源 DNA 通过一种对核酸的亲和力封闭载玻片或去除非特异的标记序列以降低背景。Denhardt 试剂用来作为封闭试剂。如 SDS 这种去垢剂,能降低表面张力、改善混合、帮助降低背景。

在微阵列杂交和杂交后洗涤过程中,温度是一个重要的因素,在此,可以从传统经典的 Southern 和 Northern 所建立的方法得到很多经验。对于二元复合物的溶解温度即 T_m 的正确理解很重要,在这个温度下,一半分子为单链,一半则被溶解,或是分开的单链。对于 T_m 定义阐释是有重要作用的(大于 50 bp):$T_m = 81.5° + 16.6 \lg M + 0.41[(G+C)$质量分数$] - 500/L - 0.62$(甲酰胺百分数)。该公式显示了 T_m 值取决于单价的离子浓度和存在的甲酰胺百分数。因此,高浓度能促进杂交物的形成,甲酰胺能使杂交在低的或是温和的温度下成为可能。T_m 值降低 1 度,大约对应百分之一的错配,这就解释了为什么升高温度首先使非特异性的杂交物崩解,为什么在低盐中洗涤会有助于杂交作用的保留。值得一提的是,这些关系源于所有探针都是已知长度和碱基组成的额单分子系统,缓冲液中包含有磷酸盐和甲酰胺,探针将寻找它们的固定靶。在微阵列中,不是只有一个探针而是成千上万,探针是静止的而靶却是自由的。但值得庆幸的是,按照定义探针长度是已知的,因此每个探针单独的 T_m 值可计算出来。

可能由长的寡核苷酸阵列相对于 PCR 扩增的 cDNA 克隆的插入片段,所能提供的最大优点在于能够设计长度相等和相似碱基组成的长寡核苷酸链,以便使它们有相似的 T_m 值。在基本的"集体瓦"值的条件下,可使对温度、盐浓度和甲酰胺操作的达到最优化。当一个阵列是由具有很宽范围的 L 值的探针组成时,某一低盐浓度就可能使得错配的杂交物崩解,但是它也有可能使较短的,或者(A+T)质量分数较高的真正杂交物融解,因此具有偏低的 T_m 值。

对于微阵列杂交,需要澄清的一个方面是哪种产物过量的问题,是标记的靶还是固定的探针,按照下述的反应动力学对其进行量化。对于微阵列作为对表达进行定量的一种有用的手段,靶必须是限定的量,而探针应该是足够过量,以至于甚至在杂交之后保持不变。在双色实验中,存在使两种不同标记的靶竞争同一探针的额外的复杂性。在这里,确保竞争性杂交非常重要,以便杂交物的比精确反映靶的起始浓度比,即两个样品中 mRNA 转录物的起始比。研究显示,如果两个标记的靶的杂交动力学不同,观察到的杂交物的浓度比是阵列上探针的量的函数,当探针的量有限时,会导致表达比例不真实。但是,如果探针过量,不等的比例常数的影响就会最小。

7.2.5.5　数据获取和定量

当洗涤结束且载玻片被甩干的时候,一个微阵列的工作已经完成,实验能够给出的所有数据已经显示出来了,结果已经适合分析。对于微阵列来说,这些是 16 位的 TIFF 即标签图像文件格式图像,每个占千万个字节,由一个阵列扫描仪获取。该阵列扫描仪装备有特定的波长激发荧光基团的激光和光电倍增管(PMT),以检测被激发出来的光。自从 1999 年,阵列扫描仪的选择已经有很大空间了,当时分子生物学资源协会的调查发现,在扫描仪市场,只有两个主要的竞争对手,占了所有微阵列实验室所使用的扫描仪的 2/3。Bowtell 小组的综述列举了 9 个制造商和超过 12 个具有不同的通量和敏感性以及不同的激光和激发范围的扫描仪模型。最基本的模型提供两种最常用的荧光基团即 Cy3 和 Cy5 的激发和检测,但是高端的模型可能具备在几个波长激发、动态聚焦、跨越数量级的线性动态范围和高通量扫描的能力。

扫描步骤的目标是获得最佳的图像,最佳的未必是最明亮的,但却是"诚实"代表载玻片上数据的。受用户控制的达到目标的条件是激发荧光基团的光的强度(指激光的功率)和检测的灵敏度(由光电管设定)。扫描仪挑出很亮的点和那些不那么亮的点,并且能辨别它们之间的差异。理论上,一个16位的图像能具有从0~65 535(2^{16}~1)的强度范围。人们经常看到这个范围的原始值,但最关键的是,当与一个点上的荧光标记物的实际量相关并且最终与基因表达相关的时候,这些值是线性范围。

点饱和,即当强度值达到上限时,是一个可以通过降低激光的功率来处理的问题,该结果可能造成低端的数据丢失。通过操作激光的强度和倍增光电管,低强度的点能够被激发,从而发射出可以检测到的信号。但是,在检测水平提高敏感性也很容易增加背景,这样可能破坏信噪比。因此设定扫描条件已经成为一种优化的练习,图像获取系统的线性范围越宽,调整的自由幅度就越大。扫描仪始终与图像分析软件相伴随。从图像中提取数据包括以下几步:①画出(或定位)阵列上的点;②将像素分解或分配到前景(真正的信号)和背景;③信号强度的提取,获取每个点的前景和背景的原始值。从前景中减去背景的强度产生了点的强度,它可以用来计算强度比,这是对相对基因表达的第一次估计。

当样品本身的动态范围超过仪器的动态范围时,可以通过使用一种新出现的计算方法来缝合两个取自不同敏感度的扫描,这样以获得延伸的连贯的数据,将数据的动态范围扩大。该计算对饱和数据进行剪修,将低于阈值的某个值调整为零。Quackenbush小组在他们的论文中以一种相当完整的方式发展了界限的观点,该论文研究了强度值必须从2^{0}~2^{16}这一事实是怎样限制实验中获得的对数值的可能范围。他们的一个有趣且有意义的发现是确定了净强度值的最佳范围(2^{10}~2^{12}或1 024~4 096),在此范围之内,倍数改变的动态范围是最高的,并且可能找到能够验证的有用数据。

7.2.5.6　数据分析

关于数据分析的讨论将集中在内容和基本原理上。不用计算样品收集需要多么长的时间,因为从应用激光捕获组织切片上微解离单个细胞可能需要花费几周甚至几个月的时间,标记、杂交、洗涤和扫描阵列是周转时间较短的过程。当从图像获得定量数据时,通常都是以Tab-delimited格式保存文件的。甚至在图像定量的时候,绝大多数软件(如QuantArray软件)能够对很差的不必进入分析的点进行标记。那时,灰尘假象、彗星尾巴或是其他不正常的点都能被鉴定出来。在进行正式分析之前,有很多定量数据预处理的过滤策略,包括对强度低于阈值的模糊的点的标记,该阈值由平均强度加上假设的阴性的点(没有DNA、缓冲液或非同源的DNA对照)的两个标准差确定。分析这些要易于高度变异的低强度的点,会产生错误的高表达比,该种表达比不能被其他基因表达的测量方法(如real time PCR)确证,过滤掉这些数据可增加强度比的可靠性。

数据的标准化解决了系统误差问题,系统误差会扭曲对生物学效应的研究。系统误差最常见的来源之一是使用不同荧光基团标记靶分子时染料引入的偏差。打印针尖的差异可能导致同一阵列内方格之间的差异。但是某些情况下扫描仪的异常能使阵列的一边看起来比另一边更明亮。有一种标准化方法可以通过观察它对信号强度的log2比值图的影响来进行评估,称之为M-A图。已标准化数据的平均数log2比值将会呈现以零为中心的分布，对数比本身不受信号强度的影响，拟合的直线将与信号强度坐标轴平行。LOW－ESS（Locally Weighted Scatterplot Smoothing），最初是由Cleveland提出来的，由Speed和Smith关注且应用于微阵列数据处理，是一种基本符合上述标准，被广泛应用的标准化方法。该方法在不同版本的文献中都有报道。包括Speed小组的组成方法，该方法是使用一个微阵列样品库，通过标定载玻片内部的标准化点，实现多张载玻片的标准化。在实践中，检测单个阵列标准化的数据的点状图宽度的一致性，显示出没有必要在阵列之间进行标准化。

聚类运算方法是根据基因表达模式的相似性来组织微阵列数据的方法。研究者将这种情况形象地称作"牵连犯罪"，该理论假设共表达的基因必定也受到共同调控，这种分析合理的后续行动就是寻找共同的上游或下游，将这些共表达的基因连在一起的因子。这种观点中一个有趣的结果就是，原来没有特征化的基因可能根据它们的分组被指定为某一种假想的功能基因。对临床数据研究而言，聚类是鉴定某一病理整体特征的有用工具。图7.3显示的是来自于实验室进行的微阵列实验，关于Wilms肿瘤未发表的初步数据的等级聚类，它显示出基因聚类成两个主要的组，可能暗示复发状态与非复发状态这两种疾病状态。Quakenbush在对Stuart的关于进化背景下共表达基因的研究的文章的现场解说中再次展示了"牵连犯罪"的方法。

最早鉴定差异表达基因就是简单地找出某一阈值一倍以上变化的基因，但是很快就表明这一标准是一个不良的选择。如之前所述，比例不能给出关于绝对强度的信息，但是在不同载玻片之间计算平均比例时，特定基因表达值的变异导致很高比例的平均比，即使这些基因并没有真正表达差异，这是研究者们担忧的事情。一种更好的策略是计算的t统计。并用调整的P值对多次检验进行校。B统计方法，源自一种Bayes法，它对于差异调控基因的分级方面，在模拟中远比平均对数或t统计法优越。为了在更广泛的实验条件中应用，由Smyth提出的经调整的t统计方法发展了Lonnstedt和Speed的B统计方法，该统计方法对少量的阵列也有强大的功能，并且由于具备过滤步骤而允许遗失数据的存在。有趣的是，两倍变化继续成为细读微阵列数据单的基准，用基于产物指数扩增的PCR方法来验证数据。但是在根据更可信的差异表达的测量方法排列的基因数据单上，倍数变化已经不仅仅是选择继续研究候选对象的次级标准。

该领域令人鼓舞的进展是开放的资源软件的可得性，其中的三个例子已经由Dudoit同事述评：在生物操作工程中写为R的统计分析工具（http://www.bioconductor.org）、来自基因组研究所的基于Java的TM4软件（http://www.tigr.org/software）和Lund大学开发的基于互联网系统的BASE（http://base.thep.1u.se）。

将微阵列杂交实验称之为"审问"，像在其他四处黑暗的屋子里，在一盏耀眼的灯下反复审问的阵列。并且，如同科学术语，它是相当的直视化。微阵列实验的确是询问问题，并且具有无法超越的多样性，它不仅能够执行多个问题，而且数据本身能够被严格检测。

找到具有相似表达情况的基因群体后，通过使用聚类和其他计算技术，在差异表达基因被鉴定之后，如果回到最开始，提出设计并施行该实验的基本生物学问题，那么对数据的进一步研究是必需的。因此，在分析这个阶段，目标是为了揭示有助于观察到的表达方式或基因分组的信号途径、功能或是过程。目前的发展能跨越真核生物应用的通用词汇表，用来描述生物过程、细胞组成、分子功能，这样利于基因注释，以及将它们分配到特定的本体论中。诸如Onto－Express一类的工具能用来进行功能检索，并且可以用来对给定的差异表达的基因统计显著性。

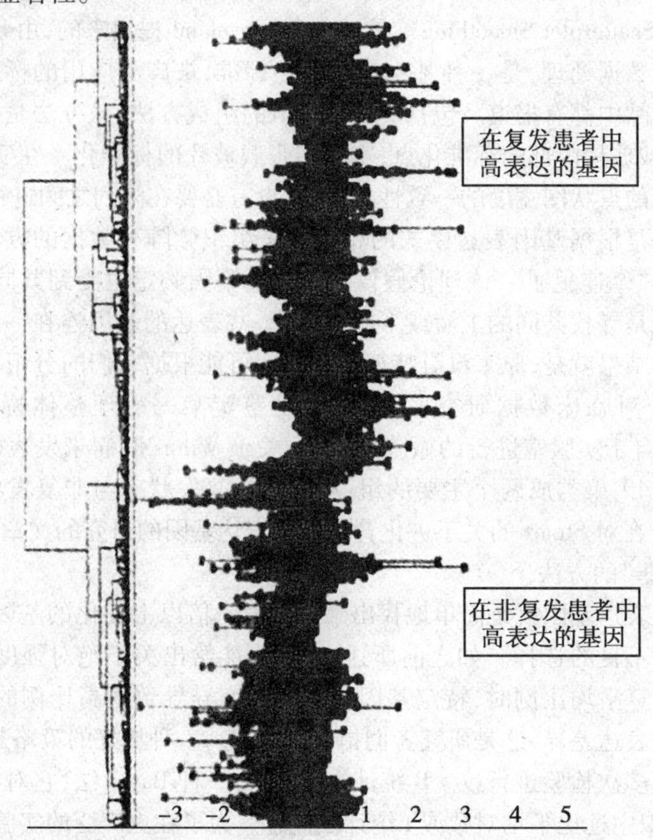

图7.3　微阵列数据等级聚类显示基因表达谱两个重要的聚类,可能与病理学相关

7.2.5.6　微阵列的记录

打印阵列取决于材料流程准确的记录。阵列设计、材料和过程的任何变化都必须记录下来。有一些软件(例如,来自于 http://WWW. biodiscovery. com)能够贯穿打印过程的不同阶段来追踪 DNA 的含量。基因表达数据协会(MGED;http://www. mged. org)领头为微阵列杂交实验记录的标准化做出了很大努力和贡献。MGED 建立了 MIAME,它描述了一次微阵列实验最详细的信息,使得这些数据能够被清楚地说明并且能够被重复。在 http://www. mged. org/Workgroups/MIAME/miame - checklist. html 上的 MIAME 清单明确了所需信息的不同量。

(1)实验设计:整个杂交实验的组织进度安排。

(2)阵列设计:使用的每一个阵列和阵列上的每一个元素(点和特征)。

(3)样品:使用的样品以及提取物的准备和标记。

(4)杂交:标准步骤和条件。

(5)检测:图像、定量和说明。

(6)标准化控制:类型、数值和说明。MGED 给科学杂志写了一封公开信,推荐对要发表的微阵列文章采用 MIAME 标准。因此,现在发表的微阵列文章将不可避免地链接到包含 MIAME 信息和所有原始数据的数据库。

7.2.6　总结

微阵列已经对科学进行了一场革命,从数十年积累的大量的文献来看,从它首次出现开始,微阵列已经改变了科学进行的方式。以前甚至不敢想象的一些实验现在已经普遍得到了推广。发表文章的数量曲线表明,那些想法一直都存在,所需的是实现它们的一种方式,而微阵列是一扇门。门的另一边又是什么呢?在某种程度上,由于一些原因,发表的文章呈泛滥的趋势已经减轻了。这并不是因为正在进行的课题少了,相反,需要做的事情多了,对于一个即将发展成熟的领域来说,这是很正常的,它正迅速向前发展以实现其承诺。

现实问题已经开始进入微阵列技术领域。科学家面对一定的挑战。如果在联合基础科学家、医生、统计科学家和计算机科学家这样一个多样性的专家团队的共同投入下,其微阵列技术是可以取得很大作用与贡献的。这种自由的信息流仅对科学有益,微阵列研究群体应该由于这种倡导作用而受到称赞。

随着人类基因组计划的完成,注意力已经及时转移到蓝图的构建和最终实现该计划造福人类的期望。这种目标为基因组计划提供了动力,并且推动了从测序发展到鉴定基因在不同的时空,健康或疾病背景下的功能和相互作用的自然进程,从而理解这一生物体的运作。

7.3　荧光原位杂交技术

7.3.1　荧光原位杂交技术(FISH技术)生产与发展

1969年Gall和Pardue利用放射性同位素标记DNA探针检测细胞制片上非洲爪蟾细胞核内rRNA成功;同年,Pardue等研究人员又以小鼠卫星DNA为模板体外合成RNA,成功地与中期染色体标本进行原位杂交,从而开创了RNA-DNA的原位杂交技术,为宏观细胞生物学与微观的分子生物学研究架起了一座坚实的桥梁。1974年,研究者EVans第一次将染色体显带技术和原位杂交技术结合,大大提高了基因定位的准确性。1981年,Roumam等首次报道了荧光素标记的cDNA原位杂交;同年,Langer等研究员用生物素标记核苷酸制备探针。1986年,Cremer与Licher等分别证实了荧光原位杂交技术应用于间期核检测染色体非整倍体的可行性,从而开辟了间期细胞遗传学研究。在20世纪90年代,FISH在方法上逐步形成了从单色向多色转变、从中期染色体FISH向粗线期染色体FISH再向fiber-FISH的发展趋势,灵敏度和分辨率都有了大幅度的提高。

7.3.1.1　多色荧光原位杂交

多色荧光原位杂交也称作M-FISH,"M"代表了"Multitarget""Multiplex"和"Multicolor"3种类型。M-FISH的特点是:可利用不同颜色的荧光分子标记不同的探针,同时对不同的靶DNA进行定位,即一次杂交检测多个靶位点,在多彩色FISH基础上发展起来的一项新技术。

1. 染色体描绘

染色体描绘是用全染色体或区域特异性探针,通过多彩色FISH使中期细胞特异染色体和间期核呈现不同颜色的荧光条带,从而对染色体进行分析的方法,常用于识别染色体重组、断裂点分布等。

2. 反转染色体描绘

反转染色体描绘是用筛选出的畸变染色体与正常染色体杂交来分析畸变染色体的方法，它的最大特点是不仅能区分标志染色体的来源，而且能分辨间隙易位和复杂的标志染色体。

3. 多彩色原位启动标记

该技术是以寡核苷酸为引物，原位 PCR 扩增待测序列，并在此过程中掺入荧光素直接或是间接对核苷三磷酸进行标记，使扩增出的序列得以标记。通过几轮扩增，使待检的几个序列的原位扩增产物标记上不同荧光素，实现了多个微小缺失和突变等染色体改变的检测。

4. 比较基因组杂交

其基本原理是对待检测的 DNA 和相应的正常的 DNA 进行不同颜色的标记，然后在存在抑制的情况下对正常细胞的中期染色体进行杂交。与 FISH 相比，该技术在一次实验中能对样品中整个基因组中的 DNA 扩增和缺失等变异获得整体认识，并描绘出相应的技术核型图，可在物种间进行染色体同源性比较，从而弥补了常规 FISH 的不足。

5. 光谱染色体自动核型分析

光谱染色体自动核型分析是一项显微图像处理技术。在染色体核型排序的应用上，该技术可同时分辨人类的 22 对染色体及性染色体或老鼠的 21 种不同染色体，并以各种颜色呈现出来。该技术结合了傅立叶频谱、电荷耦合成像和光学显微方法，同时，计量样本在可见光和近红外范围内所有点的发射频谱，可以使用多个荧光染料的频谱重叠的探针。该技术的特点是同时使用 24 种染色体的涂染探针；而杂交的靶 DNA 可以是疾病标本或细胞系的中期染色体，这一点与比较基因组杂交使用正常外周血淋巴细胞中期染色体是有所不同的。

6. 交叉核素色带分析

这是一种使用从较少的长臂猿提取的染色体涂染探针分析人类染色体的核型分析方法。长臂猿和人类 DNA 有 98% 的同源序列，但是相对于人类染色体，长臂猿染色体有广泛的重排。3 种荧光色以不同的结合方法标记 26 条长臂猿染色体，和人类染色体杂交，可以出现 8 种条带模型。18 条染色体出现可重复的条带模型，剩余的 6 条呈单色涂染。该技术鉴别不同染色体之间的异位不如某些技术灵敏，但如果重排区域内有两条或更多的色带，该技术可作为一种辅助技术使用，因其商业探针还未获得，所以它的使用仍受限制。

7.3.1.2　DNA 纤维荧光原位杂交技术（DNA fiber – FISH）

Wiegant 和 Heng 等研究者首先利用化学方法对染色体进行线性化，再用此线性化的染色体 DNA 作为载体进行 FISH，使 FISH 的分辨率显著提高，就是最初的 DNA 纤维 – FISH。理想状况下，制备的 DNA 长度应与完全自然伸展的 DNA 纤维相近，并且断裂点应尽量少。最近几年先后发展了几种不同的制备 DNA 纤维的方法。与其他载体上的 FISH 相比，在 DNA 作图方面，纤维 – FISH 主要有以下优点：

（1）高分辨率，能定量分析。

（2）模板要求不高。

（3）只需分析少量的 DNA 分子。

(4)灵敏度高,可达200 bp,500 bp左右的靶序列均可被有效地定位。

(5)可把微米级的长度结果转换为探针大小kb,加速了物理图谱的构建进程。

7.3.1.3 组织微阵排列技术(tissue microarray)

Microarray可以在一次实验中检测出数百个基因在一个细胞中的高低表达情况。Tissue array则在一次实验中能检测出一个基因在几百个细胞中的表达情况。Tissue microarray是由Tissue microarray区域中500~1 000单个肿瘤组织联合筒状活检构成的,将活检组织切成200多片用于DNA、RNA杂交探针。单个杂交提供单个载玻片上所有样本的信号,以后的切片可以用其他探针或抗体分析。同一个组织样本切片的多重叠区可形成数千张切片。组织和cDNA微阵排列技术相结合提供一种有效的鉴定体内基因的方法,可以对疾病的分子改变做出重要的评估。

7.3.1.4 荧光免疫核型分析和间期细胞遗传学(FICTION)

FICTION是一种将免疫核型分析与原位杂交相结合的方法,这种方法可以同时显示异种细胞群中单个肿瘤细胞的免疫表型和一定的基因改变。FICTION诊断快速,可以再现,适合FISH分析前或后没有所需以前细胞标本的细胞学样本。FICTION可用于分析血液肿瘤的系谱以获得对肿瘤病理组织更好的了解。

7.3.1.5 其他方法

随着技术的不断发展和研究者的不断探索,FISH技术也日趋完善,除以上方法外,还有很多其他方法也有广泛应用。例如:ring-FISH,它是利用多聚核苷酸探针,第一次允许检测质粒上的单个基因或基因片段以及单个细胞中的核酸。因为这种方法的杂交信号特征包含一个类似光晕圆圈形状的荧光聚集在细胞周边,因此我们称之为ring-FISH;subtelorn-eric-FISH在检测端粒方面显示出了强大的优越性;re-FISH可以对同一种样本进行复杂DNA探针最多杂交可达四次,为通过过滤荧光显微术的传统条带提供了广阔应用。高分辨率FISH可以使分辨率达到几个碱基,使基因绘图更加精准。

7.3.2 FISH技术的基本原理及特点

FISH的基本原理是用标记了的荧光核酸探针和与待检材料中未知的单链核酸进行退火杂交,通过观察染色体上荧光信号的位置来反映相应基因的情况。根据碱基互补配对的原则,可以利用核酸分子杂交技术直接探测溶液中、细胞组织内或是固定在膜上的同源核酸序列。所谓核酸探针是指能识别特异核苷酸序列的带标记的一段单链DNA或RNA分子,只能与被检测的特定核苷酸序列配对结合。对微生物探测的FISH技术中使用的16S rRNA寡核苷酸探针,一般是进行了荧光标记的大小20 bp左右的特异性核苷酸片段上,利用该探针与固定的组织或细胞中特定的核苷酸序列进行杂交。分子杂交过程实际上就是DNA的变性和与带有互补的同源单链退火配对形成双链结构的过程。而上述过程并不需要DNA或RNA的提纯、扩增FISH技术作为一种非放射性检测体系,具有如下优点:

(1)FISH采用了非放射性的生物素标记探针,不存在辐射型污染等问题。

(2)荧光探针经济、稳定。标记的2年内均可使用,且只要具有荧光显微镜,一般在常规的实验室就可进行。

(3)该技术基于抗体、抗原结合点的特异性进行识别和鉴定,实验周期短、灵敏度高、特异性好、定位准确。

(4)多色 FISH 可同时检测多种序列,应用范围极其广泛。

7.3.3 FISH 技术的主要步骤及操作要点

7.3.3.1 主要步骤

核酸杂交的基础是碱基互补配对原理,利用寡核苷酸探针与靶细胞专一性结合进行生物分析。核酸杂交的基本实验步骤为:样品预处理、细胞固定、杂交、洗脱以及检测,其杂交过程专一性和严格性依赖于杂交温度和时间、盐浓度、探针长度及其浓度,其中洗涤过程是去除与靶细胞没有结合的物质。

1. 样品的预处理

革兰氏阳性细菌和革兰氏阴性细菌分别用 50% 乙醇溶液和 4% 多聚甲醛处理,再以磷酸盐缓冲液洗脱两次,悬浮于等体积的磷酸盐缓冲液与 100% 乙醇的混合液中,于 -20 ℃中储存备用。某些样品还需要一些特殊处理。

2. 细胞或组织的固定和脱水

取预处理后的样品 2 ~ 10 mL 均匀点于特制的载玻片上,于 45 ℃的条件下干燥,使样品固定于载玻片上,然后分别在 50%、80% 和 100%(体积分数)的乙醇水溶液中各脱水3 min,自然干燥。常用的固定液有 FAA、低聚甲醛、戊二醛。脱水采用梯度脱水法,用 8 个梯度依次脱水,自然干燥,最后到 100% 叔丁醇,见表 7.1。

表 7.1　梯度脱水

级别 Dgree	1	2	3	4	5	6	7	8
DEPC 水 DEPCwater	40	30	15	0	0	0	0	0
无水乙醇 Ethanol	50	50	50	25	25	0	0	0
叔丁醇 Tert - butyl alcohol	10	20	35	50	75	100	100	100

3. 将探针与固定材料上的靶序列(DNA 或 RNA 序列)进行杂交

取 9 mL 相应液体与 1 mL 荧光染料标记的探针混合,于 46 ℃杂交炉中杂交 1.5 ~ 3 h。在进行杂交的同时,应准备洗脱缓冲液,并于 48 ℃水浴保温。

4. 未杂交探针的清洗

用 48 ℃水浴保温的清洗液及冰浴的超纯水清洗,充分除去未杂交的探针和杂交缓冲液,尽量减少背景值。

5. 检测杂交的结果

上述操作完成后,加少量对苯二胺 - 甘油溶液覆盖样品,目的是防止荧光淬灭,再封片。结果用荧光显微镜或激光共聚焦显微镜(CLSM)观察、照相并进行分析。另外,利用流式细胞仪可对每一个靶细胞探针杂交物的荧光强度进行定量检测。

根据实验目的和研究对象的不同,每一步骤的要求会有所变化。对于微生物 FISH 实验而言,解决好如下关键步骤的技术问题是获得科学结果的保证。

7.3.3.2 FISH 操作要点

1. 核酸探针的准备过程

核酸探针是指能与特定核苷酸序列发生互补杂交,而后又能被特殊方法检测的被标记的已知核苷酸链。根据来源和性质的不同可将核酸分子探针分为基因组 DNA 探针、cDNA 探针、RNA 探针和人工合成的寡核苷酸探针等几大类。选择的最基本原则是探针应具有高度特异性。核酸探针的制备是 FISH 技术很关键的一步，影响着该技术的应用与发展。近年来，随着 DNA 合成技术的发展，可以根据需要合成相应的核酸序列，因此，人工合成寡核苷酸探针被广泛采用。这种探针与天然核酸探针相比具有特异性高、杂交迅速、容易获得、成本低廉等优点。

寡核苷酸探针是根据已知靶序列进行设计的。应遵循一定的设计原则：

(1)探针长度：10～50 bp。越短则特异性越差，太长则又会延长杂交时间。

(2)(G+C)质量分数应为40%～60%，否则会降低特异性。

(3)探针不应有内部互补序列，避免形成“发夹”结构。

(4)避免同一碱基的连续重复出现。

(5)与非靶序列区域同源性要小于70%。

目前，已有大量寡核苷酸探针被设计合成，并且建立了有关探针的数据库，研究者可以很方便地通过互联网查询所需的探针或设计探针的资料和软件。设计或选定的寡核苷酸探针可以用 DNA 合成仪很方便地进行合成，然后用荧光素进行标记。常用的荧光素有：羧基荧光素(FAM)、异硫氰酸荧光素(FITC)、四氯荧光素(TET)、四甲6羧罗丹明(TAMRA)、六氯荧光素(HEX)、吲哚二羧菁(Cy3，Cy5)等。这些荧光素具有不同的激发和吸收波长，当选择两种以上的探针同时进行杂交时，要分别给这几种探针标记不同的荧光素。目前，有人在多彩色荧光原位杂交实验中，采用混合调色法和比例调色法，仅用2～3种荧光素就可以给4～7种探针标记上不同的颜色。探针的合成与标记可以根据条件自己进行或选择相应的生物技术公司来完成。标记好的探针通常放在-20℃、避光保存。使用前，将探针稀释到5 ng/mL 的质量浓度，分装备用。

2. 杂交样品的准备

对于微生物原位杂交，首先涉及的是微生物样品的收集工作。既要求尽可能多地收集到样品中的微生物，又要尽量减少样品杂质以免影响杂交结果。因此，无论是来自人工培养基抑或是自然环境的，还是污水处理设备的微生物样品，必须先要经过打碎、离心、清洗等步骤。目的是使微生物细胞与杂质分离、除去杂质、收集细胞。可以用灭菌玻璃珠震荡将样品震荡打碎，1 000 r/min 离心2 min，取上清液，将上清液5 000～8 000 r/min 离心2 min，弃上清液，再用 PBS 将收集到的微生物冲洗。以上步骤可重复2～3次，然后对收集的样品进行固定和预处理。这一步要求微生物细胞保持形态基本不变，同时要增加细胞壁的通透性，保证探针进入与 DNA 或 RNA 杂交。一般先用4%多聚甲醛溶液固定，4 ℃过夜。若不能马上进行杂交实验，可将固定好的样品暂时存放在50%乙醇/PBS 溶液中，-20 ℃保存。杂交实验前，用 PBS 液先清洗，离心收集。用蛋白酶 K，37 ℃消化30 min，充分减少蛋白质对杂交的影响。

3. 杂交过程

首先涉及杂交液的配制。一般的荧光原位杂交液的组成成分有：氯化钠、Tris-Cl 缓冲液、甲酰胺、硫酸葡聚糖以及 SDS 或 Trionx-100。SDS 和 Tritonx-100 的作用是去污，二者选一即可。甲酰胺的浓度直接影响杂交的特异性，因此，需根据不同的探针和杂交温度加以选择。一般情况下，甲酰胺的浓度和杂交温度越高，探针的特异性越强，反之，探针的特异性降低。探针在杂交前加入杂交液中，使其终质量浓度为0.5 ng/mL。硫酸葡聚糖的作用是增加探针的相对浓度。杂交于载玻片上进行，取经过预处理的样品涂于载玻片干燥后，加杂交液。在微生物FISH实验中，样品与杂交液的比例约为1:2，一般是10 μL样品加20 μL杂交液。由于杂交温度较高，杂交液又很容易蒸发干燥，因此需使用密闭湿盒。

杂交完成后，用洗脱液将多余的探针去除。常用洗脱液为SET或SSC，洗脱温度低于50 ℃。洗脱不充分会影响杂交结果的准确性，因此，一般常采用多梯度、多次数的洗脱方法。如果检测的样品中有多种微生物，需要使用两种以上的探针，只要在洗脱后，在新的杂交液中再加入其他16S rRNA探针溶液，按上述步骤杂交即可。

4. 结果的观察和分析

荧光镜检时显微镜的质量及滤片的选择对结果的获得至关重要。尤其是滤片系统，应严格按照表所列的荧光激发佐射光波长，选择最适当的激发/阻挡滤片组合。摄影记录系统由于固态电荷耦联扫描装置及图像分析仪的应用，可以很大程度降低背景赭色。应用激光共轭聚焦显微镜，可以对染色体标本的不同平面进行断层扫描，并将得到的结果经计算机处理，获得高质量的图像结果。

7.3.4　FISH技术存在的问题

7.3.4.1　FISH检测的假阳性

FISH检测的精确性依赖于寡核苷酸探针的特异性，因此探针的设计和评价是十分重要的。在每次FISH检测中，都应该设置阳性对照，与靶序列相似具有几个错配碱基的探针作为阴性对照。对于一些培养条件要求苛刻的和暂时还未被培养的微生物，首先应该用杂交分析探针的特异性，例如，应用点杂交，以确定探针设计是否合理。若不符合，就要重新分离菌株，然后重新设计探针。

此外，某些微生物本身的荧光会干扰FISH检测，目前就已经在一些霉菌和酵母中发现这种自身荧光的现象，此外一些细菌如假单孢菌属、世纪红蓝菌、军团菌属、蓝细菌属和古细菌中的产甲烷菌也存在这样的荧光效应特性。这种自身荧光的特性使FISH分析环境微生物变得异常复杂。环境样品中天然的可发荧光的化学或生物残留物也总是存在于微生物周围的胞外物质中。虽然自身的背景荧光也利于复染，但经常是降低了信噪比，同时掩盖了特异的荧光信号。通过分析样品的自身荧光背景和避免其对FISH检测的影响是很困难的，包括微生物的培养基、固定方法甚至封固剂等对荧光的信号强度均有很大的影响。处理这种情况的方法就是可以使用狭窄波段的滤镜和信号放大系统降低自身背景荧光，但不同的激发波长对自身背景荧光强度也有影响。因此，在检测未知混合菌群时，要防止自身背景荧光的处理，以防止假阳性的发生。

7.3.4.2　FISH检测的假阴性

假阴性结果主要原因是探针渗透不足，这种情况常发生在革兰氏阳性菌的研究中，核酸肽探针结构较DNA探针简单，穿透力也强，可对金黄色葡萄球菌直接检测而不需酶的预处理。造成假阴性的原因主要包括有以下几方面：

1. 特异性低

FISH的精确取决于探针的特异性。在每次的检测实验中，阳性对照及与待检菌株相近的有几个碱基误配的阴性对照是必不可少的。对于可培养菌和难培养的微生物，利用斑点印迹杂交方法来检查其特异性是很不错的选择。探针的特异性和灵敏性也取决于杂交条件,杂交和洗脱过程中的温度、变性剂的浓度等外界条件都要进行优化。在一定温度范围内提高杂交温度可以提高探针特异性;杂交时间短会造成探针结合不完全,而杂交时间过长则会增加非特异性着色;杂交洗脱液中 NaCl 浓度高也可降低探针的特异性。

2. 低 rRNA 丰度

虽然大多数细菌含有高丰度的 rRNA,但 rRNA 丰度变异往往不仅发生在种属间,也同样会发生在同一菌株的不同生长阶段,例如休眠、代谢不活跃、生长缓慢的细菌其 rRNA 丰度较低,这会降低信号强度或导致假阴性结果。为检测细菌的低生长速率,可使用亮度的荧光染料 Cy3 或 Cy5 和多重探针标记,或是应用信号放大系统、多聚核苷酸探针等来增强杂交信号。

3. 信号衰减

荧光信号一旦被激发,有的几秒钟或几分钟后即迅速衰减。为克服此类困难,可选波段较窄的荧光滤光片,抗衰减荧光媒介油或是信号稳定荧光染料。防褪色的封固剂也是很重要的。在 FISH 检测中为了分析假阴性问题,可使用阳性对照探针 EUB338 和不产生信号的非特异性阴性探针 NON338。

7.3.5 FISH 探针和标记技术

7.3.5.1 FISH 探针

核酸杂交技术原理是利用寡核苷酸探针来检测互补的核酸序列。探针可以是针对 DNA 的,也可以是针对 RNA 的。根据细菌的种属和细胞的生理状态的不同,细胞内部的核糖体数目会也发生变化,且核糖体与细胞的生长速率相关。利用对 rRNA 主要是指 16S rRNA和 23S rRNA,序列专一的探针进行杂交,已经成为鉴定微生物的标准方法。目前已对 2 500 多种细菌的 16S rRNA 进行测序工作,在系统发育水平上得到了大量有价值的信息。

探针是能够与特定核苷酸序列发生特异性结合的、已知碱基序列的核酸片段。它可以是长探针(10 ~ 1 000 bp),也可以是短核苷酸片段(10 ~ 50 bp),可以是从 RNA 制备的 cDNA 探针,也可以是 PCR 扩增产物或人工合成的寡核苷酸探针。探针既可以用放射性核苷酸标记,也可以用非放射性分子标记。核酸杂交试验并不要求探针与靶核酸序列之间百分之百地互补。有限数目的非互补碱基对的存在是可以接受的。

一些寡核苷酸探针目前很多已经商业化。为了保证杂交反应较高的专一性,探针长度一般为 15 ~ 30 个碱基。早期的原位杂交 FISH 是利用放射性标记探针进行杂交产物的检测。目前关于 rRNA 的原位杂交利用的几乎都是荧光标记的核苷酸探针进行检测。

用作 FISH 探针的 DNA 可来自质粒、粘粒、噬菌体、BAC、PAC 或 YAC 等多种载体,原则上大于1 kb,这样以便于杂交和在荧光显微镜下的辨认。DNA 的质量直接影响探针标记的效率,但按常规方法提取的 DNA,其质量一般可以满足探针标记,不需进行特殊处理。杂交所用的探针大致可以分为主要的三大类:

(1)染色体特异重复序列探针。例如卫星、卫星Ⅲ这一类的探针,其杂交靶位常大于 1 Mb,不含散在的重复序列,与靶位结合密切,杂交信号强,易于检测。

(2)全染色体或染色体区域特异性探针。由一条染色体或染色体上某一区段上极端不同的核苷酸片段所组成,可由克隆到的噬菌体或是质粒中的染色体特异大片段获得。

(3)特异性位置探针。由一个或几个克隆序列组成。

7.3.5.2　FISH 探针标记技术

FISH 探针按标记可分为直接标记和间接标记两种。用生物素(biotin)或地高辛(digoxingenin)标记的称为间接标记。间接标记是采用生物素标记的 dUTP 经过缺口平移法标记的,杂交之后用耦联有荧光素的抗体检测,同时还可以放大荧光信号,从而可以检测 500 bp 大小的片段。间接标记的探针杂交后,需要进行免疫荧光抗体检测才能看到荧光信号,因而步骤较多,操作相对麻烦一些,但优点是在信号较弱或较小时可经抗原抗体进行反应的扩大。

顾名思义,直接标记法就是直接用荧光素标记 DNA 的方法。直接标记法是将荧光素直接与探针核苷酸或磷酸戊糖骨架共价结合,或是在缺口平移法标记探针时将荧光素核苷三磷酸掺入进去。直接标记法在检测时步骤非常简单,但是不能进行信号放大,因此其灵敏度不如间接标记法。由于直接标记的探针杂交后可马上观察到荧光信号,因此省去了复杂的免疫荧光反应,不再需要购买荧光抗体,由于荧光的亮度和抗淬灭性的在不断改进和提高,直接标记的荧光探针越来越被研究者优先接受。

7.3.6　寡核苷酸探针 FISH 技术

FISH 技术的探针必须要求其具有较高的特异性、精准性、灵敏性和良好的组织渗透性。根据要求合成的寡核苷酸探针可识别靶序列内一个碱基的变化,能够用化学或酶学方法进行非放射性标记。表 7.2 中列举了 rRNA 为靶序列 FISH 检测的一些微生物的寡核苷酸探针。最常用的寡核苷酸探针一般大小是 15～30 bp,短的探针易于结合到靶序列,但很难被标记。探针的荧光标记分为间接标记和直接标记。直接荧光标记是最普通和常用的方法,通过荧光素与探针核苷或磷酸戊糖骨架进行共价结合,或是掺入荧光素－核苷三磷酸,使一个或更多荧光素分子直接结合到寡核苷酸上,杂交后可直接检测到荧光信号。在寡核苷酸的5′末端或3′末端加入一段长碳链的氨基臂或巯基臂,活性的氨基和巯基会进一步与荧光素反应,通常氨基臂或巯基臂加在寡核苷酸的5′末端杂交时是不会影响氢键的形成。间接荧光标记是指将标记物(地高辛或是生物素)连接到探针上,然后利用联有荧光染料的亲和素、链亲和素或抗体进行检测。化学方法是在合成的过程中通过氨基臂连接在探针5′末端,酶法用末端转移酶将标记物连接到寡核苷酸探针3′端。FITC 也就是荧光素－异硫氰酸是通过18－C 间隔物偶联到寡核苷酸与直接连接到探针相比可通过级联反应增加信号强度。通过两端标记探针增加荧光信号也经常被报道。一个荧光分子在3′末端,四个分子在5′末端,用合适的间隔物防止荧光熄灭。

表 7.2　FISH 杂交中应用的寡核苷酸探针

探针	序列	特异性	靶位点
ARCH915	GTGCTCCCCCGCCAATTCCT	Archaea	16S rRNA, 915－934
EUB338	GCTGCCTCCCGTAGGAGT	Eubacteria	16S rRNA, 338－355
EUB338－Ⅱ	GCAGCCACCCGTAGGTGT	Planctomycetales, Verrucomicrobia	16S rRNA, 338－355
EUB338－Ⅲ	GCTGCCACCCGTAGGTGT	Non－sulfur bacteria	16S rRNA, 338－355

续表 7.2

探针	序列	特异性	靶位点
NHGC	TATAGTTACGGCCGCCGT	Low % G + C Bacteria	23S rRNA, 1901 - 1918
HGC69a	TATAGTTACCACCGCCGT	High % G + C gram - positiVe bacteria	23S rRNA, 1901 - 1918
ALF1b	CGTTCG(CT)TCTGAGCCAG	α - Proteobacteria	16S rRNA, 19 - 35
ALF968	GGTAAGGTTCTGCGCGTT	α - Proteobacteria, some δ - Proteobacteria	16S rRNA, 968 - 985
BET42a	GCCTTCCCACTTCGTTT	β - Proteobacteria	23S rRNA, 1027 - 1043
GAM42a	GCCTTCCCACATCGTTT	γ - Proteobacteria	23S rRNA, 1027 - 1043
SRB385	CGGCGTCGCTGCGTCAGG	δ - Proteobacteria, some gram - positiVes	16S rRNA, 385 - 402
SPN3	CCGGTCCTTCTTCTGTAGGTAACGTCACAG	Shewanella putrefaciens	16S rRNA, 477 - 506
CF319	TGGTCCGTGTCTCAGTAC	Cytophaga - FlaVobacterium cluster	16S rRNA, 319 - 336
BACT	CCAATGTGGGGGACCTT	Bacteroides cluster	16S rRNA, 303 - 319
PLA46	GACTTGCATGCCTAATCC	Planctomycetales	16S rRNA, 46 - 63
Aero	CTACTTTCCCGCTGCCGC	Aeromonas	16S rRNA, 66 - 83
ANME - 1	GGCGGGCTTAACGGGCTTC	ANME - 1	16S rRNA, 862 - 879
Preudo	GCTGGCCTAGCCTTC	Preudomans	23S rRNA, 1432 - 1446
BAC303	CCAATGTGGGGGACCTT	Bacteroides - PreVotella	16S rRNA, 303 - 319
CF319a	TGGTCCGTGTCTCAGTAC	Cytophagai - FlaVobacterium	16S rRNA, 319 - 336
HGC69a	TATAGTTACCACCGCCGT	Actinobacteria	23S rRNA, 1901 - 1918
LGC354a	TGGAAGATTCCCTACTGC	Low % G + C Firmicutes	16S rRNA, 354 - 371
LGC354b	CGGAAGATTCCCTACTGC	Low % G + C Firmicutes	16S rRNA, 354 - 371
LGC354c	CCGAAGATTCCCTACTGC	Low % G + C Firmicutes	16S rRNA, 354 - 371
DSV698	GTTCCTCCAGATATCTACGG	DesulfoVibrionaceae	16S rRNA, 698 - 717
DSB985	CACAGGATGTCAAACCCAG	DesulfoVibrionaceae	16S rRNA, 985 - 1004
MX825	TCGCACCGTGGCCGACACCTAGC	Methanosaeta	16S rRNA, 825 - 847
MS821	CGCCATGCCTGACACCTAGCGAGC	Methanosarcina	16S rRNA, 821 - 844

7.3.7 肽核酸(PNA)探针 FISH 技术

PNA(Peptide Nucleic Acid)即核酸肽，是一种没有电荷存在的 DNA 类似物，其主链骨架是由重复的 N-(2-氨基乙基)甘氨酸以酰胺键聚合而形成的，碱基通过亚甲基连接到 PNA 分子的主链上。PNA 分子骨架上所携带的碱基能与互补的核酸分子进行杂交，而且这种杂交与相应的 DNA 分子杂交结合力及专一性都要高。由于 PNA/DNA 分子之间没有电荷排斥力，所以杂交形成双螺旋结构的热稳定性也较高，这种杂交的结合强度和稳定性与盐浓度没有关系。由于 PNA 是由碱基侧链和聚酰胺主链骨架构成，所以它不容易被核酸酶和蛋白酶降解。

PNA 探针是 rRNA 靶序列的理想的探针，在低盐浓度条件下 rRNA 的二级结构不稳定，使探针更容易接近靶序列。PNA 探针的优势是能够接近位于 rRNA 高级结构区域中的特异靶序列，极大地提高了 PNA-FISH 检测的灵敏性，而 DNA 探针则不具备该特性。由于 PNA 与核酸之间具有高亲和力，因此，以 rRNA 为靶序列的 PNA 探针通常比 DNA 探针要短，一般长度为 15 个碱基的 PNA 探针较为适宜。这样短的探针具有较高的特异性，即使是一个碱基的错配也会不稳定，表 7.3 中列举了微生物 FISH 检测中的一些 PNA 探针。

研究表明,PNA 探针与 DNA 探针比较能有效地辨别一个碱基的差别。Worden 等用 FISH 分析海洋浮游细菌时应用 PNA 探针使信号强度与 DNA 探针相比提高 5 倍。Prescott 等应用 PNA－FISH 直接检测和鉴定生活用水过滤膜上的大肠杆菌。

表 7.3　FISH 杂交中应用的 PNA 探针

探针	序列(5′→′3)	T_m/℃	特异性
EuUni－1	CTG CCT CCC GTA GGA	70.3	Eucarya
BacUni－1	ACC AGA CTT GCC CTC	66.2	Eubacteria
Eco16S06	TCA ATG AGC AAA GGT	68.9	Escherichia. coli
Pse16S32	CTG AAT CCA GGA GCA	70.2	Pseudomonas. aeruginosa
Sta16S03	GCT TCT CGT CCG TTC	61.8	Staphyloccous. aureus
Sal23S10	TAA GCC GGG ATG GC	73.9	Salmonella

7.3.8　多彩 FISH 技术(Multicolor FISH)

近些年来,很多学者致力于以不同染色的标记探针和荧光染料同时检测出多个靶序列的研究,最新的多彩 FISH 技术可以同时用 7 种染色进行检测,如 Reid 等人已经成功地应用 7 种不同标记的探针进行了七彩的荧光原位杂交,探针的设计见表 7.4。1992 年,科学界已经能够在中期染色体和间期细胞同时检测 7 个探针。科学家们的目标是实现 24 种不同颜色来观察了 22 条常染色体和 X、Y 性染色体。荧光原位杂交法提高了杂交分辨率,可达 100～200 kb。此法除了应用于基因定位外,还有较多用途,它已日益发展成为代替常规细胞遗传学的检测和诊断方法,在此不多论述。

表 7.4　七色彩重复序列探针的标记

探针	DNTP				荧光	颜色
	Fluorescein－11－dUTP	Rhodamine－4－dUTP	Coumarin－4－dUTP	dATP, dCTP, dGTP		
1	1			1	绿色	绿色
2		1		1	红色	红色
3			1	1	蓝色	蓝色
4	1/2	1/2		1	绿＋红	黄色或橙色
5	1/2		1/2	1	绿＋蓝	蓝绿色
6		1/2	1/2	1	红＋蓝	紫色
7	1/3	1/3	1/3	1	绿＋红＋蓝	白色

Leitch 等人曾首次利用多彩 FISH 技术对黑麦的重复 DNA 序列进行检测和定位。据报道,Nederlof 等人用三种荧光染料标记探针,每个探针具有多个半抗原可以检测多种荧光染料,成功检测了三个以上的靶序列。Perry 等应用 4 种 PNA 探针的多彩 FISH 技术对铜绿假单胞菌、金黄色葡萄球菌、沙门氏菌和大肠杆菌进行了检测。

同时观察多彩 FISH 应注意以下问题:

(1)采用多波峰的滤镜。

(2)混合的荧光染料应该具有狭窄的散射峰,防止探针间光谱重叠,从而去除背景和避免褪色(bleed – through)等问题。

(3)在检测低丰度靶序列时,需要采用光稳定的高亮度染料。

多彩FISH中常使用具有狭窄波段滤镜的表面荧光显微镜检测。近年来,广视野消旋表面荧光显微镜(widefield deconvolution epifluorescence microscopy)改进了细菌群落空间分布的数字分析效果。

7.4　基因差异表达研究技术

众所周知,基因是最基本的遗传单位,基因的表达具有时空性。基因差异表达的变化是调控细胞生命活动过程的核心机制,通过比较同一类细胞在不同生理条件下或在不同生长发育阶段的基因表达差异,可为生命活动过程的分析提供重要信息。系统研究在一定分化时期或功能状态下的细胞全套基因表达谱是分子生物学研究的重要内容。同时以差异表达为基础的基因克隆技术迅速发展,一次克隆多个差异表达的基因片段已成为可能。基因差异表达研究对我们认识生命活动多样性,了解生命过程,提供了非常重要的理论基础。

7.4.1　差别杂交与扣除杂交

7.4.1.1　差别杂交

差别杂交也被称为差别筛选,属于核酸杂交的范畴。适用于分离特定组织中表达的基因、细胞周期特定阶段表达的基因、受生长因子调节的基因、特定发育阶段表达的基因、参与发育调节的基因,以及经特殊处理而被诱发表达的基因。

1.差别杂交的基本原理

应用差别杂交技术研究基因的差异表达需要两种不同状态的细胞群体:不同组织的细胞群体;不同发育阶段的细胞群体;未经任何处理(即对照组)与经过特殊处理(即实验组)的细胞群体。在这些情况下可制备得到两种不同的mRNA提取物。以上述第三种情况来举例说明差别杂交的基本原理。

分别提取对照组和实验组的总RNA,进一步分离纯化mRNA,反转录成为cDNA,构建实验组的cDNA文库。分别以对照组和实验组的mRNA(或cDNA)为探针(放射性标记,32P),与实验组菌落克隆平板的转印膜杂交,曝光后,进行比较。以实验组mRNA或cDNA为探针进行的杂交所有菌落均呈阳性反应,放射性自显影后呈现黑色斑点;以对照组mRNA或cDNA为探针进行杂交的目的是去除基因以外的其他菌落阳性反应,放射性自显影后呈现黑色斑点。对照原平板挑选出含有目的基因的菌落,测序分析。如图7.4所示。

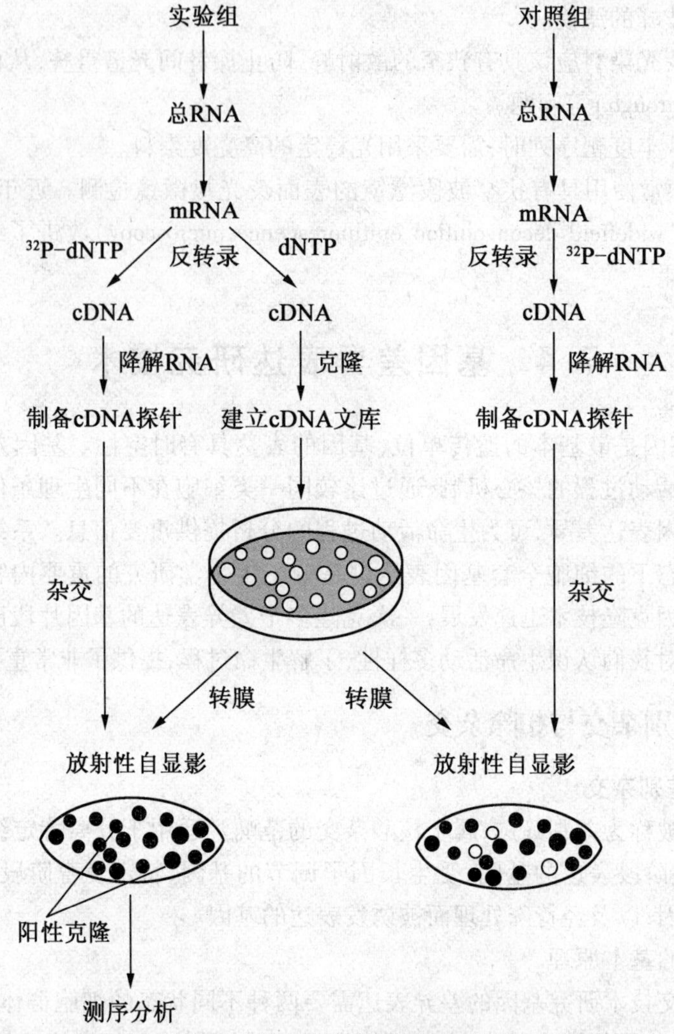

图7.4　差别杂交基本原理示意图

2. 差别杂交的应用

差别杂交技术目前已成功地用于生长因子调节基因(growth factor - regulated gene)的克隆。血清中含有生长因子,用血清处理静止期的细胞,便会迅速诱发生长因子调节基因的表达。分别提取静止期细胞培养物即对照组和经血清激活3 h的细胞培养物(实验组)的mRNA,实验组比对照组多出了生长因子调节基因的mRNA类型。将实验组的mRNA反转录成cDNA,克隆λ噬菌体载体,构成了cDNA文库。转印两份硝酸纤维素滤膜(A、B)。A滤膜与实验组(血清激活细胞)制备的cDNA探针杂交,B滤膜与对照组(静止期细胞)制备的cDNA探针杂交。将两个放射自显影图片进行比较,找出只与实验组探针杂交却不能与对照组探针杂交的噬菌斑位置,这些克隆即可能是带有生长因子调节基因的DNA编码序列。对照原平板挑选出含有目的基因的菌落,测序分析。

3. 差别杂交的局限性

(1)灵敏度相对较低,对于低丰度的mRNA尤为突出。因为杂交探针是mRNA反转录成的cDNA,能与目的基因核苷酸序列完全互补的仅占很低的比例,低丰度的mRNA的cD-

NA很难用这种方法检测出来。

(2)重复性相对较差。该方法需要大量的杂交滤膜,鉴定大量的噬菌斑或克隆片段,耗资费时,而且两个平行转移滤膜的DNA保有量是有一定差别的,致使两个滤膜的杂交信号强度不一致,因此,还需进行点杂交,进一步鉴定阳性克隆。

7.4.1.2 扣除杂交

差别杂交对于低丰度mRNA的cDNA克隆的分离是有一定困难的。为了提高差别杂交的筛选效率,在差别杂交基础上发展出了扣除杂交技术。扣除杂交亦称扣除cDNA克隆,是通过构建富含目的基因序列的cDNA文库,并应用扣除杂交筛选法得以实现。

1. 扣除杂交的基本原理

扣除杂交技术是除去那些共同存在的或非诱发产生的cDNA序列,使目的基因序列得到有效富集,从而在一定程度上提高了分离的敏感性。

如果某基因只在A细胞中进行表达,不在B细胞中表达。分别提取A、B两种细胞群体的mRNA,将A细胞群体的mRNA反转录成cDNA,与过量的B细胞群体的mRNA杂交,将杂交混合物过羟基磷灰石柱,mRNA－cDNA杂交分子结合在柱上,A细胞群体中特异表达的cDNA和B细胞群体过量的mRNA会流出,将mRNA降解后即获得A细胞特异表达的目的基因,克隆λ噬菌体载体,进行转化大肠杆菌,构建cDNA扣除文库。同时制备扣除cDNA探针,筛选文库,得到A细胞特异表达的目的基因。如图7.5所示。

2. 扣除杂交的应用

利用扣除杂交技术成功克隆了T细胞受体(T－cell receptor,简称TCR)基因。T细胞和B细胞都能够识别特异的抗原,均来自共同的前体细胞。但T细胞不能识别游离的抗原,只能识别细胞表面的抗原,该识别特异性是由TCR基因决定的。TCR基因只在T细胞中表达,不在B细胞中表达。分别制备T细胞和B细胞的mRNA,将T细胞mRNA反转录成cDNA,与过量的B细胞的mRNA杂交,能在T和B两类细胞中同时进行表达的T细胞基因的cDNA分子(约占98%),都能与B细胞的mRNA退火,形成cDNA－mRNA杂交分子,T细胞特有的、不能在B细胞中表达的cDNA(约占2%),不能形成cDNA－mRNA这种杂交分子,处于单链的状态,此外还有过量的B细胞mRNA分子。将此种杂交混合物通过羟基磷灰石柱(hydroxylapatite column),cDNA－mRNA杂交分子结合在柱上,而游离的单链cDNA和过量的mRNA会流出。降解mRNA,回收T细胞特异的cDNA,转变为双链cDNA之后,与λ噬菌体载体进行重组,转化并感染大肠杆菌寄主细胞,得到T细胞特异cDNA高度富集的扣除文库。同时制备扣除的cDNA探针,筛选文库,即分离得到T细胞的TCR基因。

利用这种扣除杂交法技术也可以分离缺失突变基因。分别制备野生型和缺失突变型的核DNA,野生型核DNA用Sau3A酶来消化,缺失突变型核DNA则随机切割,并用生物素标记缺失突变的DNA酶切片段,作为探针。用过量的此种探针,同Sau3A酶切的野生型核DNA片段混合,然后变性、退火,野生型DNA片段与生物素标记的突变型DNA探针杂交。将杂交反应混合物通过生物素结合蛋白质柱(avidin column)。大部分野生型DNA片段都与生物素标记的突变型DNA探针杂交,然后被结合到柱上。少部分野生型DNA片段不能与探针杂交,因为突变型DNA片段中缺失了野生型中相对应的DNA片段,所以没有相应的探针与之杂交,经洗脱过柱流出。将洗脱收集的DNA再与超量的突变型探针进行交,再过柱。如此重复多次后进行富集,用 PCR 法扩增 DNA 片段,克隆,最后用 Southern 杂交法鉴定出只同野生型 DNA 杂交而不同突变型 DNA 杂交的含有突变基因的阳性克隆。

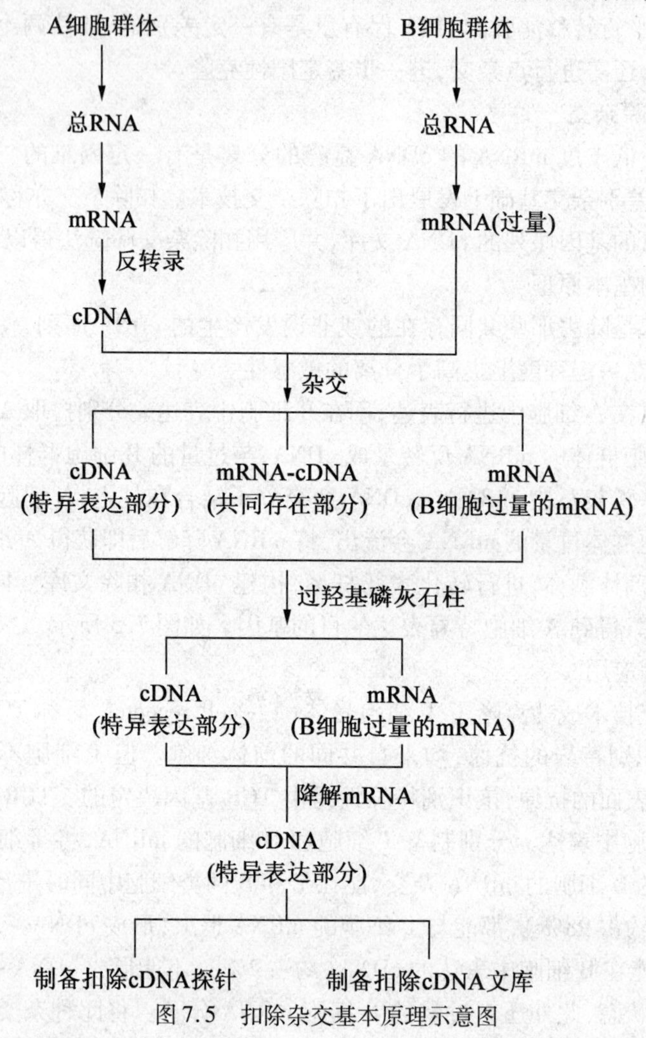

图 7.5　扣除杂交基本原理示意图

3. 扣除杂交的局限性

扣除杂交技术虽然在一定程度上提高了差别杂交筛选效率,但是其操作较为复杂,回收的 cDNA 量有限,而且存在重复性差、敏感度低的缺点,限制了这一技术的广泛应用。

7.4.2　mRNA 差异显示技术

mRNA 差异显示技术(Differential Display,DD)是用于研究基因的差异表达的一种新方法。基因的差异表达是调控细胞生命活动的核心,通过同一类细胞在不同生理条件下或在不同生长发育阶段的基因表达差异的比较,可以分析出生命活动过程的多样性以及复杂性。研究基因组差异表达的技术有多种,包括消减文库杂交技术是基于 cDNA 文库的构建等,但由于需要大量的 RNA 样本构建 cDNA 文库,并且一次只能分析两个平行的样本而限制了其该项技术的发展;DNA 芯片(即 Microarray)技术的成本费用和对完整基因组 DNA 序列信息的依赖性,限制了其广泛的应用;还有基于 mRNA 逆转录扩增的差异显示技术和对全部表达蛋白展示分析的双向电泳质谱技术等。比较而言，mRNA 差异显示技术可以在基因组序列未知的情况下开展大规模、多样本平行的基因组差异表达分析，方法灵敏、经济、简便，具有普适性。

7.4.2.1　基本原理

mRNA 差别显示技术根据大多数真核细胞 mRNA 3′端具有 poly(A)的尾巴结构，且 poly(A)5′上游的碱基只有三种可能(U、G、C)，运用这一特定序列结构，P. Liang 等人设计了 12 种含有 oligo(dT)的寡聚核苷酸引物(3′-锚定引物，anchored primer)5′-T_{11}MN 或 5′-T_{12}MN，反转录 mRNA，合成 cDNA 的第一条链。其中 M 为除了 T 以外的其他三种脱氧核苷酸(dA、dG 或 dC)，N 为其中任意一种脱氧核苷酸(dA、dT、dG 或 dC)，MN 共有 12 种排列方式，形成 12 种 3′-锚定引物。

为了扩增 poly(A)上游 500 bp 以内所有可能性的 mRNA 序列，还需在 5′端设计另一种 10 bp 长的随机引物，称为 5′随机引物，这种 5′随机引物可以随机地与 mRNA 的不同部位结合。如果用 12 种 3′-锚定引物和 20 种 5′随机引物构成 240 组引物对，以 cDNA 第一条链为模板进行 PCR 扩增，能产生大约 20 000 条 DNA 条带，每一条都代表一种特定的 mRNA 类型。这 240 组引物对的扩增产物(2.0×10^4)大体涵盖了一定发育阶段某种细胞类型中所表达的全部 mRNA。回收不同组织或不同细胞群体中所特有的差别表达条带中的 DNA，扩增至所需要的量，进行杂交或直接测序，对差异条带鉴定分析，最终获得差异表达的目的基因。其基本原理如图 7.6 所示。

1994 年，Ito 等研究人员将 3′-锚定引物 3′端的两个固定碱基变为一个固定碱基，使原来的 12 种 3′-锚定引物兼并成 3 种(5′T_{12}G3′，5′T_{12}A3′，5′T_{12}C3′)，大大简化了实验步骤。后来研究人员在 3′-锚定引物引物和 5′随机引物末端分别加上限制性内切酶识别位点(如 Hind III 酶切位点)，5′随机引物长度变为 13 bp。用了 8 种 5′随机引物与 3 种 3′-锚定引物(18 个 bp)组成 24 种引物对，进行反转录 PCR，运用生物信息学同源性分析表明，同样能覆盖某种类型细胞中表达的全部 mRNA。

美国 Beckman 公司推出了一种 Genomyxlrna 测序/差异显示系统。该系统的分辨率高，每次可进行 24 孔的模板测定，获得 650 个碱基序列，分辨基因长度为 2～3 kb。

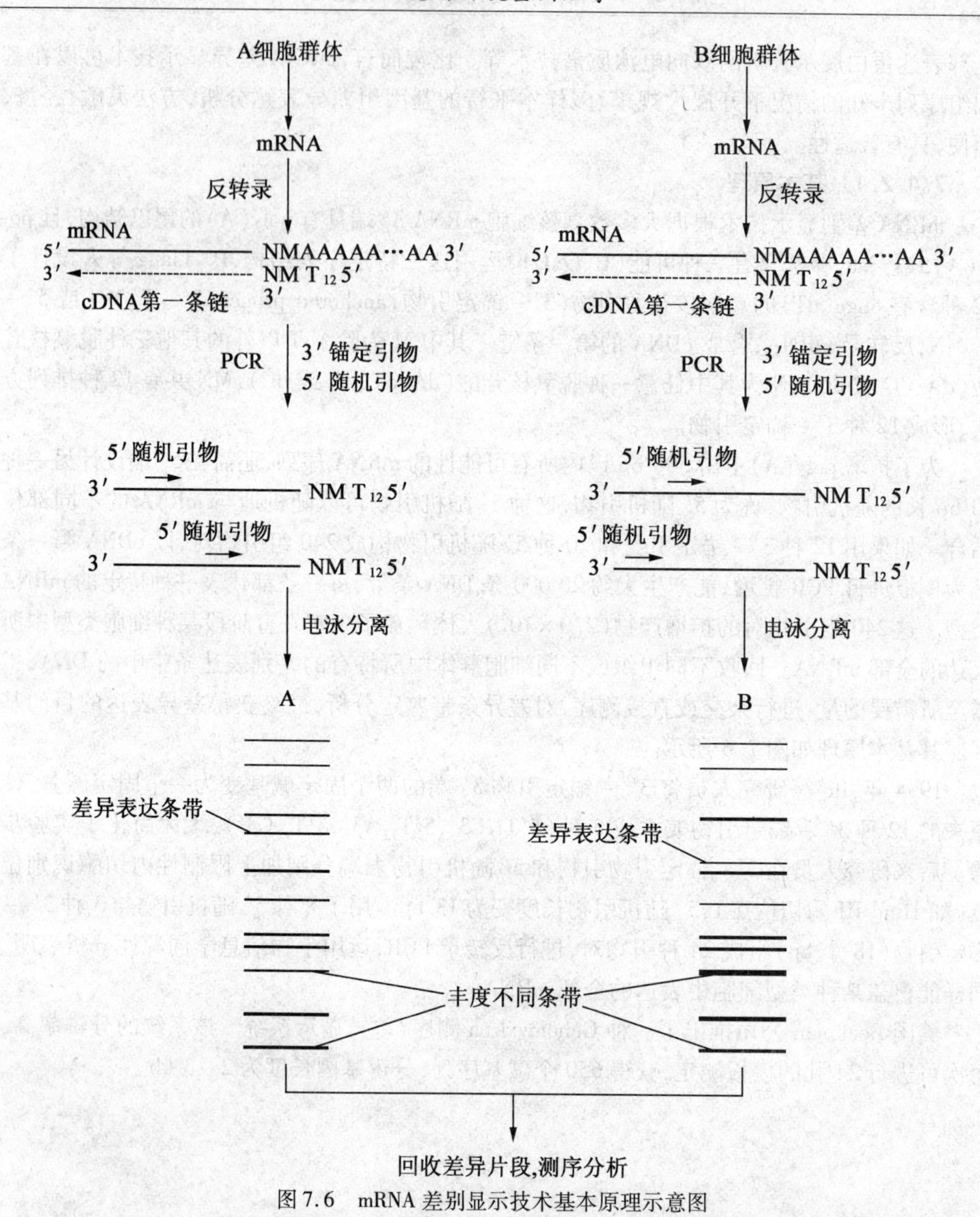

图 7.6　mRNA 差别显示技术基本原理示意图

7.4.2.2　原核生物 mRNA 差异显示分析中随机引物的选择

由于原核生物的 mRNA 缺少 poly(A)尾巴结构,因此不能够使用 oligo dT 这样通用的"锚定引物";另一方面由于总 RNA 中含有大量的 rRNA,因此会产生大量由于 rRNA 引起的假阳性条带。

从原理上讲,RAP - PCR 可以使用任意的随机引物,但为了尽可能地减少由总 RNA 中大量 tRNA 和 rRNA 引起的假阳性,以及产生电泳技术可以有效分离的条带数目,"随机"引物的选择是至关重要的。虽然有关这方面的报道还不多,但是在真核生物中针对如何降低假阳性率,如何提高实验的可重复性,如何建立更加安全快速的电泳检测方法,以及如何高通量确证得到的差异片段等关键性的问题已经提出了很多改进方法,这些方法和经验都可以在原核生物的 mRNA 差异显示分析中加以借鉴。也有一些文献针对原核生物 mRNA 的特点,提出了一些改进方法,并且实验证明通过对 RAP－PCR 过程中一些关键性因素的条件优化,可以大大提高实验的可重复性和稳定性。

在某些已经完成全基因组测序的细菌中,可以利用生物信息学和统计学对序列信息进行分析,根据一定长度的寡核苷酸序列在基因组中的分布频率来设计一系列的寡核苷酸引物;对于大多数基因组序列未知的细菌则通常采用完全随机的策略选择引物,并尽量参考(G＋C)质量分数相近的菌株在 mRNA 差异显示研究中所使用的随机引物,实验证明了选择那些和菌株自身(G＋C)质量分数相近的随机引物往往能够得到较为理想的扩增结果。

7.4.2.3　mRNA 差异显示分析的特点

1992 年,Liang P 和 Pardee 首先报道了 mRNA 差异显示技术。经典的差异显示技术是根据绝大多数真核细胞 mRNA 的 3′端具有的多聚腺苷酸 Poly(A)尾巴结构设计的,采用一套寡聚脱氧胸腺嘧啶(oligo dT)锚定引物将不同的 mRNA 反转录成 cDNA,然后与不同的上游随机引物进行 PCR 反应,再采用电泳方法分析其间的差别,并且将差别表达条带中的 DNA 回收,再扩增至所需含量,进行 Northern blot 或 Reverse Northern blot 或直接克隆测序,从而对差异条带进行鉴定分析,最终获得差异表达的目的基因,目前该项技术已经被广泛地应用于真核生物的基因差异表达分析。

mRNA 差异显示技术是目前筛选差异表达基因的一种非常有效的方法,该技术自问世以来,已广泛应用于动物、植物及人类疾病研究的各个领域。mRNA 差异显示技术的优点主要体现在以下方面:

(1)可同时比较两种或两种以上不同来源的 mRNA 样品间基因表达的差异。

(2)重复性好,同一 mRNA 样品,用同一组引物扩增的产物显示带重复率大于 95%。

(3)运用了 PCR、聚丙烯酰胺凝胶电泳两种实验室普遍使用的技术,简单、方便。

(4)应用了 PCR 扩增技术,使得低丰度 mRNA 的鉴定成得以实现,而且灵敏度很高。

其不足之处表现在:

(1)假阳性率很高,可达 70%,这也是其致命弱点。

(2)Northern 筛选步骤还不够完善,由于最初是直接利用反转录 cDNA 作为探针进行 PCR 扩增,这只适合于 mRNA 量较多的情况,而且只适用每条差异带纹只有一种 cDNA 组成的情况,否则扩增产物便是多种 cDNA 的混合物,并由于兼并引物倒数第二个碱基的简并使得某些差别带纹不能被检测出来。

(3)以 poly(A)为引物的 PCR 扩增只适合真核生物的 mRNA 差别显示。

7.4.3　代表性差异分析技术

代表性差异分析(Representation Difference Analysis,RDA)技术是由美国冷泉港实验室的 N. Lisitsyn 和 M. Wigler 于 1993 年共同提出的,用来检测两个个体之间 DNA 多态性的差异。后来 M. Hubank 等人应用 RDA 技术克隆了差异表达基因,创建了 cDNA－RDA 技术。目前代表性差异分析技术已非常广泛地应用于分离编码产物未知的基因。

7.4.3.1　基本原理

代表性差示分析技术是通过比较基因组之间的差异来分离和鉴定突变基因或差异表

达基因。应用该技术进行基因克隆或是基因差异表达分析时需要两种差异来源的DNA,即含目的基因的DNA(检测DNA,tester DNA)和不含目的基因的DNA(驱动DNA,driver DNA)。将这两种差异来源的DNA分别用来识别4种碱基序列的限制性内切酶消化,形成两种带有黏性末端的cDNA群体,平均长度约为256 bp。将两种cDNA群分别接上寡聚核苷酸的接头(adaptor),并以接头为引物进行PCR扩增,将PCR产物用上述同一种限制性内切酶消化,切除接头。在tester DNA片段末端连接上新的接头(含有同一种限制性内切酶的酶切位点),然后将tester DNA与过量的driver DNA进行混合杂交,driver DNA过量的目的是使tester DNA群体中特异性DNA序列没有遗漏。补平末端,以新接头为引物进行PCR扩增,由于形成的3种杂交体中只有自身退火形成的tester - tester两端均能和引物进行配对,扩增产物呈指数递增;tester - driver杂交体只能是单引物扩增,扩增产物为单链的DNA分子,呈线性递增;driver - driver杂交体分子两端没有能与新引物配对的区域,因此也无法进行扩增;用Mung Bean Nuclease去除单链DNA分子,差异双链cDNA便完成第一轮的富集。实验中使用过量Driver DNA是为了使Tester DNA中和Driver DNA序列相同的片段充分杂交,形成异源双链。

7.4.3.2 基本步骤

以cDNA - RDA为例简单说明其基本步骤:

(1)确定分析体系,获得cDNA群体。选择两个用于RDA分析的体系,提取总RNA,合成双链cDNA。

(2)制备tester DNA和driver DNA。用识别4个碱基的限制性核酸内切酶分别酶切消化两种cDNA群体,形成了带有黏性末端的片段,连接上含有该酶酶切位点的寡核苷酸连接物,PCR扩增,然后用同一内切酶切下连接物,对于驱动组来说,已制成了driver DNA;对于检测组,应再连上另一种含有该酶酶切位点的连接物,制成tester DNA。tester DNA和driver DNA分别代表了两种细胞cDNA的一部分,由一系列小片段DNA组成,降低了cDNA的复杂程度。

(3)液相杂交。将tester DNA和driver DNA按适当比例(1∶200 ~ 1∶100)混合,在适当的缓冲体系中高温变性,67 ℃复性约为20 h,此时,90%的单链DNA已经复性成稳定的双链结构。杂交后共有四种类型的DNA片段:tester DNA的自身复性;tester DNA和driver DNA复性成异源双链;driver DNA的自身复性;一些单链的tester DNA和driver DNA。

(4)特异片段的富集。将上述液相杂交液用S1核酸酶处理,除去单链DNA。这时只有tester DNA两端带有接头,将其两端填平后,以填平的末端和原接头序列设计引物然后进行PCR扩增。以此PCR产物作为tester DNA再次与过量的driver DNA杂交,重复三轮杂交后即能充分富集出tester DNA表达而driver DNA不表达的cDNA片段。

7.4.3.3 代表性差异分析技术的特点

RDA是在基因组减法杂交基础上建立起来的,其突出的优点在于它的代表性和更高的富集效率。在基因组的RDA中,应用同一种限制性核酸内切酶将两组相关而复杂的基因组DNA分别消化分解成短段片段的driver DNA和tester DNA样本,使原本因过长不能扩增的基因组DNA减少了复杂性,成为代表全基因组信息且可以扩增的短片段DNA,也就是所谓的“代表性”。此外,它的代表性还表现在将两个基因组DNA之间限制性核酸内切酶位点的不同转化为tester DNA和driver DNA样本之间DNA序列的不同,从而易于分离因突变、重排或是插入等原因造成的内切酶位点改变的片段。RDA 的富集效率一方面来源于它降低了基因组 DNA 的复杂性，另一方面也利用了 PCR 扩增的动力学富集效应。

7.4.4　抑制性扣除杂交技术

抑制性扣除杂交(Supression Subtractive Hybridization，SSH)技术是一种基因克隆的新方法，它是由 L. Diatchebko 于 1996 年在 RDA 的基础上建立起来的，主要用于研究细胞生殖、发育、分化、衰老、癌变及程序死亡等生命过程有关基因的差异表达以及差异表达相关基因的克隆。

7.4.4.1　基本原理

SSH 技术是以抑制 PCR 为基础的 DNA 消减杂交方法，它将 tester DNA 单链标准化步骤和消减杂交步骤结合为一体，SSH 显著增加了对低丰度表达差异 cDNA 获得的概率，简化了对消减文库的分析。

抑制 PCR 是利用链内复性要优先于链间复性的原理，使非目标序列片段两端的长反向重复序列在复性时产生“锅柄样”结构而无法与引物配对，从而选择性地抑制了非目标序列的扩增。同时，根据杂交的二级动力学原理，丰度高的单链 cDNA 复性时产生同源杂交速度快于丰度低的单链 cDNA，从而使得丰度存在差异的 cDNA 相当含量趋于基本一致。

7.4.4.2　基本步骤

SSH 技术的具体过程为：

(1)制备 tester DNA 与 driver DNA。与 RAD 相一致，酶切后得到 Tester 与 Driver 两组样本的平末端 cDNA 片段。

(2)接头连接。将 tester cDNA 均分两份，分别接上接头 1(adaptor 1)和接头 2(adaptor 2)。接头设计上，adaptor 由一长链(40 nt)和一短链(10 nt)组成的，一端是平端的双链 DNA 片段，长链 3′端与 cDNA 5′端相连接。长链外侧序列(约 20 nt)与第一次 PCR 引物序列相同，而内侧序列则与第二次引物的序列相同。此外，接头上含有的 T7 启动子序列及内切酶识别位点，为以后连接克隆载体和测序提供方便。

(3)第一次扣除杂交。用过量的 driver DNA 样品分别与两份 tester DNA 样品进行第一次消减杂交，可得到 4 种产物。这种不充分杂交使得单链 cDNA 分子在浓度上大致相同。同时由于 tester cDNA 中与 driver cDNA 序列相同片段大都形成异源双链分子，使得 tester cDNA 中差异表达基因得到第一次的富集。

(4)第二次消减杂交。先混合两份杂交样品，同时加入新的变性 driver cDNA 进行第二次扣除杂交。此次杂交只有第一次杂交后经扣除和丰度均等化的单链 tester cDNA 能与 driver cDNA 形成双链分子。这一次杂交进一步富集了差异表达的 cDNA，并且形成了两个 5′端分别接不同接头的双链分子。

(5)第一次 PCR。在上述产物中加入一对分别与接头 1、接头 2 外端序列相同的引物，然后进行 PCR 扩增，只有两端有不同接头的双链 cDNA 分子才能呈指数扩增，而两端连有相同接头的 cDNA 分子，由于末端形成了“锅柄样”结构抑制了 PCR 的扩增，因此不能呈指数扩增。从而，第一次 PCR 使差异表达 cDNA 序列得到显著的扩增。

(6)第二次 PCR。选用一对分别与接头内侧序列相同的引物进行第二次 PCR，基于 PCR 抑制效应的存在，可以特异性扩增差异表达的 cDNA 片段。

(7)差异片段初步筛选。将上述的 PCR 产物插入到适当载体上,转化细菌。经 X－gal 蓝白斑筛选出具有插入的克隆,再经探针杂交找出具有差别表达的 cDNA 片段。然后对这些 cDNA 片段进行序列测定、序列同源性分析等,完成基因的克隆、鉴定。

7.4.4.3 SSH 技术的特点

1.优越性

(1)假阳性率低。与 DDRT－PCR 的高假阳性率相比,SSH 的阳性率可高达 94%,这是由它的两步杂交和两次 PCR 所保证的。

(2)高敏感性。RDA 中,低丰度的 mRNA 不易被检出,而 SSH 方法所做的均等化和目标片段的富集,保证了低丰度 mRNA 也能被检出。

(3)速度快、效率高。一次 SSH 反应可以同时分离几十甚至是几百个差异表达基因。

2.局限性

(1)mRNA 需要量大。SSH 技术需要几微克量的 mRNA,如果量不够,低丰度的差异表达基因的 cDNA 很可能会检测不出来,这也是 SSH 技术不能被广泛应用的主要障碍。

(2)获得的 cDNA 片段长度有限。SSH 技术所获得的 cDNA 是经过限制酶消化的 cDNA,不是全长的 cDNA。这个局限可以通过 3′RAG 和 5′RAG 获得全长的 cDNA。

(3)所研究的材料差异性不能太大。

(4)两次扣除杂交所用的 driver cDNA 都过量可能会导致 tester cDNA 中某些表达丰度有差别的 cDNA 被掩盖。这一局限可通过调整第一次扣除杂交中供试样品 tester cDNA 的含量,或在二次消减杂交中不加供试样品 tester cDNA 等方法克服。

总之,SSH 技术操作简单,又无需昂贵的实验仪器,已成为目前寻找有差别表达的基因的适用方法。

第8章　生态环境中的微生物群落功能基因与表达分析

近些年来，以功能基因为基础的群落结构分析研究越来越多，特别是通过研究功能基因在自然环境中的表达调节，以弄清微生物在生态环境中的真实状态。在进行这些微观解析的同时，也应该进一步了解物理的、化学的、生态的环境因子，以及高等生物与微生物之间的相互关系。相信，随着各种方法和技术的完善，我们将会逐渐了解到自然生态环境中微生物群体多样性及实际的生存状态。

8.1　环境微生物群落功能基因与定位

8.1.1　多环芳烃降解基因

多环芳烃(Polycyclic Aromatic Hydrocarbons, PAHs)是指两个以上苯环以稠环形式相连的化合物，是一类广泛存在于环境中的致癌性有机污染物，图8.1是一些典型的PAH结构。PAHs的来源主要有两方面：陆地和水生生物的合成，森林、草原火灾，火山爆发等均可产生PAHs；石油、煤炭化石燃料及木材、烟草等有机物的不完全燃烧、汽车尾气等也可产生PAHs。多环芳烃具毒性、致癌性及致畸诱变作用，对健康和生态环境具有很大的潜在危害。随着苯环数量增加，其水活性越低，脂溶性越强，在环境中存在时间越长，遗传毒性越高，其致癌性随着苯环数的增加而增强。早在20世纪80年代美国环保局把16种未带分支的多环芳烃确定为环境中的优先污染物，我国也把多环芳烃列入环境和生态污染的黑名单中。

PAHs在土壤中的归宿，主要有挥发作用，非生物丢失(如水解或是淋溶)作用，生物降解作用。通过土壤表面和亚表面的微生物降解作用是去除土壤中PAHs的主要过程。非生物性去除对二、三环的PAHs有一定的意义，但对三环以上的PAHs挥发和非生物去除不起作用。许多研究表明，生物降解是土壤中PAHs去除的主要途径。

闵航等研究者在研究菲降解菌时以菲为唯一碳源，在浙江大学华家池校实验工厂油污土壤中分离得到两株菲降解菌，分别命名为ZX4和EVA17。ZX4和EVA17菌株对初始浓度1 000 mg/L的菲于14 d内降解率分别为98.74%和60%。

研究发现，在该细菌基因组Sal I酶切片断上得到phnGHI基因簇，表明phnGHI基因簇依次为谷胱甘肽硫转移酶编码基因(phnG)，2－羟粘糠酸半醛(HMS)水解酶编码基因(phnH)和邻苯二酚2,3－双加氧酶基因(phnI)。

水解酶基因应为编码间位裂解酶系操纵子(meta－cleavage pathway operon)的首个基因。可知，虽然GST基因与间位裂解基因具有同样的结构模式，但它们显然并不位于同一操纵子上。Lloyd－Jones等人认为编码GST的基因可能广泛存在于PAH降解菌中，本章所讲的ZX4菌株中GST基因的获得与序列测定进一步证实了该推论。

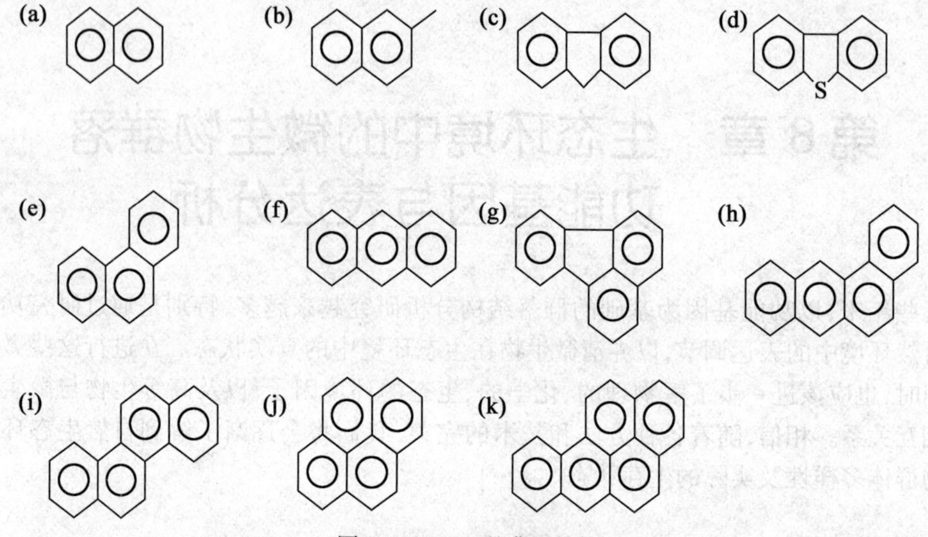

图 8.1　PAHs 的典型结构

通过系统发育树(图 8.2)可知,ZX4 菌株与同样可降解多环芳烃的菌株 *Sphingomonas paucimobilis* EPA505、*Pseudomonas sp.* DJ77、*Sphingomonas aromaticivorans* F199、*Cycloclasticus oligotrophus* RB1、*Alcaligenes faecalis* 聚为一群,并且与 *Proteus mirabilis*、*Escherichia coli* K－12 菌株 JM105 也同为一类群中。Hofer 等推断它们是同源的并且这一类 GST 有可能起源于其中的 *Escherichia coli* K－12 菌株 JM105 和 *Proteus mirabilis*,系统发育进化树也进一步证实了这种推论。

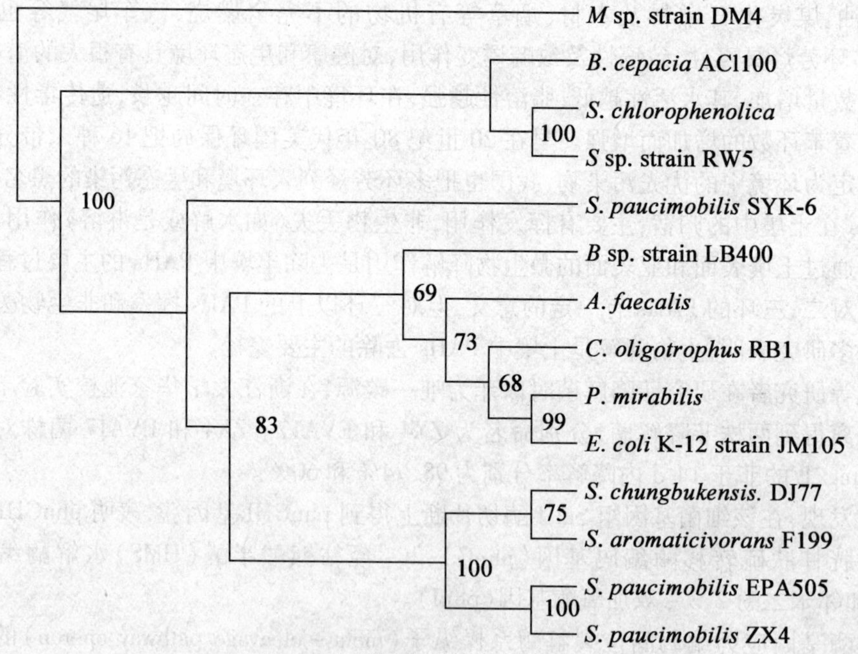

图 8.2　ZX4 菌株在系统发育树中的位置

PhnH 基因共编码 283 个氨基酸,其中包括 27 个碱性氨基酸(K、R),36 个酸性氨基酸(D、E),113 个疏水氨基酸(A、I、L、F、W、V)和 51 个极性氨基酸(N、C、Q、S、T、Y)。蛋白质分子质量为31.3 kD,等电点为5.7,(G+C)质量分数为62.09%。对该推导蛋白质二级结构预测显示该蛋白质主要为α螺旋和β链结构。

Diaz 在对 Pseudomonas putida 的 XylF 蛋白进行体外(invitro)氨基酸定点突变发现,Ser107,Asp228 和 His256 突变会导致酶蛋白失活,因此推测由这三个氨基酸形成的催化三联体(catalytic triad)在酶蛋白的催化过程中起着重要作用。并且这三个氨基酸也被认为是α/β水解酶-折叠家族(α/βhydrolase-fold family)中的保守结构。PhnH 水解酶也有这三种氨基酸,相应位置为 Ser109,Asp232, His259,同时 PhnH 蛋白还具有α/β水解酶-折叠家族的结构域:Gly-Asn-Ser-Phe-Gly(或是 Gly-Xaa-Ser-Xaa-Gly),说明 PhnH 蛋白应属于α/β水解酶家族成员。

phnI(C230)基因序列测定与分析结果显示,该基因片段全长 924 bp,(G+C)质量分数为60.30%,具有完整的开放阅读框,编码 306 个氨基酸残基,理论分子质量为 34.3 kDa,等电点为5.05,是一条疏水性酸性多肽链,与 Pseud. putida 中 xylE 基因所编码的 C230 酶蛋白亚基特性比较相近。

由系统发育树可见,图 8.3 中所有的 C230 编码基因共聚为四群,PhnI 与第三群同源性最高,为73.9%~95.8%,其次与第一群关系为45.6%~47.2%,与第二群为44.6%~49.5%,与第四群相似性为28.3%~36.8%。

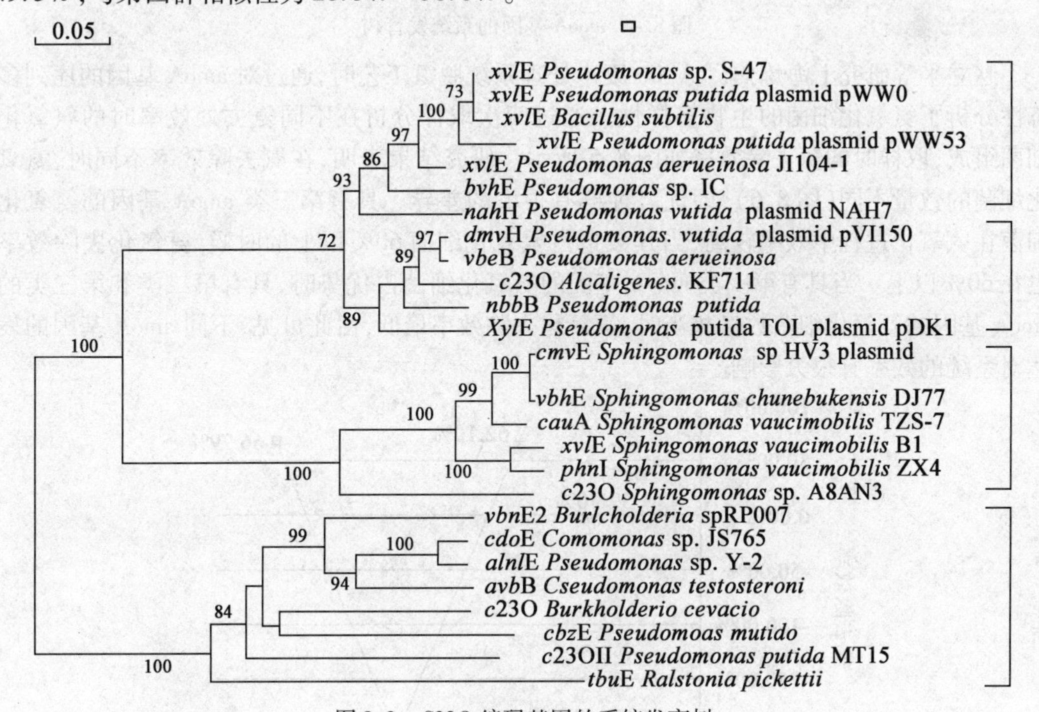

图 8.3　C23O 编码基因的系统发育树

8.1.2　氨单加氧酶基因

氨氧化是氮素循环中的关键环节之一,应用于废水处理系统中脱氮的初始阶段。氨单加氧酶(Ammonia monooxygenase,AMO)是氨氧化细菌(Ammonia Oxidizing Bacteria,AOB)中的将氨氧化成羟胺的唯一功能性酶。氨单加氧酶基因(amoA 基因)编码氨单加氧酶的活性位点。amoA 基因是多拷贝的,同一菌株其序列是完全同源的,不同菌株序列相似性有很大差异,amoA 基因的序列多态性可以在一定程度上反映氨氧化细菌的生物多样性。

上海交通大学赵立平等人建立了 amoA 基因克隆文库,并根据获得的 amoA 基因序列构建了系统发育树,依据序列同源相似性将其分为三类,如图 8.4 所示。

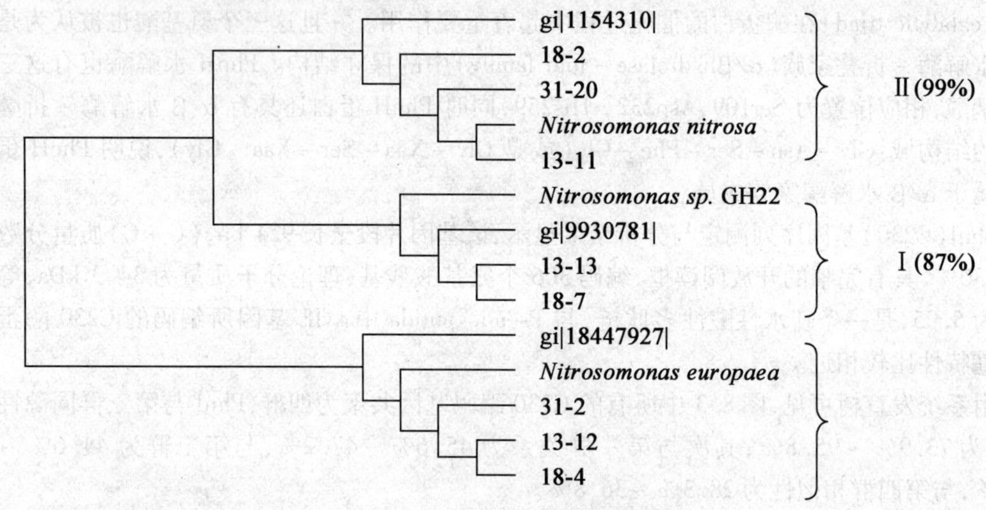

图 8.4　amoA 基因的系统发育树

赵立平等研究上海炼焦厂 A/O^2 废水处理系统脱氮工艺时,通过对 amoA 基因的序列多态性分析了氨氧化细菌的生物多样性。通过四次取样分析在不同氨去处效率时的氨氧化细菌组成,取样时的氨去除效率如图 8.5 所示。研究结果表明,在氨去除效率不同时,氨氧化细菌的数量不同(图 8.6),即优势种群有很大的差异。具有第三类 amoA 基因的氨氧化细菌在氨氧化过程中效率较高,当其数量占氨氧化细菌 60% 以上的时候,氨氧化去除效率也在 60% 以上。当具有第一类 amoA 基因的氨氧化细菌占优势时,具有第二类和第三类的 amoA 基因的氨氧化细菌数量相当时,氨氧化去除效率最低,由此可见,不同 amoA 基因的表达对系统的效率有很大影响。

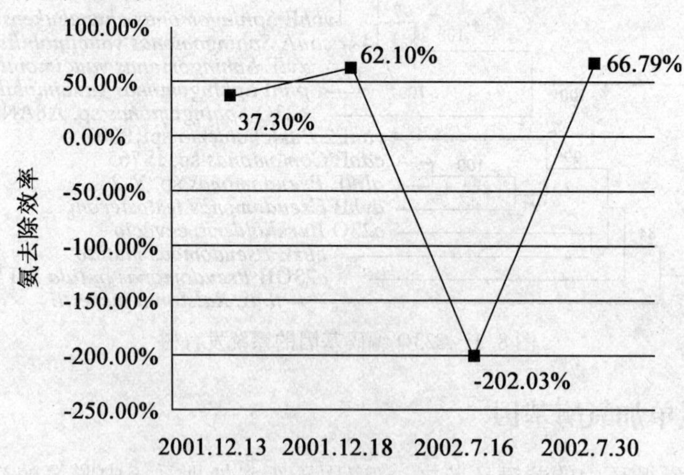

图 8.5　amoA 基因处理系统中的氨去除效率

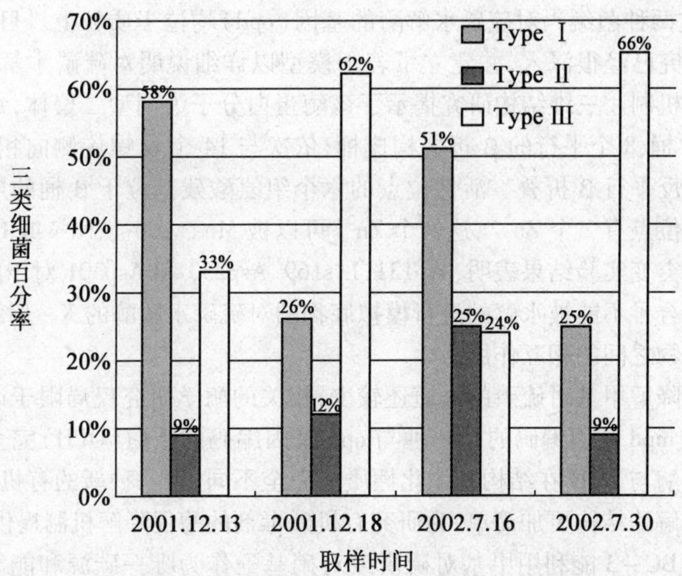

图8.6　处理系统中三类 amoA 基因的动态性

Ulrike 等人员研究了 17 个氨氧化细菌的 amoA 基因,包括了 10 个亚硝化单胞菌(*Nitrosomonas*)和活动亚硝化球菌(*Nitrosococcus mobilis*)以及未被培养的三个亚硝化单胞菌和嗜盐亚硝化细菌(*Nitrosococcus halophilus*)等。以 16S rRNA 和 amoA 作为分子标记,研究表明二者在进化关系上不具有协同性。除了 16S rRNA 外,来源于已知种属的 amoA 序列的数据为氨氧化细菌的分子生物多态性提供了有力的证据。从 11 个硝化废水处理厂分离得到 122 个 amoA 序列,系统发育分析显示,只在 2 个硝化废水处理厂检测到了亚硝化单胞菌。尽管获得的 amoA 序列与已知的氨氧化细菌相关性很差,但是这些序列还不能完全证实在废水处理厂中存在以前未知的菌种。

8.1.3　有机磷水解酶基因

有机磷类毒剂是一类与神经麻痹性有关的毒剂,可以作用于乙酰胆碱酯酶,使得神经细胞始终处于兴奋状态。有机磷类毒剂广泛用作农药和战争化学武器,由于其对人和动物的高毒性,这类化合物的生物降解很早就受到重视。有机磷农药中对硫磷的微生物降解是研究最早、最为清楚的一种有机磷化合物。*Pseudomonas diminuta* 和 *Flavobacterium* sp. ATCC27551 是最早期分离的有机磷农药降解菌。从两种菌中均克隆到有机磷农药水解酶基因 opd。opd 基因编码的有机磷水解酶的结构与功能目前已有详细的研究,该酶已经被结晶并测定了空间结构,其活性氨基酸位点也已经被解析清楚,成为蛋白质结构和功能研究的极佳材料。mpd 基因是近年来报道的一个新的有机磷农药水解基因,但其基因序列和编码的氨基酸序列与 opd 完全不同。

有机磷水解酶是参与有机磷类农药污染消除的重要酶类。opd 基因于 1980 年被发现,是编码有机磷水解酶 Oph 的基因,已有研究利用基因合成的手段获得了 opd 基因,并将其在大肠杆菌中进行了高效表达,从基因水平、蛋白质水平和酶学性质等方面对 2 个有机磷水解酶进行比对,为有机磷农药水解酶的性质和催化机制的研究提供了基础资料。

目前深入研究的对硫磷水解酶来源于 *Flavobacterium* ATCC27551 和 *Pseudomonas*

diminuta MG。这两种菌编码对硫磷水解酶的基因(opd)均位于质粒上。目前,对硫磷水解酶的高级结构研究已经很深入,并建立了若干模型以详细说明对硫磷水解酶的活性位点、三维结构和水解机制。三维结构研究揭示了该酶蛋白分子为同型二聚体,每个亚单位形成一个扭曲的α/β桶,8个平行的β折叠构成桶,依次与14个α螺旋侧向相连。另外,在氨基末端还有两个反平行β折叠。活性位点的六个组氨酸残基位于β桶的羧基末端。对硫磷水解酶的活性位点有2个Zn^{2+},这两个Zn^{2+}可以被Mn^{2+}、Co^{2+}、Ni^{2+}或Cd^{2+}替代而不会使酶失活。定点突变实验结果表明,Trp131、Lys169、Asp253和Asp301对于酶蛋白的催化功能具有意义。结合了不能被水解的进行模拟底物的对硫磷水解酶的X-射线衍射结构清楚地显示了酶与底物之间的相互作用。

关于微生物降解甲基对硫磷的报道还较少,相关的酶学研究仅局限于以粗酶液为研究对象。已克隆的mpd基因编码的是一种与opd基因编码的蛋白(OPH)完全不同的一种有机磷水解酶。该酶与OPH在结构和催化性质上完全不同,为一种新的有机磷水解酶。mpd编码的有机磷水解酶结构更加简单,为研究有机磷毒剂的酶促降解机制提供了新的材料。

假单胞菌WBC-3能利用甲基对硫磷或对硝基酚作为唯一碳源和能源进行生长。研究发现,该菌带有一个约70 kb的质粒,说明了该质粒控制甲基对硫磷和它的水解产物4-硝基苯酚的降解。并证实该菌经对苯二酚中间产物途径降解4-硝基苯酚。克隆到一个3.4 kb的DNA片段,将其插入到pUC18质粒中,证明该片段具有甲基对硫磷水解酶活力。经双向测序发现该片段含有编码甲基对硫磷水解酶的完整基因,与Cui Zhongli等研究报道的mpd基因具有很高的同源性(>98%,氨基酸水平)。该基因在高通量表达载体得到高效表达。并且发现了与其相邻但转录方向相反的两个基因,一为编码Sigma 70因子,另一为编码转座酶基因,它们的功能及其与甲基对硫磷水解酶基因的关系正在研究。该70 kb的质粒正在全部测序,这将帮助揭示迄今未见报道的编码对硝基酚代谢酶的全部基因,并逐个进行鉴定编码该代谢途径的全部基因在分解代谢对硝基酚的功能。

刘智等用鸟枪法从甲基对硫磷降解菌DLL-1 *Peudomonas putida* 克隆了甲基对硫磷水解酶基因(mpd)2.5 kb片段,并进行了测序。通过软件分析开放阅读框和启动子序列,表明该序列中最可能为甲基对硫磷水解酶结构基因的阅读框为769-1794区域。生物信息分析还表明该水解酶前端45个氨基酸为信号肽的典型结构。通过PCR扩增了mpd结构基因,亚克隆到表达载体pET-32a中,构建了完整的融合性表达载体pET-MP。转化到大肠杆菌BL21(DE3)中,在IPTG的诱导下2~4 h可以达到最好的效果;同时研究了乳糖的诱导效果,2%乳糖2hr诱导就可以起到很好的效果。通过PCR反应验证了mpd基因定位于DLL-E4的染色体上而不是质粒上。

8.1.4　酚类化合物降解基因

2,4-二氯酚(2,4-DCP)通常用于生产五氯酚、2,4,5-三氯苯氧乙酸和2,4-二氯苯氧乙酸(2,4-D)等氯代芳香化合物,这些化合物被广泛用作木材防腐防锈、杀真菌和一般杀虫剂等。2,4-二氯酚广泛存在于以上氯代芳香化合物的生产废水中,此外也存在于染料和增塑剂等的生产废水中。2,4-二氯酚及其衍生物都是有毒、难降解化合物,是环保中需要控制的一大类污染物。美国、中国等许多国家已把2,4-DCP列入水中有害物质名单。分离筛选降解2,4-二氯酚的微生物,对其特性、降解基因直至构建基因工程菌的研究具有重要的理论和现实意义。

目前国内外对 2,4 – DCP 的厌氧生物降解进行了广泛的研究和报道,也有对 2,4 – DCP 降解菌的特性和降解酶定域及活性的报道,但对微生物的 2,4 – DCP 降解基因的结构和分子特征的研究报道不多。2,4 – DCP 的好氧生物降解过程是 2,4 – DCP 先经 2,4 – 二氯酚羟化酶(2,4 – dichlorophenol hydroxylase)催化生成了 3,5 – 二氯儿茶酚后,进一步由 3,5 – 二氯儿茶酚 1,2 – 双加氧酶(3,5 – dichlorocatechol 1,2 – dioxygenase)催化将苯环裂开,生成 2,4 – 二氯 – 顺,顺 – 粘康酸(2,4 – dichloro – cic,cis – muconate),此中间的代谢产物再先后经氯粘康酸环异构酶(chloromuconate cycloisomerase)、反式氯双烯内酯异构酶(trans – chlorodienelactone isomerase)和双烯内酯水解酶(dienelactone hydrolase)的三步催化生成 2 – 氯马来乙酸。其中反式氯双烯内酯异构酶基因(代号为 dcpE)是降解 2,4 – DCP 的重要且关键的基因之一。反式氯双烯内酯异构酶也参与对 2,4 – D 的降解。根据对 2,4 – D 降解基因的研究,编码反式氯双烯内酯异构酶的基因(tfdF)与编码氯儿茶酚开环后的后续几步降解酶的基因紧密联系在构成大小约 3.7 kb 的二氯儿茶酚氧化操纵子。

钟文辉等从生产 2,4 – DCP 的排污口土样中分离出了几株具有降解 2,4 – DCP 能力的微生物,对这些菌株的生物学特性和对氯代芳香化合物的降解、利用进行了研究,并从其中一株降解 2,4 – DCP 能力最强的细菌菌株中克隆出降解 2,4 – DCP 的关键基因,同时对克隆的基因序列作了测序和分析。

从核苷酸序列资料库中序列检索,比较降解 2,4 – D 等底物的几个 3,5 – 二氯儿茶酚 1,2 – 双加氧酶基因的保守区序列后设计引物 3313# – 3314#。上游引物为:GTCAAGGATGTTGTCGATGC(3313#);下游引物为:CGAAGTAGTACTGCGTGGTC(3314#)。

总 DNA 分别经 EcoR I、Xba I、EcoR I/ Xba I 酶切,后用 0.7% 琼脂糖凝胶电泳并转尼龙膜后进行 Southern 杂交,结果显示经该三组酶切均得到一条杂交带,大小分别为 12 kb、16 kb和 11 kb。回收 11 kb 左右的酶切片段,与克隆载体 pDG780 连接后转化大肠杆菌 DH5 构建基因组文库。用快检法检测并筛选文库中的重组子,采用斑点杂交从约 1 000 个重组子中筛选得到了一个目的转化子,命名 Z8122。抽提该目的转化子的质粒 pZ8122。

将 pZ8122 酶切,回收外源片段,分别用 Sma I、Pst I、Kpn I、Sac I 和 Bam HI 酶切,Pst I、Kpn I、Sac I 和 Bam HI 分别将其切成 3、4、2 和 2 个片段,其中大于 3.7 kb 的片段分别有 0、1、2 和 2 个片段;而 Sma I 不能将外源的片段切断开来。用引物 3313# – 3314# 对大于 3.7 kb的 5 个酶切片段进行 PCR 扩增,结果显示该对引物对 Bam HI 酶切得到的 4.3 kb 左右的片段(Bam HI – B)及 SacI 酶切得到的 5 kb 大小的片段(Sac I – A)能扩增出预期大小的 DNA 片段,而其他片段未能扩增出预期的 DNA 片段。将载体 pDG780 分别用 Bam HI – Xba I、Bam HI – EcoR I 和 Bam HI 酶切后,再分别与回收的 Bam HI – B 片段连接,转化大肠杆菌 DH5。其中用 Bam HI – EcoR I 酶切的载体成功地与 Bam HI – B 片段连接,获得转化子 BCDE4 – 6。pBCDE4 – 6 及 pBCDE4 –

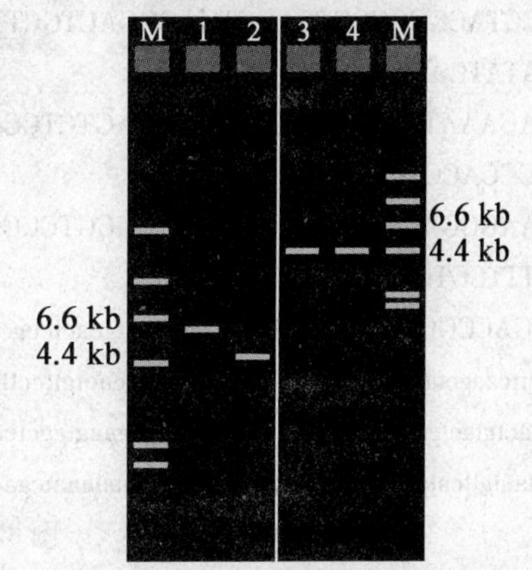

图 8.7　质粒 pBCDE4 – 6 及酶切图谱

6/Bam HI - EcoR I 图谱如图 8.7 所示,pBCDE4 - 6 经 Bam HI/EcoRI 双酶切,得到几乎重叠的 4.3 kb 和 4.4 kb 片段(电泳道 2)。

将经缩短的 dcpB 基因的亚克隆片段作序列测定,结果显示该片段全长 4 303 kb,其中含 dcpE 的部分序列如图 8.8 所示。图中大写字母区(序列中第 2 957 ~4 018 位,1 062 bp)为推测的 dcpB 编码区域;起始密码子和终止密码子已用黑体标出;小写字母区为非编码区;上游端为 Bam HI 酶切位点。

ATGA　2960

AGAAGTTCACGCTTGACTACCTGAGCCCGAGGGTCGTCTTCGGGGCCGGCACTGCTTCTGCATTGCC

AGATGAAATAGGA　3040

CGCCTTGGCGCACGCCGGCCCTTGGTATTAAGCAGCCCGGAACAACGCGAGTTAGCGAAGGATATCG

TTCGTCCGATAGG　3120

TGACAGGGTAGCTGGATATTTCGATGGCGCGACGATGCATGTTCCCGTCGACGTCATCCAGAAAGCC

GAGCGGGCTTACA　3200

ACGAGACTGACGCCGACTCAATCATGGCGATCGGGGGAGGATCGACCACCGGACTCGCAAAAATCC

TTTCGATGAACCTT　3280

GACGTCCCAAGTCTGGTTATACCAACGACCTATGCCGGTAGTGAAATGACTACCATTTGGGGTGTCA

CGGAAGGCGGAAT　3360

GAAGAGGACCGGCCGCGACCCCAAGGTGCTACCGAAGACCGTGATTTATGATCCATTGCTCACGGTC

GATTTGCCGCTTG　3440

CTATCTCGGTGACGAGCGCCTTGAATGCGATCGCTCACGCCGCAGAAGGTCTGTACTTGGTCGACCT

CAATCCCGTTCTC　3520

GAGACCATGTGTAAGCAGGGCATATGCGCCTTGTTCGATGCAATCCCGCGCCTGGTGGCAAAGCCGA

CTGACGCCGAAGC　3600

GCGTACGGATGCCCTTTTTGGGGCATGGATGTGTGGCACTGCACTGTGCCACTTGGGCATGGGGCTA

CATCACAAACTCT　3680

GCCACACGCTTGGGGGAACCCTTAATCTTCCCCACGCGGAGACACATGCAATCGTACTACCACACGC

ACTGGCATACAAT　3760

CTGCCGTACGCCGCGCCAGCTGAGCGACTGCTTCAGGAAGTCGCCGGCAGTAGTGACGTCCCGAGCG

CGCTATATGATCT　3840

CGCCAGAAATGCTGGAGCACCACTCAGTCTCGCCGAAATCGGTATGCGGCCTGAAGATATTCCGAGG

GTACGCGACCTCG　3920

CGCTAAGGGACCAATATCCGAATCCGCGTCCGCTGGAATCGGACGCATTGGAAACATTGTTAGTCAA

TGCGTTTCGTGGG　4000

CGAAGACCGGATTTCAAATAAtgtgacctgcactccgcgtttagtacggtagcggtgaagagcccgttccaaagtcgaca　4080

tcgggtcttcaagctaaagcgaagcacatgaatttgcatccactgttccttgtggagcatcgccagccttcgcgcgaaaa　4160

aggccgactgtactggaggtggctcggatttcctttgcgcgaagtggctcatttttactttgcgcgcatcaaaggctctt　4240

cagccttactattcatcgcgcgttaaagacggtgaagtttaaaaaatcgacttggccgaattc　4303

图 8.8　dcpE 基因序列

经基因库 BLAST 检索比对显示,dcpE 与真氧产碱杆菌质粒 pJP4 的反式氯双烯内酯异构酶基因序列(GenBank 注册号 M35097)有 99% 的同源性(图 8.9)。DcpE 编码的氨基酸序列与 pJP4 的反式氯双烯内酯异构酶序列(GenBank 登录号 M35097、D35255)有 94% 的同源性;与假单胞菌 P51 的反式氯双烯内酯异构酶序列(GenBank 注册号 E43673)有 52% 的同源性。这些情况表明,dcpE 不同于已在 GenBank 做登记的反式氯双烯内酯异构酶基因(图 8.10)。

```
Query: 1      atgaagaagttcacgcttgactacctgagcccgagggtcgtcttcggggccggcactgct 60
              |||||||||||||||||||||||||||||||||||||||||||||||| |||||||||
Sbjct: 2989 atgaagaagttcacgcttgactacctgagcccgagggtcgtcttcggggcgggcactgct 3048
Query: 61     tctgcattgccagatgaaataggacgccttggcgcacgccggcccttggtattaagcagc 120
              |||||||||||||||||||||||||||||||||||||||||||||||| |||||||||
Sbjct: 3049 tctgcattgccagatgaaataggacgccttggcgcacgccggcccttggtattaagcagc 3108
Query: 121    ccggaacaacgcgagttagcgaaggatatcgttcgtccgataggtgacagggtagctgga 180
              |||||||||||||||||||||||||||||||||||||||||||||||| |||||||||
Sbjct: 3109 ccggaacaacgcgagttagcgaaggatatcgtccgtccgataggtgacagggtagctgga 3168
Query: 181    tatttcgatggcgcgacgatgcatgttcccgtcgacgtcatccagaaagccgagcgggct 240
              |||||||||||||||||||||||||||||||||||||||||||||||| |||||||||
Sbjct: 3169 tatttcgatggcgcgacgatgcatgttcccgtcgacgtcatccagaaagccgagcgggct 3228
Query: 241    tacaacgagactgacgccgactcaatcatggcgatcgggggaggatcgaccaccggactc 300
              |||||||||||||||||||||||||||||||||||||||||||||||| |||||||||
Sbjct: 3229 tttaacgatactgacgccgactcaatcatcgcgatcgggggaggatcgaccaccggactc 3288
Query: 301    gcaaaaatcctttcgatgaaccttgacgtcccaagtctggttataccaacgacctatgcc 360
              |||||||||||||||||||||||||||||||||||||||||||||||| |||||||||
Sbjct: 3289 gcaaaaatcctttcgatgaaccttgacgtcccaagtctggttataccaacgacctatgcc 3348
Query: 361    ggtagtgaaatgactaccatttggggtgtcacggaaggcggaatgaagaggaccggccgc 420
              |||||||||||||||||||||||||||||||||||||||||||||||| |||||||||
Sbjct: 3349 ggtagtgaaatgactaccatttggggtgtcacggaaggcggaatgaagaggaccggccgc 3408
Query: 421    gaccccaaggtgctaccgaagaccgtgatttatgatccattgctcacggtcgatttgccg 480
              |||||||||||||||||||||||||||||||||||||||||||||||| |||||||||
Sbjct: 3409 gaccccaaggtgctaccgaagaccgtgatttatgatccattgctcacggtcgatttgccg 3468
Query: 481    cttgctatctcggtgacgagcgccttgaatgcgatcgctcacgccgcagaaggtctgtac 540
              |||||||||||||||||||||||||||||||||||||||||||||||| |||||||||
Sbjct: 3469 cttgctatctcggtgacgagcgccttgaatgcgatcgctcacgccgcagaaggtctgtac 3528
Query: 541    ttggtcgacctcaatcccgttctcgagaccatgtgtaagcagggcatatgcgccttgttc 600
              |||||||||||||||||||||||||||||||||||||||||||||||| |||||||||
Sbjct: 3529 tcggccgacctcaatcccgttctcgagaccatgtgtaagcagggcatatgcgccttgttc 3588
Query: 601    gatgcaatcccgcgcctggtggcaaagccgactgacgccgaagcgcgtacggatgccctt 660
              |||||||||||||||||||||||||||||||||||||||||||||||| |||||||||
Sbjct: 3589 gatgcaatcccgcgcctggtggcaaagccgactgacgccgaagcgcgtacggatgccctt 3648
Query: 661    tttggggcatggatgtgtggcactgcactgtgccacttgggcatggggctacatcacaaa 720
              |||||||||||||||||||||||||||||||||||||||||||||||| |||||||||
Sbjct: 3649 tttggggcatggatgtgtggcactgcactgtgccacttgggcatggggctacatcacaaa 3708
Query: 721    ctctgccacacgcttgggggaacccttaatcttccccacgcggagacacatgcaatcgta 780
              |||||||||||||||||||||||||||||||||||||||||||||||| |||||||||
Sbjct: 3709 ctctgccacacgcttgggggaacccttaatcttccccacgcggagacacatgcaatcgta 3768
Query: 781    ctaccacacgcactggcatacaatctgccgtacgccgcgccagctgagcgactgcttcag 840
              |||||||||||||||||||||||||||||||||||||||||||||||| |||||||||
Sbjct: 3769 ctaccacacgcactggcatacaatctgccgtacgccgcgccagctgagcgactgcttcag 3828
Query: 841    gaagtcgccggcagtagtgacgtcccgagcgcgctatatgatctcgccagaaatgctgga 900
```

```
             ||||||||||||||||||||||||||||||||||||||||||||||||||| ||||||||
Sbjct: 3829 gaagtcgccggcagtagtgacgtcccgagcgcgctatatgatctcgccagaaatgctgga 3888
Query: 901   gcaccactcagtctcgccgaaatcggtatgcggcctgaagatattccgagggtacgcgac 960
             ||||||||||||||||||||||||||||||||||||||||||||||||||| ||||||||
Sbjct: 3889 gcaccactcagtctcgccgaaatcggtatgcggcctgaagatattccgagggtacgcgac 3948
Query: 961   ctcgcgctaagggaccaatatccgaatccgcgtccgctggaatcggacgcattggaaaca 1020
             ||||||||||||||||||||||||||||||||||||||||||||||||||| ||||||||
Sbjct: 3949 ctcgcgctaagggaccaatatccgaatccgcgtccgctggaatcggacgcattggaaaca 4008
Query: 1021   ttgttagtcaatgcgtttcgtgggcgaagaccggatttcaaataatgtgacctgcactcc 1080
              ||||||||||||||||||||||||||||||||||||||||||||||||||| ||||||||
Sbjct: 4009 ttgttagtcaatgcgtttcgtgggcgaagaccggatttcaaataatgtgacctgcactcc 4068
Query: 1081   gcgtttagtacggtagcggtgaagagcccgttccaaagtcgacatcgggtcttcaagcta 1140
              ||||||||||||||||||||||||||||||||||||||||||||||||||| ||||||||
Sbjct: 4069 gcgtttagtacggtagcggtgaagagcccgttccaaagtcgacatcgggtcttcaagcta 4128
Query: 1141   aagcgaagcacatgaatttgcatccactgttccttgtggagcatcgccagccttcgcgcg 1200
              ||||||||||||||||||||||||||||||||||||||||||||||||||| ||||||||
Sbjct: 4129 aagcgaagcacatgaatttgcatccactgttccttgtggagcatcgccagccttcgcgcg 4188
Query: 1201   aaaaaggccgactgtactggaggtggctcggatttccttgcgcgaagtggctcatttt 1260
              ||||||||||||||||||||||||||||||||||||||||||||||||||| ||||||||
Sbjct: 4189 aaaaaggccgactgtactggaggtggctcggatttctttgcgcgaagtggctcatttt 4248
Query: 1261   actttgcgcgcatcaaaggctcttcagccttactattcatcgcgcgttaaagacggtgaa 1320
              ||||||||||||||||||||||||||||||||||||||||||||||||||| ||||||||
Sbjct: 4249 actttgcgcgcaacaaaggctcttcagccttactattcatcgcgcgttaaagacggtgaa 4308
Query: 1321   gtttaaaaaatcgacttggccgaa 1344
              ||||||||||||||||||||||||
Sbjct: 4309 gtttaaaaaatcgacttggccgaa 4332
```

图 8.9 dcpE 序列及与 pJP4 的 tfdF 的比较

其中,Query 为 dcpE 序列;Sbjct 为 pJP4 的 tfdF 序列(GenBank 登记号:M35097)

Query : 1 MKKFTLDYLSPRVVFGAGTASALPDEIGRLGARRPLVLSSPEQRELAKDIVRPIGDRVAG 180

Sbjct1 : 1 MKKFTLDYLSPRVVFGAGTASALPDEIGRLGARRPLVLSSPEQRELAKDIVRPIGDRVAG 60

Sbjct2 : 3 FIHDPLTPRVLFGAGRLQSLGEELKLLGIRRVLVISTPEQRELANQVAALIPGSVAGFFD

Query : 181 YFDGATMHVPVDVIQKAERAYNETDADSIMAIGGGSTTGLAKILSMNLDVPSLVIPTTYA 360

Sbjct1 : 61 YFDGATMHVPVDVIQKAERAFNDTDADSIIAIGGGSTTGLAKILSMNLDVPSLVIPTTYA 120

Sbjct2 : FFDRATMHVPSQIVDQAASVARELGVDSYVAPGGGSTIGLAKMLALHSSLPIVAIPTTYA

Query : 361 GSEMTTIWGVTEGGMKRTGRDPKVLPKTVIYDPLLTVDLPLAISVTSALNAIAHAAEGLY 540

Sbjct1 : 121 GSEMTTIWGVTEGGMKRTGRDPKVLPKTVIYDPLLTVDLPLAISVTSALNAIAHAAEGLY 180

Sbjct2 : GSEMTSIYGVTENELKKTGRDRRVLARTVIYDPELTFGLPTGISVTSGLNAIAHAVEGLYAPE

Query : 541 LVDLNPVLETMCKQGICALFDAIPRLVAKPTDAEARTDALFGAWMCGTALCHLGMGLHHK 720

Sbjct1 : 181 SADLNPVLETMCKQGICALFDAIPRLVAKPTDAEARTDALFGAWMCGTALCHLGMGLHHK 240

Sbjct2 : APEVNPILAIMAQQGIAALAKSIPTIRSAPTDLEARSQAQYGAWLCGSVLGNVSMALHHK

Query : 721 LCHTLGGTLNLPHAETHAIVXXXXXXXXXXXXXXXXERLLQEVAGSSDVPSALYDLARNAG 900

Sbjct1 : 241 LCHTLGGTLNLPHAETHAIVLPHALAYNLPYAAPAERLLQEVAGSSDVPSALYDLARNAG 300

Sbjct2 : LCHTLGGTFNLPHAETHTVVLPHALAYNTPAIPRANAWLQEALATREPAQALFDLAKSNG

Query : 901 APLSLAEIGMRPEDIPRVRDLALRDQYPNPRPLESDALETLLVNAFRGRRPDFK 1 062

Sbjct1：301　APLSLAEIGMRPEDIPRVRDLALRDQYPNPRPLESDALETLLVNAFRGRRPDFK 354

Sbjct2：　APVSLQSIGMKEADLDRACELVMSAQYPNPRPLEKHAIANLLRRAYLGEPP 350

图8.10　dcpE编码的氨基酸序列及与其他相关基因编码的氨基酸序列的比较

Query：dcpE编码的氨基酸序列

Sbjct1：pJP4的反式氯双烯内酯异构酶序列（M35097）

Sbjct2：假单胞菌P51的反式氯双烯内酯异构酶序列（E43673）

测序结果显示dcpB亚克隆片段全长4 303 kb，上下游两端分别为BamHI和EcoRI酶切位点。核苷酸序列和氨基酸序列分析表明，dcpE与已在GenBank登记的相关基因有一定差异；相比之下与pJP4的二氯儿茶酚氧化操纵子中的tfdF差异最小，它们之间核苷酸序列有99%的同源性。推测的dcpE编码氨基酸序列与相关基因的差异要相对大一些。对dcpE基因和与编码氯儿茶酚开环后的后续几步降解酶的基因的测序显示，它们几个基因也紧密相连，推测也构成了操纵子。

8.1.5　脱色相关基因

许玫英等研究者从印染废水处理系统中分离到12株具有不同脱色特性的细菌，比较分析这12株细菌的质粒携带情况、分子分类地位、黄素还原酶基因（*fre*）的拷贝数和其脱色特性之间的关系。结果发现，所分离得到的这12株菌分别归属于希瓦氏菌属、克雷伯氏菌属、假单胞菌属、气单胞菌属和苍白杆菌属。具有较强脱色能力的5株菌S_{12}，B_{30-3-2}，D_{14-2-1}，B_{35-4-1}，LA_{15-1}中，其质粒携带率低，只有菌株S_{12}携带有质粒。它们在系统进化树上基本聚为一类，分别归属于希瓦氏菌属和气单胞菌属，其中对酸性大红和活性艳蓝两种染料均都具有较强的脱色能力的菌株S_{12}，B_{30-3-2}，D_{14-2-1}和$B_{35-4-1之间}$具有较近的亲缘关系，均属于希瓦氏菌属（*Shewanella sp.*），其16S rDNA的同源性均在95%以上，其中菌株S_{12}与希瓦氏菌属CL256/73菌株的16S rDNA的同源性高达到98%。以大肠杆菌BL21为阳性对照，采用*fre*基因特异性引物F16和R399对各菌株的总DNA进行PCR扩增。12个株菌中只有C_{k-1}，S_{23}，M_{7-4}和S_{12}这四株菌可扩增出*fre*基因，其中菌株C_{k-1}和S_{23}在系统分类地位上属于肠杆菌科，M_{7-4}与苍白杆菌属具有较高的同源性，S_{12}则属于希瓦氏菌属。扩增结果显示，菌株S_{23}与阳性对照的扩增结果一致。菌株C_{k-1}中，除了扩增到一段大小为420 bp左右的目的基因外，同时还扩增到一分子量约是目的基因的两倍的片段，估计*fre*基因在菌株C_{k-1}中具有两个大小一致的拷贝。从菌株S_{12}中扩增到的片段的分子量比目的基因稍大，菌株M_{7-4}则同时扩增到两个片段，其分子大小为650 bp和750 bp。这可能是由于*fre*基因在不同菌属中的基因型存在很大的差异，仅仅采用一套引物无法对不同菌属中的*fre*基因进行有效的扩增。通过对*fre*基因的不同基因型进行比较，设计出特异性更强的一对或多对引物，可实现对不同菌属中的*fre*基因进行有效的扩增，这也有利于对偶氮染料脱色菌的氧化还原系统的组成及特点进行更深入的研究。

8.1.6　其他降解基因

降解基因的分子生态学与降解有关的基因已被定位，其中已知降解甲苯、二甲苯的基因，有两种稳定的操纵子：间位途径操纵子（meta leavage pathway）（包含同源性较高的降解基因*xyl*XYZLTEGFJQKIH）；邻位操纵子［包括*xyl*（UM）CMAB（N）］，并受两个调节基因S

和 *xyl*R 的调控。Sentchilo 等根据这些已知的基因序列，利用 Southern 杂交、RFLP、ARDRA 和 REP－PCR 等技术分析并定位了不同石油污染点的样品中获得的 TOL 质粒中的降解基因，并比较了它们的基因组成和 DNA 序列，建立了质粒的重复子和 *xyl* 基因簇之间的关系，为深刻探讨它们的进化趋势和潜在的进化机制提供了证据。降解 2,4－D 的基因（包括 *tfd*-ABCDEF）及其调节基因 *tfd*R 和 *tfd*S 也已被定位和测序；另外还有降解萘的 *nap* 基因、降解 3－氯苯甲酸酯的 *tfd*B 基因、降解 PCBs 的 *bph* 基因等都已测序完毕，并成为研究其他降解菌的工具。如 Selvaratnam 等人员用 *dmp*N 基因的 PCR 扩增来检测处理废水的间歇式反应器中的降解酚的假单胞菌来确定该假单胞杆菌特殊的分解活性。Erb 等用 PCR 扩增多氯联苯污染生态系统中的微生物总 DNA 的 *bph*C 基因，比较该污染的沉积物中降解多氯联苯的微生物群落的基因多样性。

对质粒降解基因的了解为构键新的降解菌提供功能基础。质粒 DNA 的灵活性，使人类可以通过分子技术对其进行体外重组，改变生物的性状，创造生物的新品种或新物种。尤其对于环境中复杂的或难以降解的有毒有害化合物，可通过遗传基因工程的方法设计新的代谢途径，利用相关的基因构建多降解基因的工程菌。罗如新曾等将 *tfd*C 基因（编码 Catechol 的 1,2－二加氧酶）克隆至 pKT230 载体的 K_m 抗性启动区域，结果在假单胞菌中使该酶的表达量比原菌株提高了 21 倍。Streber 等则将 *tfd*A 基因（编码 2,4－二氯苯氧基乙酸酯单加氧酶）克隆至另一 RSF1010 衍生质粒 pKT231 中，结果在大肠菌（*E. coli*）中获得高效表达。可见，工程菌的构建将对污染环境的生物修复有着重大的意义。

8.2　环境微生物群落功能基因表达分析

8.2.1　Northern blotting

Northern 杂交指 DNA 与 RNA 的分子之间的杂交，与 Southern 杂交一样也需要标记 DNA 探针，只是将电泳分离的 RNA 而不是 DNA 从凝胶中转移至固相的支持物上。印迹的方法有多种：利用毛细管虹吸作用由转移缓冲液带动 RNA 转移到固相支持物上；利用电场作用的电转法；利用真空抽滤作用的真空转移法。探针标记法有经典的酶反应法和化学标记法两大类，但是酶反应法较常用。主要的酶反应标记法有切口平移引物延伸和末端标记等。

8.2.1.1　探针标记方法

探针的标记方法，除了切刻平移法和随机引物法外，较常用的还有末端标记法（end－labelling）等（图 8.11）。所谓末端标记法是将标记物导入线性 DNA 或 RNA 的 5′端或 3′端的一类标记方法。5′端标记法需要 T_4 多聚核苷酸激酶，常用的标记物为［γ－32P］dATP。T_4 多聚核苷酸激酶能特异性地将 32P 从［γ－32P］dATP 转移到 DNA 或是 RNA 的 5′－OH。由于大多数 DNA 或 RNA 的 5′－OH 端含有磷酸基团，因此标记以前先需要用碱性磷酸酶将磷酸基团移除。如果用“交换”反应进行标记，就可避免先用碱性磷酸酶处理这一步骤。所谓“交换”反应，也就是反应物中除含有 T_4 多聚核苷酸激酶和［γ－32P］ATP 外，还含有过量的 ADP。反应时，酶先将 5′端的磷酸基团从 DNA 转到 ADP 上。然后，γ－32P 再从［γ－32P］ATP 转移到 DNA 上，使 DNA 再磷酸化。虽然“交换”反应要比用碱性磷酸酶去磷酸化的标记反应简便，但其标记效率较低。

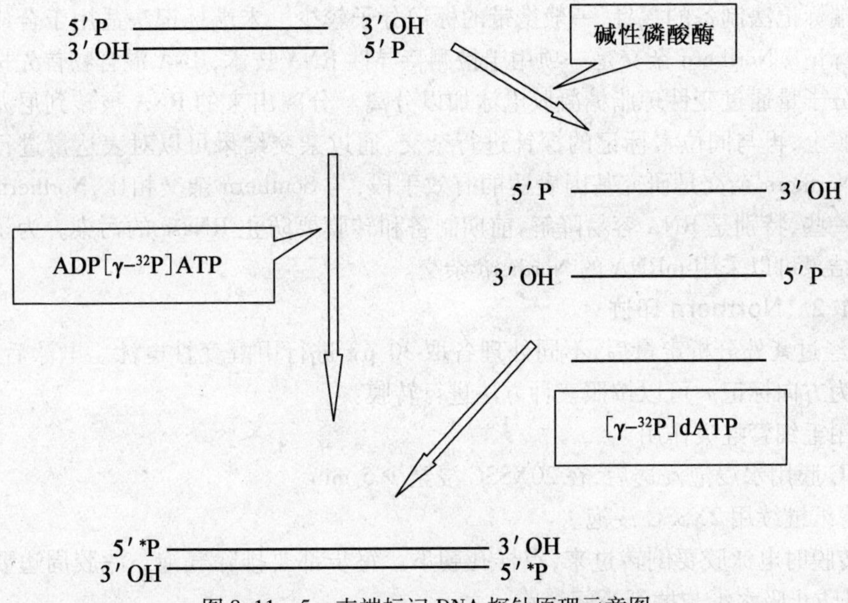

图 8.11　5 - 末端标记 DNA 探针原理示意图

DNA 的 3′端可用末端脱氧核苷酸转移酶来标记,该酶能催化脱氧核苷酸加到单链或双链 DNA 的 3′末端上。通过这一反应,可将单个或多于标记的核苷酸加到 3′末端上(图 8.12)。

T_4 聚合酶替代法同样也是一种末端标记法。T_4 聚合酶具有 5′→3′多聚酶活性和 3′→5′的外切核苷酸酶活性。而 T_4DNA 聚合酶的 3′→5′外切核苷酸酶活性在四种三磷酸脱氧核苷存在的条件下则会被抑制。利用 T_4DNA 聚合酶的这特性,可以对双链 DNA 进行末端标记。反应分两步进行:第一步,加入 T_4DNA 聚合酶。在缺乏核苷酸的情况下,T_4DNA 聚合酶从 3′→5′端对双链 DNA 水解,产生带有凹进的 3′端的 DNA 分子。第二步,加入四种三磷酸脱氧核苷。这时 T_4DNA 聚合酶的 3′→5′外切核苷酸酶活性会受到抑制,在 5′→3′聚合酶活性的作用下,DNA 分子开始进行修复,带有标记的核苷酸就会掺入到进行修复的 3′端片段中(图 8.13)。

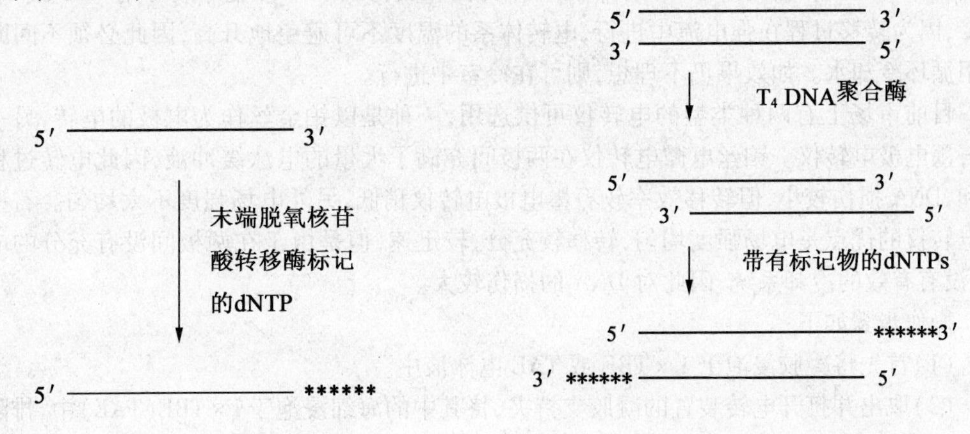

图 8.12　末端脱氧核苷酸转移酶标记 3′末端探针原理图

图 8.13　T_4 DNA 聚合酶替代法标记 3′末端探针原理图

用末端标记法制备的探针,一般携带的标记分子较少。末端标记法适用于合成寡核苷酸探针的标记。Northern 杂交是一项用于检测特异性 RNA 技术,RNA 混合物首先按照它们的大小和分子量通过变性琼脂糖凝胶电泳加以分离。分离出来的 RNA 被转到尼龙膜或硝酸纤维素膜上,再与同位素标记的探针进行杂交,通过杂交结果可以对表达量进行定量或是定性。Northern 杂交是研究基因表达的有效手段,与 Southern 杂交相比,Northern 杂交的条件严格一些,特别是 RNA 容易降解,前期制备和转膜要防止 RNase 的污染。为了获得好而精确的结果可以采用 mRNA 的 Northern 杂交。

8.2.1.2 Northern 印迹

RNA 经过紫外分析定量后,不同处理各取 30 μg 进行甲醛变性电泳。电泳后照相,切下一角作为方向标记。可以按照三种方法进行转膜:

1. 利用毛细管虹吸作用

(1)NC 膜用水浸泡浸透后,在 20XSSC 浸至少 5 min。

(2)滤纸继续用 2XSSC 浸泡。

(3)转膜时电泳胶要倒转过来,点样孔朝下。每步都要排除气泡。滤胶周边要以凝料膜覆盖,以防止吸水纸与摅纸桥间短路。

(4)转膜过夜后(其间可以换吸水纸),去除重物及吸水纸,并在膜上标记点样孔所在位置。膜用 6XSSC 漂洗以除去吸附的琼脂搪胶块。在滤纸上晾干后,夹在双层滤纸中间 60 ~ 80 ℃烘 1.5 ~2 h,室温干燥处保存。

2. 电转法(elecrophoretic transfer)

利用电场的电泳作用将凝胶中的 DNA 转移到固相支持物上,是近几年来发展起来的一种简单、迅速、高效的 DNA 转移法。一般只需 2 ~3 h 就能完成,至多 6 ~8 h 即可完成转移过程。特别是对于用毛细管虹吸法不理想的大片段 DNA 转移较为合适。

电转法要注意两个问题:第一,不能选用硝酸纤维素膜作为固相支持物。因为硝酸纤维素膜结合 DNA 依赖于高浓度盐溶液,而高盐溶液的导电性强,会产生强大的电流使转移体系的温度急剧升高,破坏缓冲体系,因此使 DNA 受到破坏,因此,可选用正电荷修饰的尼龙膜(如 Bio - Rad 公司产品 Zeta - probe)作为固相支持物。转移缓冲液可用 TAE 或 TBE。第二,因为转移过程在强电流中进行,电转体系的温度不可避免地升高,因此必须不间断地使用循环冷却水。如效果仍不理想,则可在冷室中进行。

目前市场上有两种类型的电转仪可供选用,一种是以铂金丝作为电极的电转,另一种是石墨电极电转仪。铂丝电徽电转仪在两极间充满了大量的电泳缓冲液,因此电转过程较温和,DNA 损伤较小,但转移效率较石墨电极电转仪稍低,另外电场强度不太均匀。石墨电极电转仪的优点是电场强度均匀,转移较充分、较迅速,但是由于在两极间没有充分的电转液,没有有效的冷却系统,因此对 DNA 的损伤较大。

操作步骤如下:

(1)首先将凝胶浸泡于 1 × TBE 或 TAE 电泳液中。

(2)取出并打开电转装置的凝胶支持夹,将其中的海绵浸泡于 l × TBE(TAE)中,排除其中的气泡。

(3)裁剪 4 张与凝胶大小相同或稍大的 Whatman 3MM 滤纸,浸泡于 1 × TBE 或 TAE 中。取 2 张置于海绵上。

(4)将凝胶置子滤纸上,注意不要有气泡。

(5)裁剪一张与凝胶大小相同的尼龙膜,置水中使其从底部开始向上浸润。完全浸泡于水中数分钟。然后置于 1 × TBE(TAE)中浸泡,注意整个操作过程中不要用手触摸尼龙膜。

(6)将充分湿润的尼龙膜覆盖到凝胶上。一端与加样孔对齐,排除两者之间的气泡。剪掉尼龙膜的左下角以便定位。注意尼龙膜一经与凝胶接触即不可移动。

(7)在尼龙膜上再覆盖上两张湿润的 Whatman 3 mm 滤纸,排除两者之间的气泡,然后盖上一张海绵。合上凝胶支持夹。

(8)将凝胶支持夹重新安置在电转仪中,其中充满 1 × TBE(TAE)。注意应将尼龙膜一侧置于正极,凝胶一侧置于负极。

(9)300 ~ 600 mA 恒流进行电泳 4 ~ 8 h。循环水冷却,必要时置冷室中进行。

(10)电转完毕,尼龙膜用 1 × TBE 或 TAE 漂洗,用干燥的滤纸吸干。然后用短波紫外线照射几分钟以固定 DNA 于膜上。此尼龙膜即可直接用于下一步杂交反应中。如不立即使用,可用铝箔包好,真空保存。

3. 真空转移法(vacuum transhr)

真空转移法是近些年来兴起的又一种简单、迅速、高效的 DNA 和 RNA 印迹法。其原理是利用真空作用将转膜缓冲液从上层容器中通过凝胶抽到下层真空中,同时带动核酸片段转移到置于凝胶下面的尼龙膜或硝酸纤维素膜上。真空转移法的最大优点是快速,可在转膜的同时进行 DNA 的变性与中和,整个过程只需约 30 min ~ 1 h。其操作步骤如下:

(1)电泳完毕,凝胶可预先脱嘌呤、碱变性,也可直接进行转移。

(2)在真空转仪的真空密封膜上剪一比凝胶稍小的窗口。

(3)裁剪一个与凝胶大小相同或稍大的 Whatman 3 mm 滤纸,用去离子水湿润转仪上述窗口上。

(4)裁剪一与凝胶大小相同的尼龙膜(硝酸纤维素膜),用去离子水充分湿润滤纸上,排除两者其间的气泡。

(5)将凝胶置于尼龙膜或硝酸纤维素膜上,同样排除气泡。

(6)将真空转仪封严,用 parafilm 封牢凝胶周围,使密封不漏气。

(7)接通真空泵,真空压约为 60 cm 水柱,压力若压力超过 60 cm 水柱,则凝胶被压缩,转移效率反而下降。用变性液覆盖满凝胶,抽气约 15 min,随时添加变性缓冲液(图 8.14)。

(8)换用中和液,继续抽气约 15 min。

(9)转移完毕,硝酸纤维素膜或尼龙膜用去离子水漂洗。用适当的方法固定。

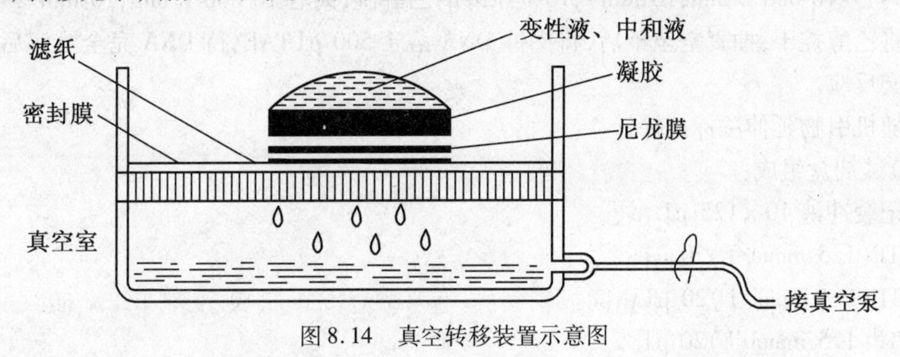

图 8.14　真空转移装置示意图

8.2.1.3 预杂交

1. 膜处理

膜经烘干后，在 2 × SSC 中浸没 5 min。

2. 预杂交

DNA 预杂交液加热至 50 ℃左右，100 ℃加 DNA 10 min，速放冰上 5 min 使其变性，然后加到温育至 50 ℃预杂交液中（500 μg/mL）。快速投入每一张膜，倒入更多的预杂交液使膜浸没，65 ℃预杂交 4 ~6 h。

8.2.1.4 探针的制备

1. 切口平移法制备探针

（1）Nick Translation Kit 中的成分（Promega 公司）：

DNA PolI/Dnase I 25μL

10 × Buffer（0.5mmol/L Tris - HCl；pH7.2；100 mmol/L MgSO4；1 mmol/L DTT）

dNTP 各为 300 μL

Stop Solution（0.25mol/L EDTA；pH 8.0） 300 μL

对照 DNA（λDNA 0.2 mg/mL）

去离子无菌水

（2）切口平移标记反应：

20μL ddH_2O

10μL dA、dG、dT 混合液

5μL 10 × Buffer

5μL DNA 片段（1μg）

5μL [α - 32P] dCTP（50μg）

5μL 酶（DNA Pol Ⅰ/Dnase I）混匀

15 ℃水浴 1 h，加 5 μL Stop Solution

本标记的探针强度可达 1×10^5 dpm/μg（400Ci/mmol[α - 32P]dCTP）

（3）标记探针的纯化为去除标记探针溶液中游离的核酸，可用柱纯化或是如下乙醇沉淀法：

①加入 1/10 V 3 mol/L NaAc（pH4.8）或 1/2 V 7.5 mol/L NHAc，再加 2 V 冰冷的乙醇（100%）混匀，0 ℃，20 min。

②离心（10 000 r/min，10 min），70% 冰冷的乙醇洗，离心 10 000 r/min，10 min。

③将乙醇控干，抽真空至干后，将探针 DNA 溶于 500 μLTAE，待 DNA 完全溶解后，准备进行杂交反应。

2. 随机引物延伸法标记探针

（1）试剂盒组成：

标记缓冲液 10 × 125 μL

dATP（1.5 mmol/L）20 μL

dCTP（1.5 mmol/L）20 μL

dGTP（1.5 mmol/L）20 μL

dTTP(1.5 mmol/L)20 μL

Klenow enzyme 125 U(10 U/μL)

(2)标记反应

①用无菌水溶解 DNA 模板在 1 ~ 25 μg/mL 左右，取 25 ~ 50 ng 模板加 1 μL 随机引物混匀，95 ~ 100 ℃变性 2 min，快速冰浴。

②按下列顺序(表 8.1)加入各种试剂：

表 8.1　加入试剂的顺序

试剂	体积	终浓度
标记缓冲液	10 μL	
dNTP(500 μmol/L)	2 μL	20 μmol/L(每种)
变性 DNA 模板	25 ng	500 ng/mL(25 ~ 50 ng 最佳)
[α - 32P]dCTP	2 μL	
Klenow enzyme	5 U	100 U/mL

③加入无菌水，使终体积为 50 μL，混匀，离心数秒，室温反应 60 min。如果时间充足可反应过夜。

④95 ~ 100 ℃变性 2 min，迅速冰浴。可 -20 ℃保存，也可直接加入杂交液中进行杂交。

8.2.1.5　杂交

将标记好的探针沸水浴变性 10 min，冰上 5 min。将预杂交好的膜浸在 20 mL 杂交液的杂交瓶中，加入变性的探针。52 ℃杂交 18 ~ 24 h。

8.2.1.6　洗膜及放射自显影

室温下用洗膜液 I(2 × SSC，0.1% SDS) 200 mL 振荡方式洗膜 5 min。重换一次洗膜液 I 洗 15 min，55 ℃用洗膜液Ⅱ(1 × SSC，0.1% SDS)200 mL 再振荡洗膜 30 min，68 ℃下用洗膜液Ⅱ100 mL 再洗 30 min。洗膜时随时用探测器检查，以防洗过度。将洗好的膜放在干滤纸上吸水后，用保鲜膜包好，暗室中压 X 光片，折角做定位标志。-70 ℃放射自显影 3 ~ 5 d。经显影、定影后就获得杂交结果。

8.2.1.7　Northern 印迹杂交的应用

微生物增殖和在生物物质或非生命物质形成生物膜是金黄葡萄球菌(Staphylococcus aureus)的主要侵染的特征，这与细菌表型的改变如降低抗生素敏感性密切相关。Petra Becker 等为了鉴定生物膜中表达的基因采用微代表性差异分析(micro representational difference analysis，micro - RDA)的方法，cDNA 来源于游离的或是生物膜上的金黄葡萄球菌 DSM20231。与常规的 cDNA RDA 方法相比较 micro - RDA 只需要小量的总 RNA，并且总 RNA 中的 rRNA 的干扰作用较小。与游离状态的相比形成生物膜的金黄葡萄球菌有五个基因特异表达，这些基因与苏胺酰 - tRNA 合成酶，磷酸丙糖异构酶，磷酸甘油酸转位酶，乙醇脱氢酶 I，ClpC，ATPase 等具有同源性。基因的差异表达水平可通过 Northern 印迹得到证实(图 8.15)。micro - RDA 是检测不同生长情况下的金黄葡萄球菌的功能差异转录的灵敏性和特异性方法。分离 RNA 在含有 0.66 mol/L 的甲醛的 1.5% 琼脂糖凝胶电泳，MOPS 电泳缓冲液，再转到尼龙膜上，基因特异探针用连有接头的引物 Bgl24 扩增（N－Bgl 24 5′－AGGCAA CTGTGCTATCCGAGGGAA－3′，连接接头 DP 2；J－Bgl 24 5′－ACCGACGTCGACTATCCA TGAACA－3′，连接接头 DP 3；）。应用地高辛试剂盒标记和检测。泳道 1、泳道 3 是生物膜形式的金黄葡萄球菌的 RNA 样品，泳道 2 和泳道 4 是金黄葡萄球菌游离状态的 RNA 样品。图 8.15A 苏胺酰－tRNA 合成酶片段；图 8.15B 与金黄葡萄球菌磷酸甘油酸转位酶同源片断；图 8.15C 磷酸丙糖异构酶片断；图 8.15D 与运动发酵单胞菌（*Zymomonas mobilis*）乙醇脱氢酶 I 同源片断；图 8.15E 与金黄葡萄球菌 ClpC 同源片断。

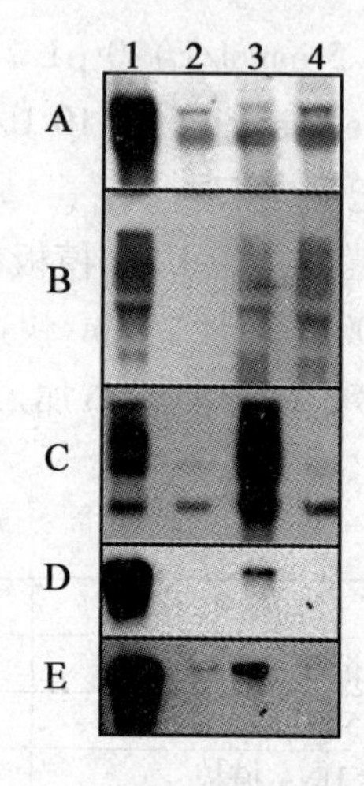

图 8.15　Northern blot 检测 *S. aureus* DSM 20231 不同生长情况下特异基因表达

8.2.2　蛋白质二维电泳与细胞蛋白质的分离

8.2.2.1　蛋白质二维电泳技术原理

蛋白质、核酸和多糖等生物大分子在溶液中常常以颗粒形式分散存在，它们所带电荷的性质取决于溶液的酸碱度。在电场中，带电离子向正极或负极移动，迁移的速度、方向取决于这些离子所带的电荷和介质的阻力，这种迁移即称之为电泳。迁移的原理可分为三类：根据分子大小和形状、分子所带电荷、分子的其他生物学及物理化学特性。为减小电泳过程中由于发热和扩散效应所引起的分子区带扭曲和扩散，目前的电泳大多是在固定化的介质中将样品载入流动相中分离，不采用完全自由态的溶液分离。

根据介质种类不同，电泳可分为两大类：纸、乙酸纤维素、薄层材料如硅胶、氧化铝、纤维素等惰性程度较高，主要用于支持体系，而且变形不大，用这些介质分离蛋白质，主要依赖于蛋白质的电荷密度；琼脂糖、淀粉及聚丙烯酰胺凝胶体系可变性强且有一定的扩散作用，这些体系在分离蛋白质时，除依赖于蛋白质的电荷密度外，还跟蛋白质的相对分子质量大小、分子尺寸相关，提高了其对蛋白质的分辨能力。由于聚丙烯酰胺凝胶的凝胶孔径与蛋白质分子大小接近，能达到最好的分离效果和能力，而且聚丙烯酰胺凝胶制胶方便，凝胶透明，易于染色并观察，此外下游蛋白质鉴定方法如免疫印迹、质谱鉴定等兼容性较好，因而使得聚丙烯酰胺凝胶成为实验室蛋白质分离的首选介质。

聚丙烯酰胺凝胶（polyacrylamide gel，PAG）是一种通过丙烯酰胺（acrylamide）单体和双功能团交联剂如 N，N，－甲叉双丙烯酰胺（N，N′－methylenebisacrylamide，常称甲叉丙烯酰胺）按比例混合，在引发剂和增速剂存在条件下聚合而形成的交叉网状结构，丙烯酰胺单体聚合生成长链聚合物，甲叉丙烯酰胺的双功能基团和链末端的自由功能基团反应发生交联，形成网状结构。两个单体和聚丙烯酰胺凝胶的交联结构如图 8.16 所示。

根据分离目的不同，可以按不同浓度及比例来配制 PAG 胶。如：等电聚焦凝胶是按等电点不同分离蛋白质，而对凝胶则按相对分子质量大小的筛分能力要求不高，低浓度胶即可;在利用十二烷基硫酸钠 - 聚丙烯酰胺凝胶电泳即 SDS - PAGE 分离蛋白质时不仅要根据蛋白质的带电密度分离,而且要根据分离样品的相对分子质量大小设计相应浓度的 PAG 胶。不同浓度的凝胶,其机械性能、弹性、透明度、黏性及孔径大小均不同,这些性能取决于凝胶配制时的两个重要参数就是 T 和 C。T 是两个单体(丙烯酰胺和甲叉丙烯酰胺)的百分浓度总和,C 是甲叉丙烯酰胺占两个单体总重的百分含量。具体计算如下:

这里 a 是丙烯酰胺质量(g),b 是甲叉丙烯酰胺质量(g),m 为凝胶聚合前的溶液体积(mL)。T 和 C 的值是很关键的。一般的蛋白分离胶 T 值分布于 5% 到 30% 之间,T 值太小凝胶黏度增加,很难处理,太大就会凝胶脆性增加,容易破裂。C 值一般在 3% 左右,适合于大多数的蛋白质分离。通常情况,第二向电泳要分离蛋白混合物,固定 C 值为 2.6%(0.8/30),预实验时取 T 值为 13%,随后根据目的蛋白的相对分子质量调整 T 值,以期获得比较满意的结果。

```
CH2═CH                CH2═CH
    |                     |
    C═O                   C═O
    |                     |
    NH2                   NH2
                          |
                          CH2
丙烯酰胺                  |
                          NH
                          |
                          C═O
                          |
                          CH2═CH

                      甲叉丙烯酰胺

      |
—CH2—CH—[CH2—CH—]nCH2—CH—[CH2—CH—]nCH2—
              |            |           |
              C═O          C═O         C═O
              |            |           |
              NH2          NH          NH2
                           |
                           CH2
                           |
                           NH
                           |
                           C═O
                           |
—CH2—CH—[CH2—CH—]nCH2—CH—[CH2—CH—]nCH2—
      |       |                    |
      C═O     C═O                  C═O
      |       |                    |
      NH      NH2                  NH2
      |
      CH2
      |
      NH
      |
      C═O
      |
—CH2—CH—[CH2—CH—]nCH2—CH—[CH2—CH—]nCH2—
              |            |           |
              C═O          C═O         C═O
              |            |           |
              NH2          NH          NH2
                           |

              聚丙烯酰胺凝胶
```

图 8.16　聚丙烯酰胺单体结构和聚合物的网状结构示意图

$$T = \frac{a+b}{m} \times 100\%$$

$$C = \frac{b}{a+b} \times 100\%$$

Smithies 和 Poulik 于 1956 最早引入了二维电泳技术，他们将纸电泳和淀粉凝胶电泳结合来分离血清蛋白质。随后二维电泳技术经历很多的发展，并将聚丙烯酰胺介质引入到应用中，特别是等电聚焦技术在一向的应用，使基于蛋白质电荷属性的一向分离成为可能。目前所应用的二维电泳体系是由 O′Farrell 等在 1975 年发明，其原理是根据蛋白质的两个一级属性：相对分子质量和等电点的特性，将蛋白质混合物在第一个方向上按照等电点高低进行分离（等电聚焦），在第二个方向上按照相对分子质量大小进行分离（十二烷基硫酸钠－聚丙烯胺凝胶电泳，SDS－PAGE）（图 8.17）。在最好状态下，传统等电聚焦技术和 SDS－PAGE 在 20 cm 左右长度的凝胶中可在各自方向上分辨出约 100 多个不同的蛋白质条带，因此，理论上的二维电泳分辨能力大致可达到 10 000 个点。目前已有实验室在 30 cm × 40 cm的大胶上获得这一分离效果。因为大多数实验室并不具备运行这种大胶所需要的工作条件，普通情况下的凝胶（20 cm × 20 cm）分辨到 3 000 个点已是很不错了。但利用特殊的样品制备方法如三步提取或亚细胞器提取，以及窄范围等电聚焦胶条，都可提高二维电泳的分辨能力。二维电泳分离后的蛋白质点经显色方法如考马斯亮蓝染色、碱性银染、负性染色、酸性银染、荧光染色或放射性标记等染色处理后，通过图像扫描存档，最后呈现出来的是在二维方向排列的呈“满天星”状排列的小圆点，其中每一个点都代表一个蛋白质。由于在电泳过程中涉及亚基内或者亚基间二硫键的还原和烷基化处理，即高级结构的去除，因此，通过二维电泳分离所得到的实质上是构成蛋白质的各个亚基，而非完整功能蛋白质。

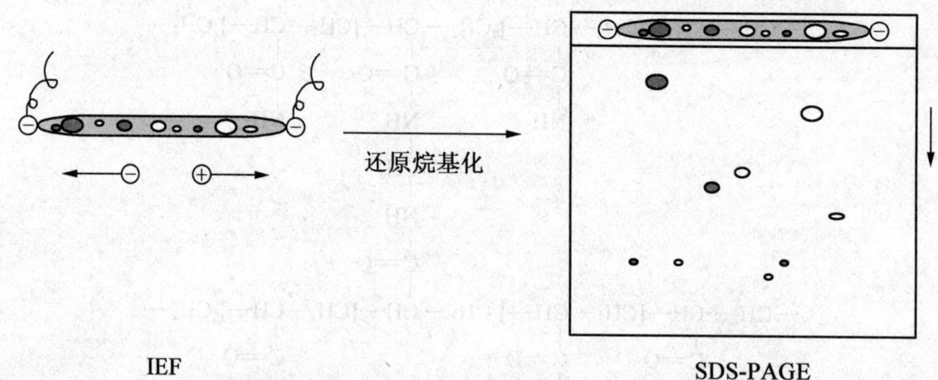

图 8.17　二维电泳原理示意图

8.2.2.2　一维等电聚焦电泳

众所周知，蛋白质是由 20 种不同氨基酸按不同比例通过肽键的连接构成的。由于构成蛋白质的一些氨基酸侧链在一定的 pH 值的溶液中是可以解离的，从而可带有一定的电荷。如酸性的天冬氨酸和谷氨酸在酸性条件下，其末端羧基将只带一个质子而呈中性状态，但在碱性条件下，末端羧基将失去一个质子而带负电。而碱性氨基酸如精氨酸、赖氨酸的氨基和组氨酸的咪唑基在酸性条件下则结合质子带正电，碱性条件下，这些质子解离，残基呈中性。构成蛋白质的所有氨基酸残基上所带正负电荷的总和便是蛋白质所带的静电荷。在低 pH 条件下，蛋白质的静电荷为正；而在大 pH 条件下，其静电荷为负。若在某一 pH 值的溶液中，蛋白质的静电荷为零，则此 pH 值就是该蛋白质的等电点（pI）。由于不同蛋白质有着不同的氨基酸组成,所以蛋白质的等电点取决于其氨基酸组成,是一个物理化学常数。不同蛋白质的等电点分布范围很宽,如某种糖蛋白的等电点值最低可至1.8,而溶菌酶的等电点值最高可达11.7。把蛋白质加入到含有pH梯度的载体时,如果蛋白质所在点的pH值与其等电点不符,则该蛋白质会带一定量的正电荷或负电荷。在高于其等电点的位置时,蛋白质带负电,反之带正电。此时,如果加一个强的外电场,蛋白分子会在电场作用下分别向正极或负极漂移,当达到其等电点位置时,蛋白不带电,也就不再漂移了,这就是等电聚焦电泳的基本原理。

1. IEF凝胶制备

根据上述原理,早期的等电聚焦以低浓度聚丙烯酰胺凝胶为介质,在外加电场的该介质中,连续排列着从正极到负极pI值逐渐增加的合成载体两性电解质(synthetic carrier ampholyte,SCA)。载体两性电解质是一些可溶的两性小分子,它们在其pI附近有很高的缓冲能力。当电压加在载体两性电解质混合物之间时,最高pI值的分子(也即是带最多正电荷)移向负极,最低pI值(带最多负电荷)的分子移向正极,其余分子将根据其pI值在两个极值之间分散,形成一个连续的pH梯度。根据等电聚焦的基本原理,当蛋白混合物加入到固相介质中并处于外加电场下,各个蛋白质将在迁移至与其等电点相同的pH位置时停止移动,一旦偏离正确位置,该蛋白质将带与其偏离方向相同的电荷,因而向另外一个方向移动,直至实现动态平衡,从而实现根据等电点不同而在电荷方向的分离。载体两性电解质的引入是等电聚焦技术的一大突破,但该技术仍然存在一些缺陷。

(1)由于SCA是通过复杂的合成过程得到的,重复性很难控制,由此不同制备批次之间会存在相当大的变化,从而使一向分离时,同一蛋白质在不同批次等电聚焦中出现的位置有所偏差。这样限制了2-DE分离的重复性。

(2)SCA分子相对较小,在IEF胶内固定有一定困难,在IEF过程中由水合正离子引起的电渗流(electroendosmosis)致使SCA分子向负极迁移(负极漂移),结果会导致pH值不稳定性增加。当利用管状IEF胶时,由于玻璃毛细管壁表面的硅羟基带负电,与这些负电荷基团对应,将在管胶表面聚集一层正电荷形成双电层,这种作用就加剧了负极漂移。

(3)由于负极漂移作用对碱性区蛋白质的影响严重,结果常会导致碱性区蛋白质难以成功聚焦甚至导致碱性区蛋白质的丢失。

(4)每一次灌制SCA凝胶的重复性难以控制,且这种凝胶机械稳定性差,易拉伸变形或断裂,同样导致重复性的降低。

由O'Farrell所推出的非平衡式pH梯度电泳(non-equilibrium pH gradient electrophoresis,NEPHGE),在快速形成的pH梯度中根据蛋白质移动能力来分离,该法可以用来分离碱性蛋白质,但在结果的重现性上仍然没有完美的解决。真正的一向等电聚焦技术的突破要属于在Immobilines试剂(Amersham Pharmacia Biotech,APB)的基础上开发的固相pH梯度(immobilized pH gradient,IPG)技术。Immobilines是拥有$CH_2=CH—CO—NH—R$结构的8种丙烯酰胺衍物,其中R包含羧基或叔氨基团,构成了分布在pH3~10范围不同值的缓冲体系。可根据一定的配方计算后,将适宜的IPG试剂添加至混合物中用作凝胶聚合,在聚合中,缓冲基团通过乙烯键共价聚合至聚丙烯酰胺骨架中,形成梯度pH。为了操作方便,IPG胶在一层塑料支持膜上聚合,在洗去引发剂和剩余单体后,将干燥后的胶板切成3 mm宽的干胶条,于-20 ℃保存备用。与传统载体两性电解质预制胶相比,IPG胶具有机械性能好、易处理、重现性好、上样量大的特点,而且避免了电渗透作用,因而可以进行特别稳定的 IEF 分离,达到真正的平衡状态。由于 1 mmobilines 可随意调配,这样就可以控制生产不同 pH 分离范围的干胶条。如宽范围胶条有 pH 3 ~ 10、pH 3 ~ 12,窄范围胶条有 pH 4 ~ 7、pH 6 ~ 11、pH 5 ~ 8 等,甚至可限定到一个 pH 单位,可以根据样品的分布范围来选择胶条 pH 范围。Amersham Pharmacia Biotech 公司和 Bio - Rad 公司都生产了大量不同 pH 范围的商业化胶条可供选择。此外根据需求,还可选择不同长度的 IPG 胶条,如 APB 公司目前就有 7 cm、11 cm、13 cm、18 cm、24 cm 五种长度的胶条。专门配合 IPG 胶的等电聚焦设备已经商品化,如 APB 公司的 IPGphor 及其附件[图 8.18(a)],Bio - Rad 公司的 PROTEANIEF[图 8.18(b)],均可同时运行 12 根胶条,其编程自动化及高至 8 000 V 或 10 000 V 的电压使得 IEF 一个晚上即可完成,大大缩短了 2 - DE 的进程。虽然早期 IPG 技术在 2 - DE 应用中遇到诸多问题,但都被逐渐克服并使得 IPG IEF 成为目前大多数 2 - DE 分离首选的方法。这种2 - DE系统也被称为 IPG - DALT 系统,本章所讨论的二维电泳流程也是按此系统来阐述。

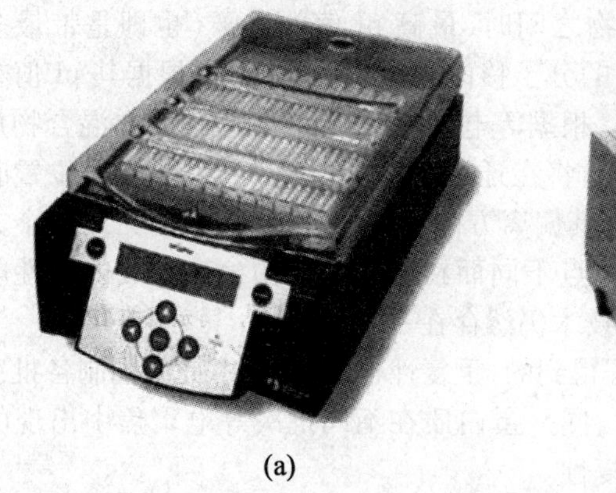

(a)

(b)

图 8.18 等电聚焦仪

2. 加样

前面的章节已经详细讲解了关于样品制备的各个方面及应注意的事项,在谈到加样前还是首先要强调一下样品制备。因为对于一个熟练的二维电泳操作员来说,从加样的那一刻起,基本上已决定了这一周期 2 - DE 实验的结果成功与否。特别是较为特殊的样品,如亚细胞器裂解液、膜蛋白提取物等,必要时要采用特殊助溶试剂或三步提取等制备方法。针对不同组织、体液、细胞,或全生物体应有相应的样品制备方法,常用方法有匀浆—三氯乙酸/丙酮沉淀—干燥法、细胞的裂解液提取法、体液的重泡胀液稀释直接上样法等。因此,对于首次接触到制备样品或二维电泳的人来说,利用小胶做一次预实验,可以节约时间,观察样品制备的好坏,积累经验,避免不必要的损失。

对一个新样品,常使用宽范围、线性 pH 3.5 ~ 0 的 IPG 梯度。但对大多数样品来说,这样做会丧失 pH 4 ~ 7 区域分辨率,许多蛋白质的 pI 值在该区域。利用非线性 pH 3.5 ~ 10 IPG IEF 胶在一定程度上缓解了这个问题。pH 3.5 ~ 10 非线性胶条在 pH 4 ~ 7 区域的梯度要比 pH 7 ~ 10 更为平缓,保证在大部分碱性蛋白质都能得到分辨的前提下,pH 4 ~ 7 区域能得到更好的分离。但 - pH 4 ~ 7 的 IPG IEF 胶则能在该范围得到更好的分离效果。而且使用窄范围 IPG 胶的另一个优点是可以加大上样量,这样观察到更多的蛋白质点。这些 pH 范围的胶条目前已经商品化。加样方案有两种,一种是 IPG 胶重泡胀后,用加样杯,边运行等电聚焦边上样,利用加样杯上样的好处是加样量可以提高很多,由于加样杯直接和胶面接触,使得分子质量大于 100 000 Da 的蛋白质可以有效地进入 IPG 胶条;另一方案是将样品与重泡胀液混合，在 IPG 胶条泡胀的同时样品也渗入胶条，然后再加电压，该方法称为胶内泡胀法，其优点是泡胀和等电聚焦整合为一个程序即可完成，大大提高了工作效率，保证了重复性，这是目前常用的加样方法。样品通常是与重泡胀液混合后加在持胶槽的电极内侧，然后选择所需 pH 范围的胶条放于持胶槽中，将样品溶液从正极到负级均匀铺展。不同类型的样品，最好的加样位置由经验值确定，一般情况下加在正极端。常用的重泡胀液成分为 8 mol/L 尿素的溶液（或 2 mol/L 硫脲和 7 mol/L 尿素），其余成分为 2% 非离子去污剂（NP－40，Triton X－100）或两性去污剂 3－[（3－胆酰胺丙基）－二乙胺]－丙磺酸（3－[（－cholamidopropyl）－dimethylananonio]－1－propane sulphonate，CHAPS），15 mmol/L DTT 和 0.5% 适宜范围 pH 值的 IPG 缓冲液。由于尿素的浓度高，样品重泡胀过程中水的挥发可能会导致尿素结晶，影响胶条泡胀和 IEF 时样品的顺利迁移，因此要在胶条加样后的覆盖一层惰性矿物油，可以阻止水分挥发，同时避免样品在高压 IEF 过程中的氧化作用。重泡胀过程通常不加电压，一般要持续 10～12 h，但也有研究发现在重泡胀过程中加 30 V 的低电压，会使样品聚焦效果更好。上样量要根据显色方法和需求而定，如果是想观察一个蛋白质表达全谱，可用银染法做分析胶，这时对于 18 cm 的 IPG 胶条，上样量在 100～150 μg 为宜。而如果要进行考马斯亮蓝染色或质谱分析、转膜分析，制备胶上样量可以从 500 μg 到几毫克。

3. 运行

重泡胀完成后，可以加电压开始 IEF。胶条所能承受的电流有限，因此要避免电流过大，一般在 IEF 过程中限流为 50 μA。最初时由于样品中离子强度高，电压应限制于 200 V、30 min，然后增加电压至 500 V 运行 1 h，并逐渐增加电压至 1 000 V，最终电压至 8 000 V 并恒定运行若干小时。运行时间决定于几个不同的因素，包括样品类型、蛋白上样量、IPG 胶条长度及所用 pH 梯度。理论上来说，获得最好的图谱质量和重复性所需最佳时间是 IEF 分离达到稳定态所需的时间。若聚焦时间短，会导致水平和垂直条纹，但要避免过度聚焦。虽然与经典 O′Farrell 法相比，不会导致蛋白质向负极的迁移，但却会因为活性水转运而导致过多水在 IPG 胶表面渗出，会造成蛋白图谱变形。在胶条碱性端产生水平条纹造成蛋白质丢失。因为温度低时尿素可能会结晶，IEF 应在 20 ℃运行，不同的温度下在 2－DE 图谱中一些蛋白质点的相对位置会发生变化。商品化的仪器如 APB 公司的 IPGphor 和 Bio－Rad 公司的 PROTEANIEF 都能设定程序会自动完成这些操作，而且可同时运行 12 根胶条，而不像早期使用 MultiphorII（APB 公司）水平多用电泳仪时需要在重泡胀之后重新用加样杯上样。针对不同 pH 范围的 IPG 胶条，整个 IPG IEF 的流程如图 8.19 所示。

4. IPG 胶条的平衡

在一向 IPG IEF 后，胶条既可马上用于二向，也可保存在两片塑料膜间于－80 ℃存放几个月时间。在二向分离前，必须要平衡 IEF 胶。平衡过程需要两步，第一步的平衡液成分为50 mmol/L Tris缓冲液（pH 8.8），含 2% *W/V* SDS、20 mmol/L DTT、6 mol/L 尿素和 30% 甘油。平衡液的主要作用是使一向胶条蛋白质变性。SDS 是一种阴离子去污剂，在溶液中当 SDS 单体浓度大于 1 mmol/L 时，可以和蛋白定量结合，蛋白质与 SDS 重量比值为 1∶1.4，此时蛋白质所带负电荷会过量，且与蛋白质相对分子质量成正比关系。电场作用下，各蛋白质依所带负电荷数目迁移，迁移速率与电荷数目成正比关系，亦即实现了蛋白质相对分子质量方向上的分离。为让 SDS 与蛋白质充分结合，必须加入尿素和还原剂等，以去除蛋白的高级结构以及亚基之间相互作用，尿素和甘油同时也用于减缓电渗效应，否则会使一向到二向的蛋白质转移率降低。加入还原剂 DTT 是为了在蛋白质与 SDS 结合的同时，二硫键也得到还原。整个第一步大约需 15 min。接下来同样是在缓冲液中平衡 15 min,只不过此时用 100 mmol/L碘乙酰胺取代 DTT,这一步是用来烷基化自由 DTT 和蛋白质所带的自由疏基,否则自由 DTT 在二向 SDS - PAGE 胶迁移,会产生假像点条纹,在银染后会观察出来。另外一种可以一步完成平衡的方法是在平衡液中用 5 mmol/L TBP 取代 DTT,TBP 不带电荷,在 SDS - PAGE 过程中不迁移。平衡后上二向胶之前,IPG 胶应沿边缘用滤纸吸 1 min 可除掉多余平衡液。

(a)胶条和IPG缓冲液

(b)加入样品和重泡胀液

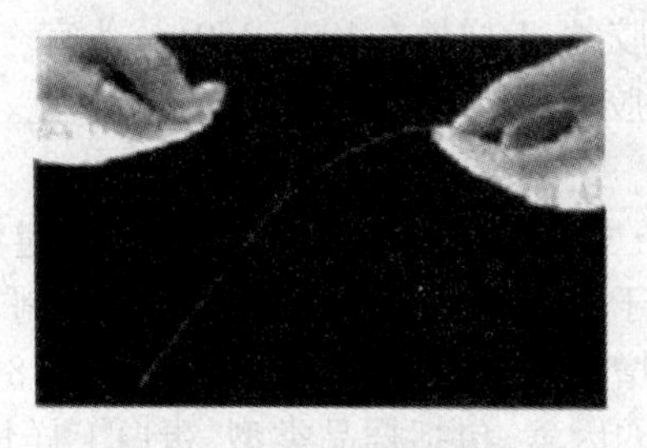

(c)去除IPG胶保护膜

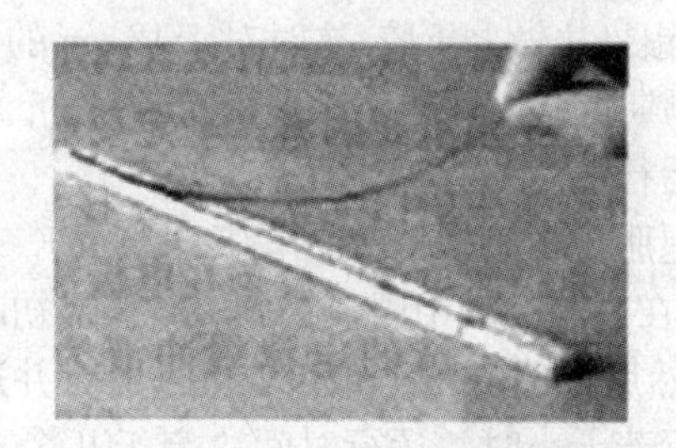

(d)放入胶条，铺展样品

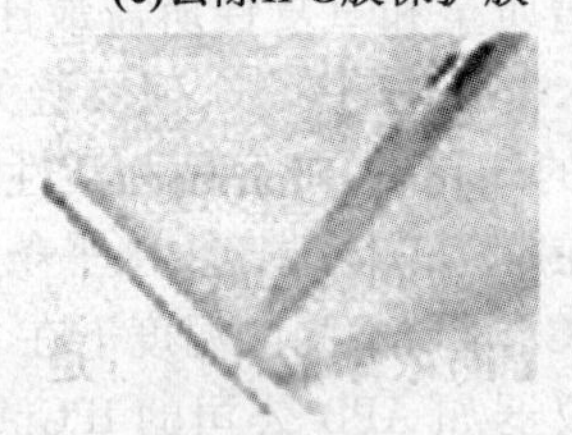

(e)用覆盖油封胶

(f)封闭持胶槽

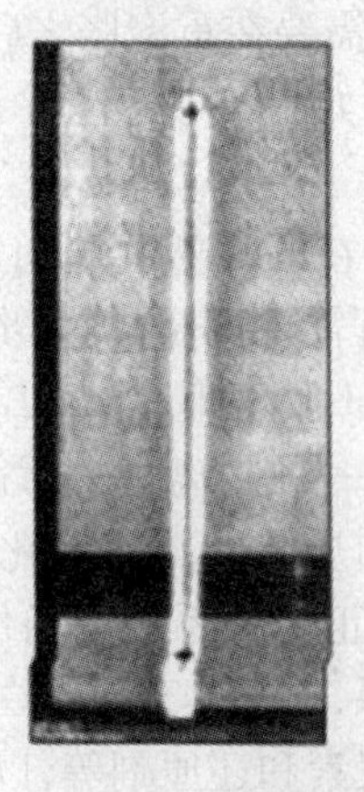

(g)转移持胶槽

(h)编程并运行

图 8.19　APB 公司 IPG IEF 流程图

8.2.2.3　二维 SDS—聚丙烯酰胺凝胶电泳

2-DE 第二维最常用的是 Laemmli 的非连续缓冲体系，二维凝胶是单一浓度含线性或非线性梯度的凝胶，其覆盖范围可以使不同相对分子质量大小蛋白质得到很好的分离。由于 IPG 胶粘合在弹性塑料支持膜上，处理起来比用经典 O'Farrell 体系中较脆的 IEF 管胶更容易。平衡后，IPG 胶条可直接加在二向 SDS-PAGE 胶表面，其方式有垂直或水平两种。一向胶和二向胶的接触是影响电泳重复性的一个很重要因素，一是要避免两者接触面之间产生气泡，否则会产生阻力，使得胶条中蛋白无法迁移至二向，从而产生点的扭曲现象。在垂直胶中，为避免二向电泳时胶条在电极液中移位，首先需用 0.5% 的琼脂糖电极缓冲液溶液来封胶，然后向电泳的电泳缓冲液为 Tris-Glycine-SDS 系统（500 mL，7.5 g Tris，2.5 g SDS，36 g Glycine）。封胶时应该注意琼脂糖溶液的温度不能太高，否则会造成 IPG 胶上的蛋白质变性或产生蛋白修饰。因为琼脂糖封胶液凝固时间快，要避免在封胶时产生气泡。

水平 SDS-PAGE 可利用预制胶或依据超薄梯度胶在 GelBond PAGfilm 膜上自制平板胶运行。必须要使用 *T* 为 6% 的浓缩胶，然后是均一（如 12%）或梯度（如 12% ~15%）分离胶，水平二向系统的优点在于凝胶附着在塑料支持膜上，在染色过程中可以防止凝胶的大小发生变化。而且由于水平胶厚度较小（一般在 0.5 mm，而垂直胶为 1 mm 或 1.5 mm），因而可施加较高电压，减短运行时间和减少蛋白质扩散，使得水平胶分离蛋白质点的边缘要比垂直胶清晰。另外，如果是自制水平凝胶，由于水平胶灌制时边缘密封作用好，使水平胶与垂直胶相比，凝胶边缘效应小，聚合均匀，蛋白质点的分布变形程度小。

大规模蛋白质组分析通常需要成批二向 SDS-PAGE 同时运行才能获得最好的图谱重复性。而水平电泳却不能同时跑两块较大的凝胶，垂直二向 SDS-PAGE 则具有该方面的优点，垂直电泳仪如某公司的 Ettan Daltn Ⅱ，可以同时运行 12 块二向胶。与水平胶相比，垂直胶具有操作简单、重复性好、上样量大等优点。在垂直电泳系统中不需要浓缩胶，因为在 IPG 胶条中蛋白质区已经得到浓缩。除 Ettan 系列外，多块胶垂直二维 SDS-PAGE 还有 Investigator（Genomic Solutions）以及 ProteanIIxi 等都可以满足大规模蛋白质组分析的需求。其中实验室所使用的 ProteanIIxi（20 cm×20 cm）的运行条件分两个步骤，第一步每块胶限流 20 mA电流运行 40 min，此时 IPG 胶上的蛋白质应进入二维胶，第二步为每块胶限流30 mA，运行至溴酚蓝前端到达二维胶底部大约需要 5 h，接下来的工作就是凝胶的显色。

8.2.2.4　胶上蛋白的检测

用于二维电泳分离蛋白质常规检测和定量的普遍方法是银染和考马斯亮蓝染色，但测序技术和质谱灵敏度的提高，特别是最新的 Q-TOF 类液相色谱串联质谱技术的发展，提高了质谱鉴定的灵敏度，从而使蛋白质显色的地位从简单的蛋白质点呈现转换为集成化的蛋白质微量化学表征过程中的关键步骤。随着高灵敏度蛋白质分析方法和电泳后鉴定技术的结合，考马斯亮蓝染色和银染用于蛋白质组研究的局限性日益显现出来。新的染色技术如同位素标记技术、荧光标记在提高了灵敏度的同时，也与自动化的蛋白质组平台切胶技术相融合，染色技术向高灵敏度和自动化方向发展。

表8.2 给出了不同类型染色方法的灵敏度、对软硬件的要求、质谱兼容性等指标。由于不同染色方法对设备和仪器要求不同，在实验中要综合考虑各项因素，以选择最佳方案。

表 8.2　蛋白质二维电泳不同染色方法性能比较

染色方法	灵敏度	活细胞应用	线性范围	质谱兼容性	试剂费用	软硬件要求
考马斯亮蓝	100 ng	不能	3	+ +	+	+
负染	15 ng	不能	3	+ +	+	+
银染	200 pg	不能	7	+	+	+
荧光染色	400 pg	不能	10^4	+ + +	+ + + +	+ + + +
荧光标记	250 pg	不能	10^4	+ +	+ + +	+ + + +
磷触屏	0.2 pg	能	10^5	+ + +	+ + +	+ + + +
稳定同位素标记	<1 pg	能		+ +	+ +	+ + + +

1. 考马斯亮蓝(Commassie blue)染色

自从传统考染技术和甲醇/醋酸水溶液结合用于至今 PAGE 胶染色，至少已尝试了 600 种关于 PAGE 胶考染染色的线性和检测灵敏度的不同方法。考马斯亮蓝染料可检测到30～100 ng 蛋白质，其灵敏度要远低于银染或荧光检测。但考染的优点是染色过程简单，配制的试剂少，操作简便，无毒性，染色后的背景及对比度良好，与下游的蛋白质鉴定方法兼容。在样品量允许的情况下，考染是一个比较好的选择。考染程序如下：

(1)固定:50% 乙醇/10% 冰醋酸的水溶液，最少 30 min，可过夜。

(2)染色:染色液为 10% 冰醋酸/45% 甲醇/0. 25% 考马斯亮蓝 G250 溶液过滤所得，将凝胶浸泡后染色至少 2 h。

(3)脱色:需多次更换脱色液(25% 乙醇/8% 冰醋酸水溶液)直至背景脱净。为了加快脱色，可略加温度。

(4)保存:脱色后凝胶经水洗后进行扫描备份，用保鲜膜包裹即可，通常在 30 d 内均可进行质谱鉴定，若需保存更长时间，可先把需鉴定蛋白质点切下再进一步脱色后于 -80 ℃ 冰箱保存。

PAGE 胶经 G250 胶体考马斯亮蓝染色后可以获得无背景或是很低的背景，估计其染色机制是因为在胶体染料和溶液间的自由扩散染料间形成平衡，溶液的少量自由染料穿透凝胶基质，会选择性地对蛋白质染色，而胶体态的染料排阻在胶外，阻止了背景形成。胶体考马斯亮蓝检测蛋白质的极限是 8～10 ng。染色过程通常是在高浓度的高氯酸、三氯醋酸或磷酸中进行，并辅以甲醇或是乙醇。质谱对蛋白质修饰的研究表明，用含三氯醋酸和乙醇的考马斯亮蓝染色的蛋白质易导致谷氨酸羧基侧链的不可逆酸催化酯基化，这样的肽谱数据复杂化，但也可通过在分析软件中加入算法来考虑这种修饰。胶体考马斯亮蓝染色的缺点在于所需时间较长，染色过程约 24～48 h。

2. 银染

目前常用的适于质谱鉴定的凝胶蛋白染色方法为考马斯亮蓝染色，其灵敏度为 100 ng，也就是说对应 10 kDa 的蛋白质，在考染胶上显色所需量为 10 pmol，这显然与生物质谱的高灵敏度特性并不相匹配，而且表达丰度低的蛋白质，用考染难以显色。银染法是非放射性染色方法中灵敏度最高的，其灵敏度可达 200 pe，由于银染成本较低廉，在目前仍然是差异蛋白质组分析中最常用有效的显色方法，但由于银染过程中醛类导致的特异反应，使得对凝胶酶切肽谱提取存在一定困难。大多数实验室的策略是采用银染凝胶电泳进行图谱分析，然后加大上样量，进行考染并将凝胶切下用于下游的鉴定。由于银染和考染的特异性并不相同,使得这两种方法所得到的二维电泳图谱可比性不好,这样不利于蛋白质组研究的高通量筛选。对银染方法进行改进,使之适于胶内酶切及质谱鉴定,仍是蛋白质组研究的迫切要求。

经典的银染方法是将二维电泳凝胶在固定液中固定后,在含戊二醛的溶液中增敏,然后在 $AgNO_3$ 溶液中浸泡,蛋白与 Ag^+ 进行结合,凝胶空白背景中的 Ag^+ 由于结合不牢,大部分被洗去,而含蛋白质的区域则由于蛋白质中自由氨基与 Ag^+ 的相互作用,使这些位置的 Ag^+ 没能被洗去,随后在碱性的环境中,甲醛溶液将结合在蛋白带上的 Ag^+ 还原为金属银,银颗粒沉积在蛋白点上,沉淀的银颗粒又自催化反应,提高银染反应灵敏度,使蛋白点显示棕黄色或棕黑色。已报道的有多于100种的银染方法,这些不同方法的存在也说明,没有一种方法是完美的。银染分酸性和碱性两种。酸性染色背景浅,容易控制,所以用的较多,方法也多种多样,而碱性染色则灵敏度稍高,但其背景深,难以控制。在对二维电泳凝胶进行染色时,若不加增敏剂戊二醛,胶内会出现大量的透明背景点,在该位置的蛋白质点不能被显色,估计其原因与一向胶条中所加入的载体两性电解质有关。戊二醛是利用醛基的交联作用和反应活性,提高银染灵敏度,而交联作用和对银颗粒的固化作用又使肽段很难被洗脱出来。为了探索银染凝胶鉴定可能性,Shevchenko 等去掉戊二醛,在一向 SDS - PAGE 中使1.6 ng(25 fmol)BSA 显色,并在不脱色的情况下实现对 5 ng BSA 进行胶上酶切和 MALDL - TOF - MSPMF 鉴定,覆盖率达到36%,但是质谱图的噪声太大。Gharahdaghi 等对上文的实验方法加以改进,采用硫代硫酸钠和铁氰化钾脱色。$K_3Fe(CN)_6$ 在碱性环境中具有氧化性,可在 $Na_2S_2O_3$ 溶液中将金属银氧化为银离子并形成亚铁氰化银,$Na_2S_2O_3$ 可以与亚铁氰化银结合形成水溶性复合物,从而去除蛋白质点上的银粒子。将二者的贮备液混合,银染的蛋白条带浸泡其中,振荡均匀2~3 min,可以看到胶条的棕黄色逐渐褪去。他们的实验结果证明,脱色后的质谱图优于不经过脱色而得到的图谱。而 Yan 则去除增敏液中的戊二醛和孵育液中的甲醛,进行探索。可以观察到,目前银染方法改进的焦点集中在对银染过程中醛类的取舍问题。我们对 50 ng 兔磷酸化酶 b 标准蛋白在有和无戊二醛的条件下银染条带的结果进行胶内酶切和肽质量指纹谱鉴定,结果证实了去除戊二醛后质谱分析能获得较清晰的图谱。目前多数文献中的蛋白质点的鉴定已开始采用银染胶内酶切质谱鉴定,方法基本建立在 Shevchenko 和 Gharahdaghi 等的研究基础之上的。

3. 负染

标准考染方法的一个缺点是染色步骤中含蛋白质固定过程,银染法除了固定过程外,还有增敏步骤,这些步骤会将蛋白质提取至胶外,以减少蛋白质产量,使得用于随后微量化学表征的样品量更少了。负染的开发目的就是提高 PAGE 胶上蛋白质的回收率。常用的负染方法有铜染、锌 - 咪唑等,其灵敏度稍高于考染,可达到 50 ng 以下。负染结果在凝胶表面会产生半透明背景,其中蛋白质以透明的形式被检测出来凝胶显示黑色背景或相应的底色。染色过程很快,约需 5~15 min 即可完成,蛋白质的生物学活性可以得到保持。一旦用络合剂如 EDTA 或是 Tris/甘氨酸转移缓冲液络合金属离子,就可进行提取来转移蛋白质。负染适用于蛋白质显色、整个蛋白质的胶上被动提取以及质谱分析。

4. 荧光染色

由于考染、负染技术灵敏度还不够,而银染的线性很差,在蛋白质组研究特别是比较蛋白质组学研究中的应用有限。荧光试剂显色对蛋白质无固定作用,与质谱兼容性较好,而其灵敏度与银染相仿,但线性范围要远高于银染,基于上述原因,使二维电泳分离蛋白质的荧光检测正受到普遍关注和应用,特别是在致力于大规模蛋白质组研究的实验室。几种新的荧光染料也显示出了与集成化蛋白质组学平台相结合的大好前景。

最近比较新的应用是利用丙基 Cy3 和甲基 Cy5 两种染料,分别对两个不同蛋白质样品进行荧光标记,并在同一块 2 - D 胶上同步运行,由于两种修饰后染料的激发波长不同,这样在同一块胶上可用两个波长范围进行扫描,得到的两个图像经软件匹配即可很方便地找到两个样品的差异条带。由于在同一块胶上运行,避免了实验因素对重复性的影响。上述方法的缺点是需要对蛋白质进行共价修饰,改变了标记蛋白质的移动性能和由于荧光探针光猝引起的快速衰减,蛋白之间由于可被荧光团修饰的功能基团数目不同而使得灵敏度变化很大,荧光团的加入同时会降低蛋白质溶解性能。可以通过标记样品中一小部分功能基团来补偿,但标记与未标记蛋白质之间轻微的相对分子质量差异可能会导致分离后蛋白质的 Edman 降解和质谱鉴定出现偏差。此外,在运行 2 - DE 或等电聚焦时,由前期荧光分子衍生可能导致异常蛋白质迁移。

另外一种备受关注的荧光染料是 SYPRO Ruby,它是一种专利的基于钌的金属螯合染料。SYPRO Ruby Protein Blot 在狭缝印迹时其检测灵敏度为 0. 25 ~ 1 ng/mm^2,常规大约 2 ~ 8 ng的蛋白质可通过电转印检测,对照比较实验证实它具有和胶体金染色一样的灵敏度。胶体金染色需要 2 ~ 4 h,而 SYPRO Ruby 染料染色在 15 min 内即可完成。SYPRO Ruby Protein Blot 染色的动态线性范围大大优于胶体金染色,扩展了约将近 1 000 倍。该染料可用 300 nm 紫外透射仪激活或利用装配有450 nm、473 nm、488 nm 和 532 nm 激光的成像系统。SYPRO Ruby 染料不干扰质谱或免疫检测过程,与 SYPRO Rose 不同,它不对核酸染色。

SYPRO Ruby 2 - DE 和 IEF 染色只需一步即可获得 PAGE 内蛋白质的低背景染色,而且不需要进行长时间脱色。这些染料的线性动态范围扩展到超过三个数量级,在性能上超过了银染和考马斯亮蓝染色,对等电点从 3. 5 ~ 9. 3 范围的 11 个蛋白质标准的评估表明,SYPRO Ruby IEF 凝胶染色的灵敏度比银染要高 3 ~ 30 倍。银染结果很差的蛋白质往往用 SYPRO Ruby 染料很容易检测到。虽然比 SYPROOrange 和 Red 染料灵敏,但其最佳染色要稍慢一些,约需 4 h。SYPRO Ruby 染料与胶体考马斯亮蓝染料的性质有些类似,都是终点式(end - point)染色,因此,对染色时间的要求不太严格,可以过夜,也不用担心会显色过度。虽然荧光染色是一种很有前景的染色方法,但由于 SYPRO Ruby 染料的代价很高,而且荧光凝胶所需扫描仪价格不菲,使得多数实验室还没有条件用荧光染色来取代银染、考染等方法,但随着各个国家在蛋白质组研究领域资金的大量投入,荧光染色及其相关设备必将进入更多的实验室。

8.2.2.5　蛋白质二维电泳的完整操作步骤

1. 第一向等电聚焦

(1)从 - 20℃冰箱中取冷冻保存的水化上样缓冲液(I)(不含 DTT,不含 Bio - Lyte)小管(1 mL/管),室温溶解。

(2)在小管中加入 0. 01 g DTT, Bio - Lyte 4 - 6、5 - 7 各 2. 5 mL,混匀。

(3)从小管中取出 400 mL 水化上样缓冲液,加入 100 mL 样品,混匀。

(4)从冰箱中取 - 20 ℃冷冻保存的 IPG 胶条(17 cm pH 4 ~ 7),室温中放置 10 min。

(5)沿着聚焦盘或水化盘中槽的边缘至左而右线性加入样品。在槽两端 1 cm 左右不要加样，中间的样品液一定要连贯。不要产生气泡，否则会影响到胶条中蛋白质的分布。

(6)当所有的蛋白质样品都已经加入到聚焦盘或水化盘中后，用镊子小心地去除预制IPG胶条上的保护层。

(7)分清胶条的正负极，轻轻地将IPG胶条胶面朝下置于聚焦盘或水化盘中样品溶液上，使得胶条的正极(标有+)对应聚焦盘的正极。确保胶条与电极接触紧密。不要使样品溶液弄到胶条背面的塑料支撑膜上，因为这些溶液不会被胶条吸收。同样还要注意不使胶条下面的溶液产生气泡。若是已经产生气泡，用镊子轻轻地提起胶条的一端，上下移动胶条，直到气泡被赶到胶条外。

(8)在每根胶条上覆盖2~3 mL矿物油，防止水化过程中液体的蒸发。需缓慢地加入矿物油，沿着胶条，使矿物油一滴一滴慢慢加在塑料支撑膜上。

(9)对好正、负极，盖好。设置等电聚焦程序。

(10)聚焦结束的胶条。立即进行平衡、第二向SDS-PAGE电泳，否则将胶条置于样品水化盘中，-20 ℃冰箱保存。

2.第二向SDS-PAGE电泳

(1)配制10%的丙烯酰胺凝胶两块。配制80 mL凝胶溶液，每块凝胶40 mL，将溶液分别注入玻璃板夹层中，上部留1 cm的空间，用MilliQ水、乙醇或水饱和正丁醇封面，保持胶面平整。聚合30 min。一般凝胶与上方液体分层后，表明凝胶已基本聚合。

(2)待凝胶凝固后，倒去分离胶表面的MilliQ水、乙醇或水饱和正丁醇，用MilliQ水冲洗。

(3)从冰箱中取出的胶条，先于室温放置10 min，使其溶解。

(4)配制胶条平衡缓冲液I。

(5)在桌上先放置干的厚滤纸，聚焦好的胶条胶面朝上放于干的厚滤纸上。将另一份厚滤纸用MilliQ水浸湿，挤去多余水分，然后直接置于胶条上，吸干胶条上的矿物油及多余样品。这样可以减少凝胶染色时出现的纵条纹。

(6)将胶条移至溶涨盒中，每个槽一根胶条，在有胶条的槽中加入5 mL胶条平衡缓冲液I。将样品水化盘放在水平摇床上缓慢匀晃15 min。

(7)配制胶条平衡缓冲液II。

(8)第一次平衡结束后，彻底倒掉样品水化盘中的胶条平衡缓冲液I。并用滤纸吸取多余的平衡液。再加入胶条平衡缓冲液Ⅱ，在水平摇床上缓慢摇晃15 min。

(9)用滤纸吸去SDS-PAGE聚丙烯酰胺凝胶上方玻璃板间多余液体。将处理好的第二向凝胶放在桌面上，长玻璃板在下，短玻璃板朝上，凝胶的顶部对着自己。

(10)将琼脂糖封胶液加热溶解。

(11)将10×电泳缓冲液，稀释10倍，成1×电泳缓冲液。赶去缓冲液表面的气泡。

(12)第二次平衡结束后，倒掉或吸掉样品水化盘中的胶条平衡缓冲液II。并用滤纸吸取多余的平衡液。

(13)将IPG胶条从样品水化盘中移出来，用镊子夹住胶条的一端使胶面完全浸末在1×电泳缓冲液中。然后将胶条胶面朝上放在凝胶的长玻璃板上。其余胶条同样操作。

(14)将放有胶条的SDS-PAGE凝胶转移到灌胶架上，短玻璃板一面对着自己。在凝胶的上方加入低熔点的琼脂糖封胶液。

(15)用镊子、压舌板或是平头的针头,将胶条向下推,使之与聚丙烯酰胺凝胶胶面完全接触。注意不要在胶条下方产生气泡。在用镊子、压舌板或平头针头推胶条时,要注意是推动凝胶背面的支撑膜,不要碰到胶面。

(16)放置5 min,使低熔点琼脂糖封胶液凝固。

(17)琼脂糖封胶液完全凝固后,将凝胶转移至电泳槽中。

(18)在电泳槽加入电泳缓冲液后接通电源,起始时用的低电流(5 mA/gel/17 cm)或低电压,待样品在完全走出IPG胶条,浓缩成一条线后,再加大电流或电压(20 - 30 mA/gel/17 cm),待溴酚蓝指示剂达到底部边缘时停止电泳。

(19)电泳结束后,轻轻撬开两层玻璃,取出凝胶,并切角以作记号(需要戴手套,防止污染胶面)。

(20)进行染色。

8.2.2.6 蛋白质二维电泳存在的问题和应用前景

二维电泳虽然仍是蛋白质组研究不可替代的分离方法,但有些问题仍是该技术所无法解决的,主要存在于以下几点:

(1)低丰度蛋白质点的检测,有许多细胞因子及功能蛋白质往往表达量很低,目前的显色方法难以呈现。而且按目前检测到的蛋白质点数,不可能全部包括细胞内所表达的上万个甚至更多蛋白质,那么,剩下的那部分蛋白如何检测是一个问题。

(2)极酸和极碱性区蛋白的分离。目前商业化的胶条,最多能分离pH 3 ~ 11范围内的蛋白质,而且碱性区蛋白质的分离难度依然很大。

(3)高分子质量蛋白的分离,由于IPG胶条在泡胀时,分子质量大于100 000 Da的蛋白质进入胶条很难,这部分蛋白质也很难在二维电泳胶上呈现出来。

(4)膜蛋白的提取和有效分离。

(5)需要开发一种真正高通量的胶上蛋白鉴定技术。

这些蛋白质的呈现问题成为蛋白质组研究的一个瓶颈,也使研究者对二维电泳的前景提出质疑。近年来的很多新技术也在致力于改善这种状况,如三步提取方法的探索大大提高了膜蛋白的提取效率,一种被称为分子扫描仪的新型蛋白质鉴定技术也正在慢慢形成之中,该技术利用涂有酶解液的膜,可以在双向凝胶转膜的同时进行酶切,再利用质谱扫描鉴定,此方法有利于高通量鉴定技术的实现,相信在将来就会投入应用。Andrews等则利用基质辅助的激光解吸飞行时间质谱仪取代第二向SDS - PAGE凝胶,他们直接将一向IPG胶与芥子酸饱和基质溶液共结晶后,用质谱测定一向胶条中每个位置中所含蛋白质的相对分子质量,这样就得到一个含等电点、相对分子质量和信号强度三维坐标的图谱。通过比较显示,这种方法所得到的信息(蛋白质)要多于通过二维电泳分离并鉴定所得到的信息,通过这项新技术可以获得样品的"虚拟二维电泳谱"(Virtual 2 - D)。而其他一些研究者则在二维电泳以外的分离技术上力求有所突破,例如一维SDS - PAGE分离 - 串联质谱技术,二维色谱技术及有针对性的免疫沉淀技术等,其中最有前景的是二维色谱技术,因为利用这种技术可以避开相对分子质量和等电点的限制,目前的主要问题是分辨率和重现性还不能与二维电泳相比。因此,不管怎样,未来几年内二维电泳仍将在蛋白质组研究技术体系中扮演着重要角色,而且不排除还会在自动化和显色技术上取得更大进展。

8.2.2.7　蛋白质二维电泳在降解微生物中表达分析中的应用

Rong－Fu Wang 等研究多环芳烃降解细菌时,从分支杆菌 PYR－1 中克隆得到了编码过氧化氢酶和过氧化物酶 *katG* 基因,并且进行了蛋白质二维电泳表达和鉴定分析。将分支杆菌 PYR－1 培养在含芘和不含芘的对照培养基上,在培养 2 h 和 8 h 后同时分析芘诱导的芘代谢相关蛋白表达。比较分析了差异表达蛋白,未诱导的结果显示有两个主蛋白和几个附属蛋白的超量表达,参见图 8.20(a)。其中一个蛋白分子量是 81 kDa,另一是 50 kDa 的蛋白被鉴定为加双氧酶。发现芘诱导与没有诱导的附属小蛋白的表达变化不大。图 8.20(b)中箭头所指为分支杆菌 PYR－1 在芘诱导后表达的蛋白质。

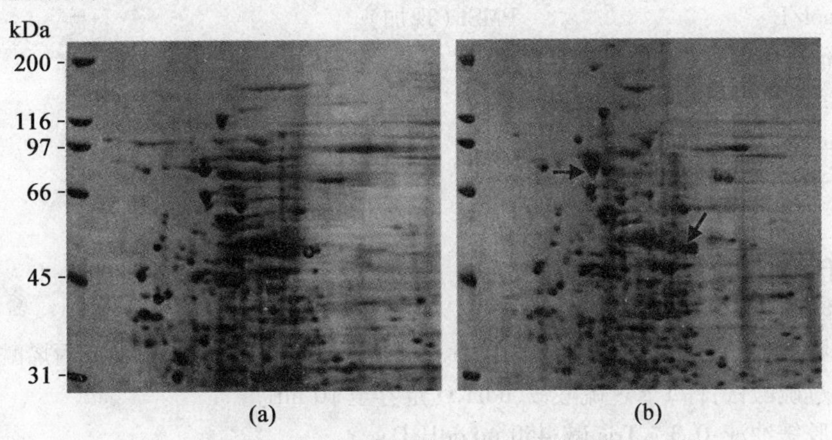

图 8.20　芘诱导分支杆菌 PYR－1 的蛋白质二维电泳图谱

8.2.3　Western blot 杂交技术

8.2.3.1　Western 印迹杂交技术原理

通过微生物在特定培养条件可溶性蛋白的 SDS－PAGE 分析,获得了该菌株在相应条件下蛋白表达的信息,收集特异蛋白带制备抗原,用免疫家兔或小鼠后便能获得该蛋白的特异抗体。用 Western－blotting 实验检测该抗体的专一性。专一性强的特异抗体能用在对该蛋白的多项研究上,如从该植物的 cDNA 表达文库筛选该蛋白的基因以进一步研究在某种胁迫下该特异表达蛋白的功能。还可以用此抗体筛选出的基因片断对该蛋白在微生物中的表达进行时空定位。这对微生物抗某种胁迫的研究以及利用基因工程技术构建工程菌株具有重要意义。

目前基于 SDS－PAGE 的蛋白质一维和二维电泳分离技术已经是最常用的蛋白质电泳技术。从 SDS－PAGE 胶上切取抗原免疫家兔或小鼠便能获得相应的多克隆抗血清。所获抗血清能与该蛋白多表位发生免疫反应的抗体集合。因此,它既能与天然蛋白发生免疫反应,也存在一些与该变性蛋白各表位发生反应的抗体。从 SDS－PAGE 上分离出的变性蛋白转移到硝酸纤维素膜上还会进一步变性,但一般不会使转移到膜上的变性蛋白失去与多克隆抗血清的反应性。但制备出高效价的抗血清是必要的,只有效价高的抗血清才能在 Western blotting 检测上出现较强信号,也只有对该蛋白专一性强的抗血清才能在 Western blotting 检测上杂交出单一的条带。因此,只有对该特异蛋白效价高,专一性强的抗血清才能用作进一步研究,如筛选特异蛋白基因及对该基因功能研究等。下面以一维 SDS－PAGE

蛋白质电泳为例来叙述 Western 印迹杂交过程。

8.2.3.2 试剂及仪器

(1)试剂

蛋白提取液:

25 mmol/L　Tris·HCl,pH 7.5;

10 mmol/L　KCl;

20 mmol/L　$MgCl_2$;

1 mmol/L　DTT;

1 mmol/L　PMSF(现加)。

100% 丙酮溶液(含 0.09% β-巯基乙醇)。

样品缓冲液:

50 mmol/L Tris·HCI(pH 6.8);

2% SDS;

10% 甘油;

5% β-巯基乙醇;

0.1% 溴酚蓝。

单体贮液:称取 29.2 g 丙烯酰胺,ddH_2O 定容至 100 mL,0.8 g 甲叉双丙烯酰胺。

10% 过硫酸铵:称 1 g 过硫酸铵,ddH_2O 定容至 10 mL。

浓缩胶缓冲液:0.3 g Tris 碱;450 mLddH_2O;

20 mL 10% SDS;用浓 HCl 调 pH 至 6.8,加 ddH_2O 至 500 mL,再调 pH 至 6.8。

分离胶缓冲液:90.85 g Tris 碱;20 mL 10% SDS;

400 mL ddH_2O;用浓 HCl 调 pH 至 8.7,加双蒸水至 500 mL,复调 pH 值,PH 值必须小于 8.8。

10% SDS:称取 20 gSDS,加双蒸水至 200 mL。

TEMED(N,N,N′,N′—四甲基二乙胺)。

电极缓冲液:23.08 g 甘氨酸;4.8 g Tris 碱;16 mL 10% SDS(或称取 1.6 g SDS),加蒸馏水至 1 600 mL。

固定液:25 mL 冰乙酸,加蒸馏水至 250 mL;131 mL 95% 乙醇。

浸泡液:79 mL 95% 乙醇;17 g 醋酸钠;1.25 mL 25% 戊二醛;0.5 g 硫代硫酸钠;加蒸馏水至 250 mL。

银染液:0.25 g $AgNO_3$;50 μL 甲醛;加蒸馏水定容至 250 mL。

显色液:6.25 g 碳酸钠;25 μL 甲醛;加蒸馏水定容至 250 mL。

考马斯亮蓝染液:0.29 g 考马斯亮蓝 R-250 溶于 250 mL 脱色液,用前边搅拌边加热至 60 ℃。

脱色液:250 mL 乙醇,80 mL 冰乙酸,加蒸馏水定容至 1 000 mL。

福氏完全佐剂及福氏不完全佐剂:羊毛脂:石蜡油 =1:3 混合,高压灭菌。此为福氏不完全佐剂。再加入 3 mg/mL 卡介苗为福氏完全佐剂。

挥发性蛋白洗脱液:50 mmol/L NH_4HCO_3:3.95 g NH_4HCO_3,0.1% SDS:1.0 g SDS;加蒸馏水至 1 000 mL。

转移缓冲液：380 mmol/L 甘氨酸：29 g 甘氨酸；50 mmol/ L Tris 碱：5.8 gTris 碱 0.1% SDS：1.0 g SDS；20% 甲醇：200 mL；加蒸馏水至 1 000 mL。

封闭液：含 3% BSA 的 TNT 缓冲液。TNT 缓冲液：10 mmol/L Tris · HCI pH 8.0；150 mmol/L NaCl。DAB 显色液：10 mmol/L Tris · HCl（pH7.6）：9 mL 0.3% $CoCl_2$：1 mL DAB，6 mg；30% H_2O_2，30 μL。

（2）仪器

垂直平板电泳槽，摇床，转移电泳槽，Amersham 生产的 NC 膜，BIO－RAD 公司的 E-1ectro－E1uter 洗脱仪等。

8.2.3.3　微生物可溶性蛋白的提取

（1）菌体收集，离心后用无菌蒸馏水或者 PBS 洗净菌体；然后用液氮磨研。

（2）加入 2 倍体积的于 4 ℃下存放的蛋白提取液。

（3）10 000 r/min 离心，取上清液。

（4）加入 5 倍体积的冷丙酮（含 0.09% 的 β－巯基乙醇），置 －20 ℃保存 1 h。

（5）12 000 r/min 离心，收集沉淀。

（6）冰冻干燥机干燥成粉末保存。

（7）用样品缓冲液溶解蛋白后，取待测蛋白溶液 1 mL，适当稀释，在波长 260 nm 和 280 nm下测吸光值，然后利用下列公式计算蛋白含量。

（8）蛋白质浓度（mg/mL）＝$1.45A_{280} - 0.74A_{260}$

8.2.3.4　SDS－PAGE 分析

1. 电泳槽的安装及垂直平板胶的灌制

安装垂直平板电泳槽后先配制分离胶，可配制不同浓度的分离胶，常用的为 15%、12% 和 7.5% 的分离胶，配方见表 8.3。

表 8.3　SDS－PAGE 分离胶配方

贮液（30%）	凝胶终浓度		
	$T=15\%$	$T=12\%$	$T=7.5\%$
单体贮液（mL）	12	9.6	6
分离胶缓冲液贮液（mL）	6	6	6
双蒸水（mL）	6	8.4	12
10% 过硫酸铵（μL）	200	200	200
TEMED（μL）	10	10	10

为提高分离胶的分辨率，通常采用梯度胶。梯度胶是指分离胶部分由一定浓度梯度组成。一般采用 7.5% 的轻胶与 15% 的重胶，在聚合之前，将它们用混合器混合灌制。采用梯度胶时往往在重胶配方中加入一定量的蔗糖或甘油可以增加比重，以稳定灌制后的梯度。若加入蔗糖只要把表 8.3 中蒸馏水部分减半，另一半体积用于加入 40% 的蔗糖，灌制好分离胶后立即在上面封一薄水层，这样其凝固后就形成平整的胶面。分离胶凝固后，就可灌制浓缩胶了。浓缩胶的配方见表 8.4。灌制好浓缩胶后，立即插上样品梳子。凝固后将电极缓冲液倒入电泳槽并使负极槽液面高于短玻璃片，正极槽液面可稍低，将梳子拔出。

表 8.4　SDS－PAGE 浓缩胶的配方

贮液	凝胶终浓度(3%)
30% 单体贮液(mL)	1 mL
浓缩胶缓冲液(mL)	2 mL
H_2O(mL)	5 mL
10% 过硫酸铵	100 μL
TEMED	10 μL

2. 加样及电泳

样品缓冲液溶解后的蛋白样品,用 Ep 管分装成小管于 4 ℃或 －20 ℃保存。使用前 100 ℃加热 3～5 min,每孔上样量一般为 2～10 μg。蛋白液的浓度一般为 1 mg/mL。

在进行 SDS－PAGE 分析时,一般是灌制 1 mm 的薄胶板,相间在点样孔上样正常与胁迫的可溶性蛋白样品。当样品位于浓缩胶时,以 10～15 mA 稳流电泳,当到达浓缩胶和分离胶界面时,改为 20～30 mA 稳流电泳。电泳结束后进行考马斯亮蓝染色和银染,以确定在胁迫条件下哪些蛋白特异表达。

一旦确定特异或加强表达蛋白带后,就改用灌制 2.5～3 mm 制备性胶板,仍灌制同样的梯度,上样量从每孔 2～10 μg 上升为整胶上样 30 mg。仍以稳流电泳,但电流、电压要相应加大。

3. 胶板的染色及特异带的切取

银染:

(1)将凝胶放在固定液中,固定至少 30 min。

(2)浸泡液中浸泡凝胶 30 min。

(3)蒸馏水洗涤 3 次,每次 5 min。

(4)银染液中染色 20 min。

(5)显色液中显色到显带为止,用水冲洗,中止反应。

考马斯亮蓝染色:

(1)将凝胶放在固定液中,至少固定 30 min。

(2)凝胶置染色液中 1～2 h。

(3)脱色液中脱色到显带为止(在制备性凝胶染色时,用脱色液脱色 10 min 即改用蒸馏水脱色到显示出所需切取的带为止);以上染色操作均在摆床上进行。

8.2.3.5　特异性抗体的获得

反复切取所需的条带,用凝胶扫描仪对电泳分离后的凝胶进行扫描。结合上样量计算以确定条带的蛋白含量。用 BIO－RAD 公司的 Electro－Eiuter 洗脱胶条中的蛋白,用考马斯亮蓝法进行初步定量,与以上定量进行比较后,会发现其结果的一致性。当所收集的胶条中的蛋白含量达到 700 mg 左右,即可作抗原免疫小鼠。

1. 鼠抗血清的制备

一般注射 5～6 只小鼠,每只注射 3 次。第一次采用皮下注射胶条与福氏完全佐剂的混合制剂,每只 40 μg 蛋白。以后隔 3 周注射一次,采用腹腔注射胶条与福氏不完全佐剂的混合制剂,每只 40 μg 蛋白。经抗体效价检测符合要求后,从小鼠的眼部放出全部血液。置

37 ℃ 1 h,4 ℃过夜后离心取血清。胶条与福氏佐剂混合制剂的制备方法:胶条与生理盐水研磨后加入等量佐剂剧烈振荡,呈乳白色即可。

2. 抗体效价的测定

特异蛋白的纯化采用 BIO－RAD 公司的 Electro－Eluter 及所提供的方法从胶条中洗脱特异蛋白,并用不含 SDS 的挥发性洗脱液洗去 SDS,得到纯化的特异蛋白。以洗脱的特异蛋白为抗原血清检测效价,第三次注射后1周从小鼠尾部取血 100 μl 左右,稍微放置,取少量析出的血清,同时取少量阴性血清(即未注射抗原的鼠血清),以洗脱的特异蛋白为抗原,用酶联免疫吸附法(ELISA 法)来测定抗血清的效价。

8.2.3.6　Western blotting 抗体专一性检测

(1)先按 SDS－PAGE 分析法提到的方法制备 1 mm SDS－PAGE 不连续胶板。分离胶梯度仍为原梯度。相间上样正常与胁迫下培养制得的可溶性蛋白,以原电流电压进行电泳。电泳结束后,切下一组用考马斯亮蓝染色,另一组浸在转移缓冲液中用于转移到 NC 膜上进行 Western blotting。

(2)剪取一张硝酸纤维素膜和4张吸附滤纸(3 mm 滤纸),其纸张大小与凝胶相当。用蒸馏水浸泡硝酸纤维素膜及凝胶 2 min,再用转移缓冲液浸泡 5 min,用转移缓冲液泡吸附纸浸润。

(3)在2块带网眼的塑料板间分别按序夹上支持垫、两张吸附滤纸、凝胶、NC 膜、吸附滤纸、支持垫,使其成"三明治"结构。保持所有成分湿润。

(4)把完整"三明治"放入到转移槽中,离膜最近的为阳极。

(5)4 ℃,1～20 V 转移 18 h。

(6)转移完后,拆下"三明治",NC 膜迅速浸泡于 TNTbuffer 中,轻轻匀摇 30 min。

(7)置封闭液中,25 ℃轻摇 1 h,TNT buffer 洗 3 次,每次约 10 min。

(8)置闲封闭液 1:(200～500)稀释的抗特异蛋白的多克隆抗血清中,25 ℃轻摇 1 h,TNT buffer 洗涤 3 次,每次 10 min。

(9)置用封闭液 1:500 稀释的辣根过氧化酶标记的羊抗鼠抗血清中,25 ℃轻摇 1 h,TNT buffer 洗涤 3 次,每次 10 min。

(10)置 DAB 显色液中显色数分钟,用水中止反应。

8.2.3.7　结果及分析

SDS－PAGE 分析中若看到有特异表达带,即在正常培养可溶性蛋白条带中无此带而胁迫培养时的可溶性蛋白电泳条带中有此带是好的。若看到加强表达带且带较粗,应调整梯度及电流电压进一步分离出确定是特异表达带还是加强表达带,应该用双向电泳分析以确定。

在进行 SDS－PAGE 分析时,应同时进行考马斯亮蓝染色和银染。由于银染灵敏度高,观察准确,实验者会发现在完全相同条件下的 SDS－PAGE 结果,例如同一电泳后胶板切成左右两份分别进行考染和银染,在同一带的粗细会发生变化,这可能是考染与银染的染色原理不同所导致的,但这并不影响带的观察,因为同一胶板上的同一蛋白带在电泳时泳动率相同,是在一条水平线上的。在进行 SDS－PAGE 分析时,应同时在一条泳道上点一系列分子量蛋白组成的标准蛋白以确定特异或加强表达蛋白带的分子量大小。

用抗原免疫小鼠时一般至少应免疫 5～6 只,免疫后小鼠的反应强比弱好,但整个三次免疫过程往往会死去 1～2 只,所以应多免疫几只小鼠。每只小鼠能可产生 500～800 μL 血清。

在取全血清前要采少量血测效价,效价高时才可取全血,若效价低应再强免疫一次。每只小鼠产生的血清量虽不多,但封闭液稀释后的抗血清加入终浓度为 0.05% 的叠氮化钠抑制微生物生长可在反复 4 ℃保存使用。

在进行 Western blotting 检测时,若出现单一条带的强信号是最完美的结果,若出现二条以上的带,可能有以下原因:若这些带彼此靠得很近,则可能是由于切取抗原时切取了两条以上的带。若除一条强信号带外,远离此带还有一条信号相对较弱的带,这往往是免疫交叉反应引起的。若产生交叉反应的带较弱,则可以通过调整用于杂交反应的抗血清浓度以除去该反应。必须摸索抗血清的适当浓度使它真正能与目的抗原反应而交叉反应降低到无法检测的水平,这对以后筛选基因以及基因功能的研究至关重要。

8.2.3.8 Western 印迹杂交分析石油降解微生物脂多糖的表达

细菌在利用石油等多烷烃化合物时,要求复杂的细胞表面结构适应其吸附石油。为进一步了解生长在石油环境的细菌表面的适应性该环境的结构,Norman 等研究铜绿假单胞菌(*Pseudomonas aeruginosa*)在石油降解过程中脂多糖表达的变化。通同一个石油降解微生物群落分离出了两株铜绿假单胞菌 U1 和 U3,并在清亮的石油里(Bonny Light Crude oil,BLC)进行富集培养。用 EDTA 抑制 U1 和 U3 生长和 *n* - 烷烃降解,表明细胞表面结构和石油降解之间确有联系。

提取的 LPS 在 15% 的聚丙烯酰胺 SDS - PAGE 进行电泳,然后进行银染,为了观测较小的 LPS 过量上样(32 μg)。电泳结束后转移至硝酸纤维素膜。Western 杂交用 5% 溶于 TT-BS(0.6% Tris base, 1.74% NaCl, 0.5% Tween)牛奶封阻,然后加入特异抗体温浴,A 带 LPS 抗体 N1F10。免疫印迹水洗后,与耦联羊抗鼠的二级抗体过氧化物酶孵育 1 h (1:10 000),然后用 Western blotting 试剂盒检测。结果显示 LPS 含有不同长度的 O - 抗原[图 8.21(a)],生长在葡萄糖为碳源的 U3 细胞呈现粗糙的菌落形态,粗糙的菌落形态 LPS 提取物的带型与光滑菌落形态长度的变化类似。电泳道 1 是 U1 生长在葡萄糖培养基;电泳道 2 是 U1 生长在 BLC 培养基;泳道 3 是 U3 生长在葡萄糖培养基;泳道 4 是 U3 生长在 BLC 培养基。LPS 的核心结构[图 8.21(a),箭头 c 所示]和短链的 A 带[图 8.21(b)]是没有差别。生长在 BLC 上的细菌 LPS 提取物显示 O - 抗原带的减少[如图 8.21(a),2 和 4 泳道箭头 b 所示]。O - 抗原的减少与粗糙菌落形态的出现是互相应答的。

U1 细胞生长在 BLC 上时表现光滑菌落向粗糙菌落的形态转变,U3 在开始时显示粗糙菌落形态。用原子力显微镜和 SDS - PAGE 对提取的脂多糖(LPS)进行分析,证实生长在 BLC 上和生长于葡萄糖上的细菌相比,O - 抗原的表达降低了。O - 抗原表达降低导致短链 LPS 的形成,增强了细胞表面的疏水性,促进 *n* - 烷烃的降解。

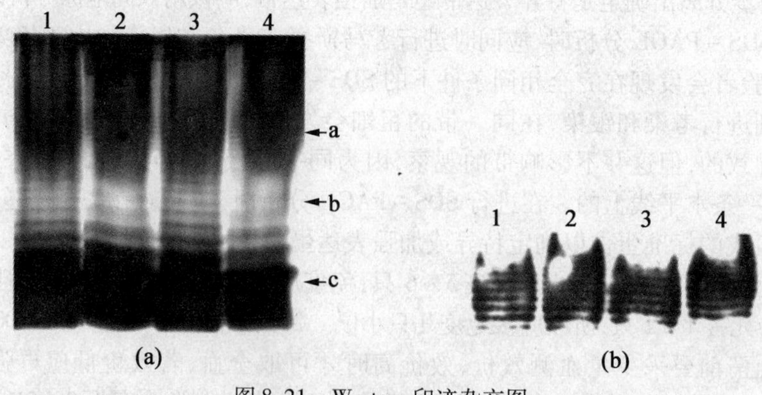

图 8.21 Western 印迹杂交图

8.2.4 原位PCR的功能基因原位表达分析

Hasse等研究者于1990首次报道了原位DNA多聚酶链反应,简称原位PCR(In situ PCR)。该技术结合了传统PCR的高效扩增和原位杂交的细胞定位的优点。传统PCR技术由Mullis等人发明以来,对分子生物学产生了很大影响,它提供了一种相当有效的方法来扩增微量DNA或RNA至几百万倍用于测序、克隆和诊断等。但它不能反映扩增产物和组织结构之间的关系。原位杂交技术自报道以来,经历了许多变化,目前在动植物及人类研究中发展很快。它能检测细胞组织样品中的DNA和RNA,从而揭示DNA或RNA序列与组织结构之间的关系,但它需要相当大量的DNA和RNA用于被检测,低拷贝的DNA和RNA则不能检测到。因此,它在许多研究领域里受到一定限制。原位PCR成功地结合了PCR技术和原位杂交技术的优点,能够在组织切片、细胞等样品中检测到低拷贝至单个拷贝的DNA或RNA,并在细胞形态学上准确定位。通过揭示细胞内低拷贝核酸的分布,可进一步进行基因突变、病毒感染、染色体易位、基因低水平表达和基因治疗等研究。本章将介绍原位PCR的主要研究方案、基本步骤及其应用。

8.2.4.1 原位PCR的基本原理

1990年,Hasse等第一次报道了一个成功的原位PCR试验。他们在混浊液中固定完整的细胞,通过酶的消化作用来预处理核膜,从而允许引物、聚合酶、游离核苷酸进入核膜内,通过带有互补末端的多重引物来设法扩大要扩增信号的大小,利用细胞膜作为一个袋子保存扩增出来的产物。扩增是在反应管中进行的,其原理与液相PCR的扩增原理基本一致。反应结束后,将细胞离心沉淀置于载玻片上,再对扩增产物进行原位检测。自此以后,许多实验室相继报道成功地进行过原位PCR。其基本原理与原方案相符,但大多研究作了不同程度的改进。研究对象从完整细胞悬液发展为细胞涂片、细胞离心标本、冰冻切片或是石蜡切片等。研究方案亦在不断改进,总结来说有以下几种。

1. 直接原位PCR

使用标记的引物或是游离核苷酸进行原位PCR反应,这种标记分子随后进入扩增产物中,扩增结果可直接观察。直接原位PCR具有操作简便、流程短、省时的优点,现已有不少成功的报道。但直接原位PCR很容易发生引物错配或非特异性退火,容易出现假阳性;此外,标记的引物会降低PCR效率。因而它尚需进一步改进,才能成为更加可靠的方法(图8.22)。

2. 间接原位PCR

间接原位PCR是在没有标记物的情况下进行的PCR反应,扩增反应结束后,再用原位杂交技术来检测扩增的信号。该方法可以克服由于引物错配或DNA修复引起的非特异性问题,成为目前最广泛使用的技术。该方法需要进行扩增反应后的洗脱和原位杂交过程,因而所需时间相对较长(图8.23)。

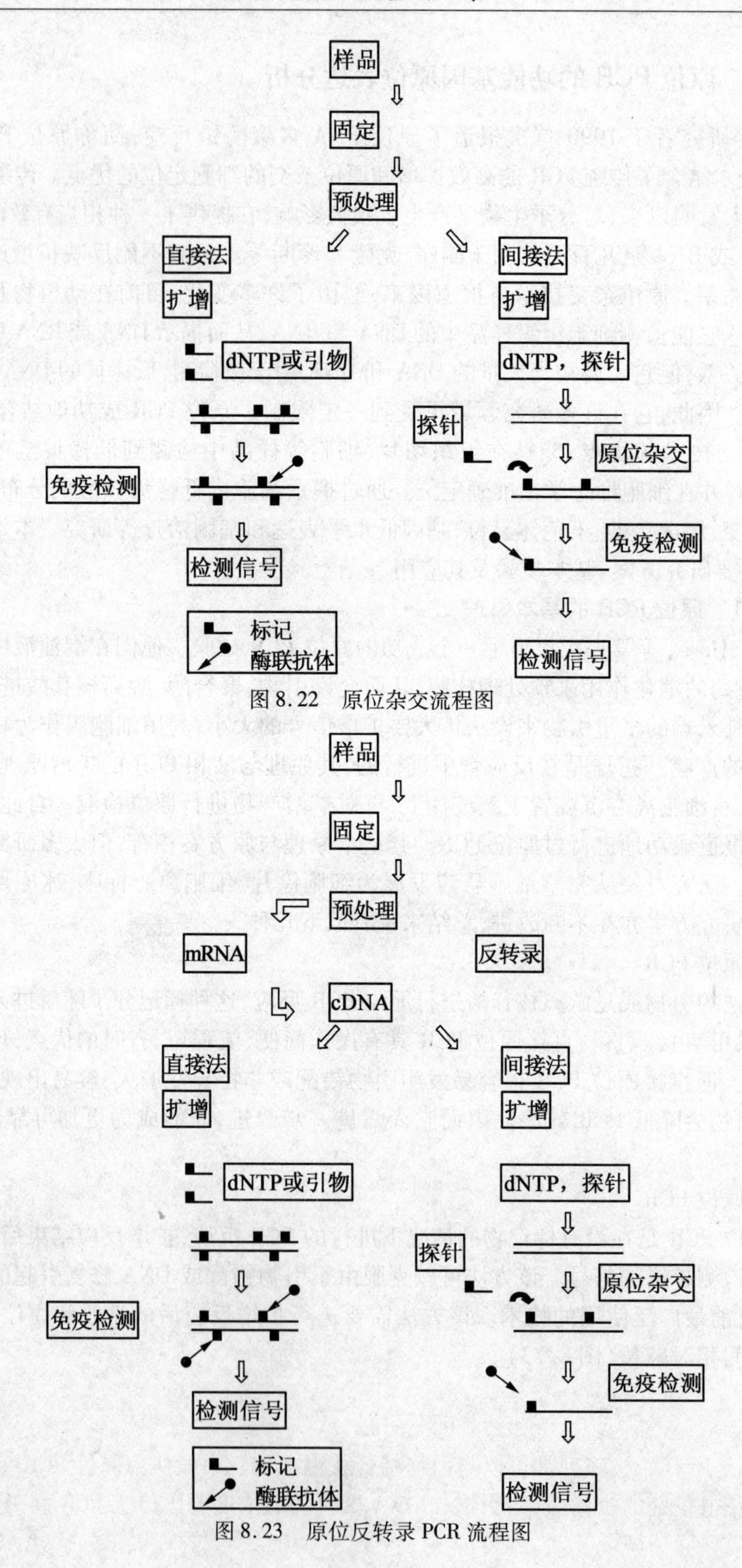

图 8.22　原位杂交流程图

图 8.23　原位反转录 PCR 流程图

3. 原位反转录 PCR

在原位 PCR 中加上进一步反转录过程(RT),新形成的 cDNA 当成模板用于扩增,这个过程叫做原位反转录 PCR(in situ reverse transcription PCR,简称原位 RT-PCR)。它分为直接原位 RT PCR 和间接原位 RT-PCR 两种。该方法可用来检测细胞或组织中拷贝低的 mRNA 或特异基因的表达。在原位 RT-PCR 中,首先要对组织样品 DNA 进行酶处理,以破坏组织细胞中的 DNA。1991 年,Cetus 公司推出了一种新酶可同时执行 RT 和 PCR 反应,因此减少了反应时间。

4. 原位再生式序列复制反应

Zebe 等在 1994 年率先提出了原位再生式复制反应(self sustained sequence replication reaction,简称 3SR 反应)。它可作为原位 RT PCR 的一种选择的方法用于完整的细胞或是组织切片中低拷贝数 mRNA 的检测。它还特别有利于与免疫组织化学相结合。

8.2.4.2　原位 PCR 的主要步骤

原位 PCR 过程相当复杂,而且技术要求高。这项技术还在完善阶段,正经历许多发展。它的成功取决于适当操作和被证实的特异对照。其步骤如下。

1. 组织固定

原位 PCR 可以在细胞悬液、细胞离心标本、细胞涂片、石蜡切片及冰冻切片上进行。相比之下,其中以悬浮的完整细胞做原位 PCR 效果最好,细胞涂片和细胞离心标本次之,而切片标本最差。原位 PCR 最好的固定方法应该既能保护 DNA 或 RNA,又能保护组织的形态。常用的固定剂,缓冲福尔马林(10%,4 ℃固定 46 h)和 4% 的多聚甲醛,都能满足这一要求。Greer 等用经固定的石蜡包埋组织做 PCR,检查了 11 种固定剂、3 种固定时间对 PCR 的影响。它们的结果可为原位 PCR 组织固定方法的选择提供参考。

2. 预处理

在进行原位扩增前,一般都要用蛋白酶进行预处理。组织标本经蛋白酶消化后,能增加透性,允许试剂进入,并暴露出靶序列用以扩增。酶的浓度、处理时间和温度很重要。过渡消化会扭曲组织形态,使得 PCR 产物从破坏的细胞膜内扩散出来;若消化不够,组织将会有较差的渗透度,蛋白质和核苷酸也会交联过度,影响 PCR 反应。这些都会致假阴性结果。消化的强度还应与组织的固定程度相适应,组织样品固定越深,消化也要越强些。消化后酶要通过加热去活化或洗脱完全除去。

3. 引物设计

原位 PCR 非特异性或假阳性的产生很大概率是源于引物与模板的错配。因此,设计一对和组织中其他序列很少或没有同源性的引物是很重要的。现在已有一些计算机程序用于证实所设计的引物的同源性。引物通常含 18~28 个核苷酸,对于保存在石蜡切片中的组织样品,较短的引物比较适合,有时为提高扩增产物的特异性,可以采用 2 对或多对引物。

4. PCR 反应

原位 PCR 与液相 PCR 的扩增原理基本相同,但由于原位 PCR 在固定的细胞、组织标本上进行,因而又有其特殊性。原位 PCR 中,靶序列 DNA 或 RNA 是不能移动的,由于空间位置的缘故,不是所有的靶序列都可以与引物结合获得扩增。一般认为原位 PCR 效率低于传统 PCR。为获得较好的扩增效率,引物和 DNA 聚合酶的浓度要比传统 PCR 高一些,每一个保温时间都相应地稍长一些。对于细胞涂片、组织切片标本或细胞离心标本,扩增在玻璃载玻片上进行。载玻片原位 PCR 的热循环可在专用的热循环仪上进行,用铝箔纸铺在常规 PCR 热循环仪平台上形成一个平板,也可以进行原位 PCR。为能够获得足够的产物用于检测,一般需要 20 ~ 40 次循环。为提高 PCR 的特异性,一种"热启动"技术目前已发展起来。热启动最先是在载玻片已经加热 94 ℃几分钟后,加入 DNA 聚合酶。现在应用"热启动"方法中,有许多改进。一种 Ampliwax 的特殊蜡被用于 80 ℃以下隔开反应混合物和聚合酶;另有一种单克隆抗体能够在 70 ℃以下特异会有效阻止 Taq DNA 聚合酶的活性,在热循环的第一次变性步骤中,由于抗体加热去活化,从而除去它对 Taq DNA 聚合酶的抑制作用。原位 PCR 成功的重要因素是产物的保留。大量产物保留在原位的原因还不完全清楚。细胞膜和核膜可能对扩增产物的保留起重要作用;扩增产生的一些长的产物也可能作为一种"锚"而有效地保留一些扩增产物;带有更多组织结构的厚切片会有助于将扩增产物保持在原位。此外,密封的盖玻片或塑料袋也可用来防止蒸发,将产物保持在原位。PCR 后处理,如 60 ℃干燥或固定于 2% ~4% 聚甲醛中这也是一种有效的固定扩增产物的方法。

5. 洗脱

原位扩增结束以后,标本要轻轻地洗涤,以除去弥散到细胞以外的扩增产物。洗涤不充分,会使弥散的扩增产物在检测时显现,造成背景过高或是假阳性结果,而过分的洗涤又可能会从起始位置除去扩增产物。因此,洗涤的程度要折衷于减低背景和保留强阳性信号这两个因素。

6. 原位杂交检测

间接原位 PCR 反应的扩增产物是通过原位杂交检测的。杂交前要进行预杂交。预杂交也可在 PCR 前进行,这种修改能减少洗脱的步骤和次数,同时也有利于保存扩增产物。原位杂交的方法很多,一种直接的方法是采用标记有生物素或地高辛的寡聚核苷酸探针,在甲酰胺存在的条件下,温度 37 ~ 54 ℃及适当条件下杂交 3 h 或更长时间。此外,还有放射性同位素标记、酶标记荧、光标记等多种检测方法。

7. 对照的设置

原位 PCR 是一种敏感性较高的检测细胞内特定 DNA 或 RNA 序列的技术,其整个流程相当复杂。不适当的固定和预处理、缺损 DNA 的修复、不适当的引物以及产物的扩散等都将会产生假阳性或假阴性结果。为使实验结果得到正确、合理的解释,必须设置一系列对照实验。理论上每次实验需要有 20 多对照,实际操作中,为保证反应的特异性,以下对照要首先考虑。同时应该扩增一个已知阳性和阴性的样品中的靶序列作为对照。该对照样品最好是与待测样品相似的组织或细胞。从同一样品中提取 DNA 或 RNA,在载玻片上作液相 PCR 或 RT - PCR。将数量已知的不含靶序列的无关细胞与含有靶序列的细胞混合设置相邻的阳性和阴性,用以区别是由于扩增产物扩散而造成的假信号。省去 Taq DNA 聚合酶进行原位扩增作一个阴性对照。省去引物进行原位扩增作为一个阴性对照,用作检测 DNA 聚合酶作用下的缺损 DNA 修复的对照。原位扩增之前用 DNA 或 RNA 酶预处理待检测标本作为一个阴性对照。省去探针或省去标记的引物作为检测体系的对照。

8.2.4.3 原位 PCR 的应用

原位 PCR 技术是一种高度敏感、高效扩增的特点与分子杂交方法精细定位的特点紧密结合在一起发展起来的分子分析技术。它在原位检测低拷贝基因及基因低水平的表达方面有着非常独特的优越性。这一技术从建立以来倍受相关研究领域许多学者的重视,近年来,国内亦有了少数报道。目前原位 PCR 主要应用在三个领域:基因变异的鉴定,外源基因检测和基因表达研究。

Jin 等对用原位 PCR 方法与其他方法研究 mRNA 表达进行了比较。原位 PCR 的检测范围大大超过原位杂交技术的检测范围,原位 RT - PCR 和原位 3SR 为观察特殊细胞种类中的拷贝数 mRNA 和研究基因低水平的表达提供了最有效的方法。动植物体内成千上万的基因尚属静止基因,暂不可产生或产生极少量的 RNA,因而它们的功能尚未被阐明。原位 RT - PCR 及原位 3SR 可以在这方面发挥很大作用。

PCR 技术正经历着一个不断发展和完善的过程,在微生物学研究中发展较快,成为一种有力的基因诊断学技术。相信,随着日渐成熟技术、方法,原位 PCR 技术将在微生物分子生态学和分子诊断等各生态或是环境科学领域里有着广泛的应用前景并将发挥越来越重要的作用。Chen 等指出原位逆转录的方法具有鉴别微生物遗传多样性和活性的能力,因为某些功能基因在细胞中 mRNA 的含量不高,直接用 FISH 的方法是不能检出的。为能分析出细胞内特定基因可采用原位 PCR 的方法,即在细胞内进行 PCR,使目的片段不断扩增,然后再用 FISH 法检测这些靶序列,或者在 PCR 时直接掺入标记的核苷酸,进行直接检测。用这种方法可以检测出基因组中的单拷贝的基因,但这项技术的质量取决于 mRNA 或 rRNA 在引物特定结合位点上逆转录的起始位点,以及标记的核苷酸在最终合成的 cDNA 中的掺入。它要求聚合酶大分子能够进入细胞,并且不在非特异性结合的引物或内部引发位点起始转录,避免产生背景信号,以后的不断发展将证实这些方法是否能用在复杂的环境或临床样品中特定基因和基因产物的原位鉴定上。

第9章 生态环境中的抗逆、抗病基因

干旱、盐碱、金属离子和低温等逆境条件严重影响并抑制着生物的生长发育,会引起生物的生理生化、形态等方面的变化,甚至死亡。因此,开展抗逆研究、提高生物抗逆能力,能使生物稳定发展,保持生物多样性是非常重要的。随着分子生物学的发展,借助分子生物学手段,从基因组成、表达调控及信号转导等方面进行深入研究,揭示抗逆分子机理,并导入相关基因改良生物的胁迫抗性,近年来取得较大进展,在农作物抗逆育种上展示出了广阔的应用前景。

9.1 植物在生态环境中的抗逆机制

9.1.1 离子平衡与渗透调节

干旱、盐碱、高温、低温等逆境因素均会导致植物细胞水分亏缺,即诱发渗透胁迫(Osmoticstress)。为了保护细胞内水分平衡,植物通过无机离子和小分子有机代谢产物的积累、转运和区域化等机制解除渗透胁迫。逆境下将过多毒害离子泵出细胞或将离子区域化是植物细胞维持离子平衡、保持细胞和组分稳定的有效对策。如 H^+ - ATPase 是质膜与液泡膜上的一种 H^+泵,可维持细胞中的 Na^+、Cl^-浓度。Na^+/H^+逆向转运蛋白则在外界环境的 Na^+浓度提高时,通过 Na^+/H^+逆向转移将 Na^+转运到液泡中,实现区域化,从而减少细胞质中的 Na^+浓度。植物在逆境条件下维持细胞渗透平衡的另一重要策略是积累一些小分子有机物,如脯氨酸、甘氨酸、甜菜碱、山梨醇、甘露醇等渗透调节物质。渗透调节物质的作用至少有三个方面,一是保持胞内渗透平衡;二是保护细胞免受胁迫损伤;三是保护酶的活性。这些小分子物质在正常情况下含量往往比较低,在逆境胁迫合成时反应被激活,是植物抗逆的重要原因。

9.1.2 抗氧化防御系统

植物在逆境中通常伴随大量活性氧的产生,若不及时清除将会造成细胞膜和一些大分子物质的破坏,尤其是对线粒体和叶绿体的破坏,使细胞产生氧化损伤。植物在抵御氧化胁迫时会形成一些能清除活性氧的酶系和抗氧化物质。抗氧化酶体系包括超氧化物歧化酶(SOD)、过氧化氢酶(CAT)、抗坏血酸过氧化物酶(APX)等;非酶类抗氧化物质有类黄酮、α - 生育酚、抗坏血酸、谷胱甘肽、胡萝卜素等,它们能有效清除活性氧,提高植物抗逆性。

9.1.3 胁迫相关蛋白

植物应对环境胁迫时会大量合成相关蛋白,如胚胎发生后期丰富蛋白(Late Embryogenesis Abundant Protein, LEA 蛋白)、水通道蛋白(Aquaporin, AQP)和抗冻蛋白(Antifreeze Protein, AFP)等。LEA蛋白是在种子成熟和发育阶段合成的蛋白，也在因受到干旱、低温和盐渍胁迫而脱水的营养组织中进行高度表达。LEA蛋白在逆境中的作用，可能表现在以下几个方面：一是作为渗透调节蛋白，参与调节细胞的渗透压，保住水分；二是作为一种脱水保护剂，保护其他蛋白和膜的结构稳定性，并能抑制细胞质的结晶化，聚集因失水而进入细胞的无序离子，使细胞结构和代谢机制免受伤害；三是通过与核酸结合调节细胞内其他基因的表达。

水通道蛋白(AQP)也叫水孔蛋白，是植物中分子质量约为26~34 kD,选择性强,能够高效转运水分子的一种膜蛋白，拟南芥基因组至少含有23个基因,是编码这一水合蛋白家族成员，部分水合蛋白已证明存在于质膜或液泡膜。在拟南芥和其他植物中已有研究报道这些水合蛋白分子受胁迫调控表达，其功能详尽情况还有待进一步验证。低温可以引起细胞内外水分结冰，随着冰冻时间的延长，冰晶逐渐扩大向四周伸展，将会刺破质膜和一些重要的细胞器，破坏生物有序隔离。研究表明,抗冻蛋白(AFP)具有修饰冰晶形态、降低溶液冰点、抑制重结晶等功能。正因为如此,AFP蛋白基因的转基因工程研究近年来开展得甚多。

9.1.4　信号转导与转录因子调控

当植物体感受外界胁迫信号时，就会启动或关闭某些相关基因，以达到抵御逆境的目的。蛋白激酶在信号传递过程中具有重要作用，参与感应和转导胁迫信号。与植物干旱、高盐应答有关的植物蛋白激酶主要有:与感受发育和环境胁迫信号有关的受体蛋白激酶(RPK)、与植物对高盐、干旱、低温等反应的信号传递有关的促分裂原活化蛋白激酶(MAPK)及钙依赖而钙调素不依赖的蛋白激酶(CDPK)等。转录因子(Transcription Factor, TF)又叫反式作用因子,能与真核基因启动子区域中的顺式作用元件发生特异性结合，从而保证目的基因以特定的强度在特定的时间、空间表达蛋白质分子。植物逆境下许多基因的表达都是由特定的转录因子和特定的顺式作用元件相互作用调控的。植物通过转录因子参与调节的对干旱、高盐、低温胁迫信号应答的途径分为两种：依赖于ABA的途径和不依赖于ABA的途径。依赖于ABA的胁迫应答启动子区域含有一种叫ABRE的元件，转录因子bZIP、MYB等与其结合发挥作用；不依赖于ABA途径的有DRE元件，转录因子DREB1和DREB2与其结合发挥作用。

9.2　生态环境中的植物抗逆基因工程研究进展

9.2.1　抗旱机制及相关基因工作

当植物耗水大于吸水时,会使组织水分亏缺,过度水分亏缺的现象就称为干旱。旱害则是指土壤水分缺乏或大气相对湿度过低对植物的危害。干旱对植物生产的不利影响主要有:降低了细胞含水量,破坏细胞膜系统;增加了透性,降低光合作用;使植物的物质代谢紊乱,生长发育迟缓、死亡。干旱胁迫可激活相关基因,如LEA蛋白、抗氧化酶和水孔蛋白等的转录,并导致编码蛋白的累积。植物抵抗旱害的能力也普遍称为抗旱性。

干旱胁迫诱导基因分为两大类:一类是在植物的抗性中起作用的蛋白质基因,用以维持细胞各种生理生化代谢活动正常进行。包括渗透调节因子（如脯氨酸、甜菜碱、糖类等）的合成酶基因，直接保护细胞免受水分胁迫伤害的功能蛋白（如 Lea 蛋白、渗调蛋白、水通道蛋白、离子通道蛋白等）基因，及毒性降解酶（如谷胱甘肽 S 转移酶、超氧化物酶、可溶性环氧化物水解酶、过氧化氢酶和抗坏血酸过氧化物酶等）基因。另一类是在信号传导和基因表达过程中起调节作用的蛋白质基因，主要包括传递信号和调控基因表达的转录因子基因（如 bZIP、MYC、MYB 和 DREB 转录因子等），感应和转导胁迫信号的蛋白激酶基因（如 MAP 激酶、受体蛋白激酶、CDP 激酶、核糖体蛋白激酶和转录调控蛋白激酶等），以及在信号转导中起重要作用的蛋白酶基因（如膦酸酯酶、磷脂酶 C 等）。

9.2.2　耐盐机制及相关基因工程工作

土壤中可溶性盐过多对植物的不利影响称为盐害。盐分过多使土壤水势下降，严重地阻碍植物生长发育，是造成盐碱地区限制作物收成的重要因素。盐分胁迫对植物的伤害，主要通过盐离子的直接作用也就是离子胁迫和间接的脱水作用两种途径。由于盐胁迫下，植物吸收不到足够的水分和矿质营养，造成营养不良，致使叶绿素含量低，影响光合作用。由于光合作用没有得到足够的营养和能量，因此，植物必须加强呼吸作用，以维持正常的生理功能，从而消耗大量有机物质，使植物的营养物质处于负增长，最终导致植物生长受抑制，甚至死亡。盐胁迫直接影响细胞的膜脂和膜蛋白，使脂膜透性增大和膜脂过氧化，从而影响膜的正常生理功能。研究发现，植物的耐盐机制包括以下几种：

（1）积累小分子渗透保护剂，如脯氨酸、胆碱、甘氨酸、甜菜碱、环状多元醇等。例如脯氨酸，水合趋势大、能力强，是水溶性最大的氨基酸，其积累有助于细胞和组织的保水，从而保护酶和细胞结构；多元醇类则似乎在两方面起作用，一是渗透调节，二是渗透保护，这两方面有机地结合在一起。这些保护剂生物合成途径中的关键酶基因成为重要的耐盐基因，如脯氨酸生物合成过程中的 P5CR（吡咯啉 - 5 - 羟酸还原酶）、P5CS（吡咯啉 - 5 - 羟酸氧化酶）等。

（2）离子区域化，维持离子平衡，从而保持细胞和组织的内稳状态。如 Na^+/H^+ 逆向转运蛋白在外界环境的 Na^+ 浓度提高时，通过 Na^+/H^+ 逆向转移将 Na^+ 转运到液泡中，实现区域化，从而减少细胞质中的 Na^+ 浓度。

（3）脱落酸积累。脱落酸是可以促进叶子脱落和芽的休眠的一种激素，并诱导抗胁迫基因的表达。

（4）产生和积累高盐诱导表达的大分子蛋白，如调渗蛋白，可协助水分子在细胞间的转运。

9.2.3　抗冻机制及相关基因工程工作

冻害主要是由冰晶对生物原生质损伤造成的。抗冻蛋白可分为抗冻糖蛋白、第一类抗冻肽、第二类抗冻肽及第三类抗冻肽，是一个大小和序列都具有异质性的分子群体，由多基因家族进行编码。

9.2.4　抗氧化机制及相关基因工程工作

植物体内清除活性氧的保护机制主要包括两种：一种是酶促脱毒机制。过氧化物歧化酶(SOD)是植物抗氧化系统的第一道防线,可清除细胞中多余的超氧根阴离子,抗坏血酸过氧化物酶(APX)和过氧化氢酶(GAT)均是清除 H_2O_2 的主要酶类。另一种是非酶促清除机制。非酶类抗氧化剂包括类黄酮、α－生育酚、抗坏血酸、谷胱苷肽、胡萝卜素和甘露醇等。据报道有研究者将细菌编码的甘露醇－1－磷酸脱氢酶 Mt1D 转入烟草中,体外实验表明转基因植株叶绿体中有甘露醇积累,清除 OH^- 的能力增强。

9.2.5　耐重金属机制及相关基因工程工作

植物对重金属的耐性机理有:

(1)排斥机制。即阻碍重金属的吸收或其在金属离子在植物体内的运输,吸收后又排出体外。

(2)区域化机制。即使重金属在植物的液泡、叶片表皮毛、细胞壁等部位积累,从而与细胞中的其他组分隔离,达到解毒的效果。

(3)络合机制。即植物体内物质与重金属的络合作用。

大分子金属螯合蛋白的螯合能力最强,又可分为金属硫蛋白与植物螯合肽。前者是对多种重金属都具有螯合作用,由 MTs 基因直接编码合成,在特定条件下如重金属离子胁迫或其他逆境条件下表达。后者是以谷胱甘肽为底物,在 GCS(γ－GluCys 合成酶)、GS(GSH 合成酶)及 PCS(植物螯合肽合成酶)的作用下合成的可与重金属离子结合形成螯合物,然后从细胞质向液泡中转运并在液泡中积累。

9.3　植物抗逆相关基因的分离

9.3.1　渗透调节物质生物合成关键酶基因

9.3.1.1　脯氨酸合成酶基因

脯氨酸有两种合成途径，即鸟氨酸途径和谷氨酸途径。当在盐胁迫下，后者占优势。脯氨酸合成涉及两个重要的酶:吡咯啉－5－羧酸合成酶（P5CS)还原酶和吡咯啉－5－羧酸还原酶(P5CR)。Kishor 等将从乌头叶豇豆中克隆的 P5CS 基因与 CaMV 35S 启动子连接后转入烟草中，发现转基因烟草的脯氨酸含量比对照高 10～18 倍，在干旱胁迫下，转基因烟草落叶少且迟，根比对照长 40%,生物量增加 2 倍，而且耐盐性也较对照组高。

9.3.1.2　甜菜碱合成酶基因

甜菜碱生物合成的前体为乙酰胆碱，高等植物中的乙酰胆碱由胆碱单加氧酶(CMO)、甜菜碱醛脱氢酶(BADH)两步催化合成的甜菜碱。植物中的 CMO 和 BADH 已被分离纯化,菠菜中编码 BADH 的基因现在也已被克隆，此外,乙酰胆碱氧化酶(COD)因为可以把乙酰胆碱一步合成甜菜碱而日益受到人们关注。Holmastrom 等研究者从大肠杆菌中克隆到的 BADH 基因导入烟草中,梁峥等将菠菜中的 BADH 基因转入烟草中;两者获得的转基因烟草其抗旱性皆得到提高。Hayaashi 等研究者们将来自球形节杆菌的 cod A 基因导入拟南芥,获得耐盐和抗冻的拟南芥,通过转运肽将 cod A 基因定位到了叶绿体上，在叶绿体中甜菜碱浓度高达 50 mmol/L。由于甜菜碱生物合成途径简单，进行遗传操作方便，所以甜菜碱合成酶基因被认为是最重要和最有希望的胁迫抗性基因之一。

9.3.1.3　甘露醇与山梨醇合成酶基因

甘露醇和山梨醇属于多元醇，亲水力强，利于增强植物的抗盐碱性，1 - 磷酸甘露醇脱氢酶基因(mltD)和 6 - 磷酸山梨醇脱氢酶基因(gutD)都是从大肠杆菌中克隆得到的,分别编码这两种醇的关键基因，并已在部分植物中转化获得成功。Tarczynski 等报道转 mtlD 烟草耐盐性提高。Thomas 等将 mtlD 导入拟南芥，转基因植株的种子因积累甘露醇在高盐下能萌发，而对照植株的种子则不能萌发。此外，将双基因 mtlD 和 gutD 转化烟草，转基因烟草的抗渗透胁迫能力有了极大提高，表明不同的多元醇在植物中积累，可能具有协同累加效应。

9.3.2　活性氧清除酶基因

SOD 是清除活性氧的关键酶，是植物整个抗氧化防御体系的第一道防线。根据其结合金属离子的不同,SOD 可分为 Cu/Zn - SOD 、 Mn - SOD 和 Fe - SOD 三种类型，这几种 SOD 的 cDNA 已从植物中克隆并用来转化不同植物。Allen 等研究发现，将 SOD 基因转入烟草增强了烟草的抗氧化能力，转 SOD 基因的棉花也增强了其对冷冻逆境的抗冻性。通过使用两种不同的转运肽，来源于烟草中的 Mn - SOD 既可在苜蓿叶绿体中又可在线粒体中表达,3 年田间试验表明，在干旱胁迫下转基因苜蓿产量和存活率都显著提高。

9.3.3　胁迫相关蛋白基因

9.3.3.1　LEA 蛋白基因

目前已先后从棉花、水稻、大麦、油菜、番茄、小麦等多种植物中克隆了 LEA 蛋白基因，并进行了转化研究。如 Xu 等将大麦的 LEA 蛋白基因 hva1 导入水稻后，获得大量的转基因植株，在水稻 ACT1 启动子调控下,大麦 hva1 基因得到了高水平的表达，hva1 蛋白在转基因水稻的根和叶都有合成积累，其第二代转基因水稻的抗旱性和抗盐性明显提高。

9.3.3.2　水通道蛋白(AQP)基因

植物 AQP 可分为三类：液泡膜水通道蛋白(TIP)、主体水通道蛋白(MIP) 及 NOD 近缘主体水通道蛋白(NLM)。拟南芥中有 30 个基因是编码 AQP 的，12 种属于 TIP，12 种属于 MIP，6 种属于 NLM。研究表明，AQP 的表达受发育、低温、干旱、ABA 等调控。如通过利用拟南芥质膜通道蛋白基因 AthH2 的反义载体降低转基因拟南芥植株 AthH2 基因的表达，叶片原生质体吸水速率大大减慢。

9.3.3.3　抗冻蛋白(AFP)基因

早期抗冻蛋白基因多取自于极地鱼类或高寒地区的昆虫。Kimberly 等研究者将第一批来自比目鱼的 AFP 转入烟草和番茄中，在低温下检测到较强的抗冻蛋白活性。受到鱼类研究的启示，人们着手寻找植物中的 AFP。1992 年加拿大的 Griffith 第一次明确提出获得了植物内生 AFP，他们从经低温锻炼的、能忍受细胞外结冰的冬黑麦中发现了内源 AFP，提取并部分纯化了该蛋白。植物内源 AFP 蛋白基因更适合在植物体内表达，由此产生的转基因植物在抗寒性更加明显。目前对已从植物中纯化得到的 AFP 蛋白的基因功能方面了解较少，但植物抗冻蛋白基因工程将会有着巨大发展潜力。

9.3.4　与信号转导和基因表达相关的调控基因

参与环境胁迫信号的传递是蛋白激酶的重要功能之一。蛋白激酶主要是催化蛋白质的磷酸化，在众多的蛋白激酶中只有 MAPK 研究得较清楚。Kovtun 等发现组成性表达拟南芥 MAPKKK 类似物 NPK1 的转基因烟草具有显著的抗冷冻、盐碱和高温的能力。转入 NPK1 的玉米的抗寒性也明显提高许多。除了 MAPK 相关基因外，转其他蛋白激酶基因也有报道。Saijo 等曾将这一钙依赖性蛋白激酶基因(OsCDPK)转入水稻中进行过表达，发现转基因水稻抗寒性和抗盐性都得到加强。因此，MAPK 家族其他新成员及其他种类蛋白激酶的鉴定与基因的克隆,都可为蛋白激酶在植物抗逆基因工程中的应用提供新途径。

9.3.5　生物防御素基因

9.3.5.1　防御素简介

值得关注的还有生物防御素基因。生物在病原体侵染时，自身会产生一系列拮抗物质，以阻止病害的传播和病原微生物的侵染，这种系统被称为防御系统。编码这些拮抗物质的基因统称为防御基因。防御素(Defensin)就是这样的一种拮抗物质，在生物机体抵御病原体的防御反应过程中产生，是一种能抗微生物和一些恶性细胞的短肽。防御素通常是由 29～54 个氨基酸组成,包括 6～8 个保守半胱氨酸，可通过半胱氨酸分子间二硫键使肽环形成反向平行的 β 片状结构，或是含有一个 α 螺旋结构。防御素分子结构稳定且具有广谱的抗菌活性。根据分子结构特征和来源的不同，动物防御素可分为 α－防御素、β－防御素和 θ－防御素 3 种，除此之外，还有昆虫防御素和植物防御素。

目前对防御素的抑菌机理虽然未明确定论，两种不同的抗菌作用机制被提出，一种是独立的膜机制,另一种是防御素结合细胞内的复合物机制。独立膜机制的观点认为，带正电荷的防御素与带负电荷的细菌细胞膜相互吸引，并相互结合，从而破坏了磷脂双分子层的完整性，引起靶细胞膜出现裂隙。于是，二聚或多聚的防御素进入细胞膜形成跨膜的离子通道，细胞膜的通透性及细胞能量状态受到了破坏，导致细胞膜去极化，呼吸作用受到抑制以及细胞 ATP 含量下降，离子、大分子物质通过细菌的细胞膜，最终致靶细胞死亡。通常认为，防御素的作用机制是由独立的膜机制进行的。但近年的研究显示，防御素结合细胞内复合物的作用机制有一定的作用。人类防御素的杀菌机制并不能完全用简单的膜破裂模型来解释机理,而是一种更为细微的作用模式。α－防御素选择性地杀死革兰氏阴性细菌，而 β－防御素则是对革兰氏阳性菌的作用更有效。人的 β－防御素带有更多的负电荷，因此仅仅因为防御素所带的阳离子并不能解释这种对细菌株系的选择性作用;且已有研究显示,防御素的杀菌作用并不都是与肽结构有关系。人类防御素 HD－5 对于大肠杆菌的抗菌活性表现出了结构非特异性，而对金黄色葡萄球菌,无结构特性的多肽抗菌活性则大大降低；通过对 HNP1 和 HD－5 的研究显示，与原始的 L－型肽分子相比，全部由 D－型氨基酸组成的 α－防御素对金黄色葡萄球菌的抗菌活性有很大程度的降低，但对于大肠杆菌的抗菌活性却没有明显的变化。由此表明，α－防御素在对大肠杆菌和金黄色葡萄球菌的抗菌机制上有所不同,微生物的细胞膜并不是防御素唯一的结合目标,黄色葡萄球菌中可能存在某种未知物质能与防御素进行相互作用。最新的研究证明，HNP1 是与一种前期合成细胞壁的重要物质脂质 II(Lipid II)存在功能互作。多种抗菌物质都能结合脂质 II，从而影响细胞壁的合成和细胞膜的功能，如乳链菌肽(Nisin)。乳链菌肽能高度结合脂质 II，形成的复合物可以在细胞膜上形成孔洞。当加入脂质 II 合成抑制剂的时候,乳链菌肽和 HNP1 的抗菌活性均大大降低。与链菌肽类似，HNP1 也与脂质 II 结合，形成了的复合体在细菌的细胞膜上形成孔洞，从而影响细胞膜的功能。

9.3.5.2　防御素基因的功能研究

防御素在自然界中广泛存在，利用分子克隆及基因表达等手段，可以获得一些天然不易提取的产物。例如，甜椒（*Capsicum annuum L.*）中存在的一种防御素叫 CADEF1，Li 等通过研究对此防御素 cDNA 的克隆，并通过质粒转化大肠杆菌进行蛋白表达，并证实了其对棉花黄萎病存在着一定抗菌活性。

防御素虽然为广谱抗性，但来源不同的防御素存在较大的抗谱差异，与昆虫或植物的防御素相比，哺乳动物的防御素具有更广的抗谱。动物防御素通常对细菌、真菌、被膜病毒，以及某些恶性肿瘤细胞均有广谱的毒杀效应。防御素的广谱抗菌活性尤其是动物防御素的基因分离与功能研究更加受到关注。曹光成等已经成功克隆出了兔防御素 NP－1 基因，并将该基因连接在植物表达载体上进行了不同水平上检测到防御素基因的表达。中国科学院遗传与发育生物学研究所用转基因小球藻（*Chlorellaellipsoide* C.）为生物反应器生产兔防御素 NP－1 蛋白，并获得了成功。且已经建立了单细胞真核藻类小球藻高效表达系统，将抗菌谱最广泛的防御素之一的兔防御素 NP－1 基因转入小球藻，并得到表达。经 PCR 和 Southern 检测，NP－1 基因已整合到转基因小球藻基因组中。抑菌实验研究表明表达的防御素有抑菌活性，转基因小球藻总蛋白提取液能够明显抑制枯草杆菌，大肠杆菌和镰刀菌的生长。此研究为 NP－1 的大规模提取、纯化以及抗生素类新药的开发奠定了基础随着基因工程的发展，快速合成 DNA 片段、定向修改、设计生物基因的方法得到应用，可以快速克隆得到各种防御素的基因。已经有多种动物、植物和昆虫防御素的基因被分离出来，并在基因得到了应用。Mahanama 等研究人员在鲍鱼（*Haliotisdiscus* H.）中发现了一种新的防御素，该防御素能在血细胞、腮和消化管中大量表达，是无脊椎动物防御素领域中的一个重大发现和进步。近年来的一些防御素基因的分离、细胞定位与组织表达见表 9.1。通过克隆的防御素基因构建原核表达载体，并利用转化将防御素基因导入大肠杆菌进行原核表达，可以对表达蛋白的抗菌活性进行检测。目前已经有多种防御素基因在大肠杆菌等细菌中成功表达，并检测出其抗菌活性。近些年来一些新防御素基因的原核表达和抗菌情况见表 9.2。

表 9.1　一些防御素基因的克隆、细胞定位及组织表达

防御素基因	防御素种类	来源	基因长度/bp	细胞定位及组织表达
NP－1	α－防御素	兔子	190	中性粒细胞
pBD－1	β－防御素	猪	298	几乎所有的组织和细胞
eBD－1	β－防御素	马	151	肝脏，心脏，脾脏等
AiBD	动物防御素	扇贝	531	血细胞和腮
reBD－1	β－防御素	驯鹿	372	瘤胃和睾丸
DEFA1	α－防御素	马	340	小肠和潘氏细胞
鲍鱼防御素基因	无脊椎动物防御素	鲍鱼	198	血细胞，腮和消化管
Def3	昆虫防御素	锥蝽	96	肠和唾液腺
Def4	昆虫防御素	锥蝽	92	脂肪体和胃
PJD1	甲壳纲动物防御素	龙虾	656	心脏，神经等
PJD2	甲壳纲动物防御素	龙虾	673	心脏，神经等
GdB	植物防御素	银杏	534	果实

续表 9.1

防御素基因	防御素种类	来源	基因长度/bp	细胞定位及组织表达
PsDef1	植物防御素	松树	252	幼芽
Sm－AMP－D1/Sm－AMP－D2	植物防御素	繁缕	580/591	种子
PvD1	植物防御素	菜豆	314	种子

表 9.2　一些防御素基因的原核表达和抗菌情况

基因来源	转化受体	检测方法	抗性鉴定
兔 NP－1	大肠杆菌	SDS－PAGE	未检测
人 HNP－1	大肠杆菌	ELISA	未检测
人 HNP－1	金黄色葡萄球菌	免疫杂交	无活性
人 hBD2	大肠杆菌	SDS－PAGE、Western 杂交	未检测
马 DEFA1	大肠杆菌	辐射扩散实验	抗多种革兰氏阳性和阴性菌，以及酵母白色念珠菌
人 hBD3 － 4	大肠杆菌	SDS－PAGE	未检测
豇豆种子	大肠杆菌	HPLC，α－淀粉酶抑制试验	大肠杆菌抑制害虫 α－淀粉酶
斑蛙 Dpd	大肠杆菌	抑菌实验	抑制多种革兰氏阳性和阴性菌
玉米 Pdc1	大肠杆菌	FTIR，抑菌实验	能抑制镰刀菌
毛豆 TvD	大肠杆菌	SDS－PAGE 抑菌实验	能抗多种真菌对 Pheaoisariopsis personata 抗性最强
瓜蒌 TDEF1	大肠杆菌	SDS－PAGE 抑菌实验	抗尖孢镰刀菌

9.3.5.3　防御素在基因工程方面的应用

随着对防御素生物学特性与功能的逐步认识，防御素基因的遗传转化与应用研究也取得了较大进展。高等植物抗病基因工程的主要方法是克隆外源相关的抗病基因，转入植物基因组中进行表达。从而提高植物对病害的抗性。该方法已经取得了一定的成功，但也还存在不足：一方面，很多抗病基因的抗谱不够广，只能抗一种或相近的几种病；另一方面，一些病原菌的抗病基因尚未找到或已有的抗病效果不够理想。防御素同时具有广谱的微生物抗性，可能赋予转化受体对细菌、真菌与病毒病的抗性。由于防御素具有独特的抗微生物机制，微生物不容易产生耐受性，因此防御素基因在抗病基因工程上有着巨大潜力。已有的研究证明，兔防御素 NP－1 能抗革兰氏阳性与阴性细菌、分枝杆菌和一些被膜病毒；另外，NP－1 还表现出对一些恶性细胞的毒杀作用。其他哺乳动物的防御素虽然也具有较广的抗谱，但相对于兔防御素 NP－1、NP－2，要显得窄一些。兔的 NP－1 比 HNP－1 的抗菌活性强 5～10 倍，其原因为兔的 NP－1 分子中含 9 个净正电荷，而 HNP－1 分子中仅含有 3 个净正电荷。兔防御素 NP－1 的作用机制非常独特，从抗性机理来看，兔防御素不易引起生理小种的变异进化。Fu 等将兔防御素基因 NP－1 导入烟草（*Nicotiana tabacum* L.），证明了转基因植株能有效抵抗烟草青枯病病原菌的侵袭，通过对 NorthernBlotting 检测，发现转基因的 mRNA 水平越高则其抗性越强。赵世民等通过农杆菌介导法将兔防御素基因 NP－1 导入毛白杨（*Populus tomentosa* C.），体外抑菌实验表明，转基因毛白杨植株组织提取物对枯草杆菌，农杆菌 LBA4404 和立枯病原菌等多种微生物均有不同程度抗性，其中对枯草杆菌和农杆菌的抗性最为显著。Zhang 等通过农杆菌介导法将 NP－1 基因导入番茄（*Cyphomandra betacea S.*），证明转基因植株能有效抵抗番茄青枯病（*bacterial wilt oftomato*）

的侵袭。除此之外，NP－1 基因还在玉米、小麦、新疆棉、香石竹(*Dianthus caryophyllus* L.)等植物中进行了表达，并获得了一定程度的抗病性。防御素基因在植物抗病基因工程中的应用见表 9.3。

表 9.3　防御素基因在植物抗病基因工程中的应用

基因来源	转化受体	转化方法	分子检测	抗病性鉴定
芥子 BjD	烟草	农杆菌	Southern Northern 杂交	抗疫霉病菌和串珠镰刀菌
芥子 BjD	花生	农杆菌	Southern Northern 杂交	抗晚期叶斑病
大丽花抗疫	木瓜	基因枪	DmAMP1 ELISA，Western 杂交	抗疫霉菌
大丽花 DmAMP1	水稻	农杆菌	Southern、Northern、Western 杂交，ELISA	抗稻瘟病菌、立枯丝核菌
人 hBD－2	拟南芥	农杆菌	PCR，ELISA	抗灰霉病菌
大丽花 DmAMP1	拟南芥	农杆菌	Northern 杂交	*Fusarium. culmorum* 抑菌活性
植物防御素 alfAFP	土豆	农杆菌	ELISA	抗 *Verticillium dahliae*
人 HNP－1	烟草	农杆菌	outhern 杂交，ELISA	抗低浓度的 TMV
萝卜 RsAFP	烟草	农杆菌	PCR 免疫杂交	抗 *Alternaria luteus*
兔 NP－1	烟草	农杆菌	Southern、Northern 杂交	抗烟草青枯病病菌
兔 NP－1	番茄	农杆菌	Southern、Northern 杂交	抗番茄青枯病
兔 NP－1	白毛杨	农杆菌	PCR，Southern 杂交体外抑菌实验	抗枯草杆菌、农杆菌及立枯病原
兔 NP－1	菊花	农杆菌	Southern 杂交	未鉴定
兔 NP－1	香石竹	农杆菌	抗生素检测，PCR	绿色木霉抑菌活性
兔 NP－1	百合	农杆菌	PCR	未鉴定
兔 NP－1	玉 米	基因枪	PCR，Southern 杂交	抗玉米大斑病
兔 NP－1	小 麦	基因枪	PCR，Southern 杂交	未鉴定
兔 NP－1	小 麦	花粉管通道	PCR，Southern 杂交	抗白粉病、条锈和叶锈病

防御素的广谱的抗菌活性且由于特殊的作用机制不会产生耐药性，因此防御素在医药生产方面上有着巨大潜力。大规模生产和纯化是防御素应用面临的重要问题。比利时 Leuven 大学 Jan Sel 的研究证明了南芥的 PTGS－MAR 系统能够过量表达转入的防御素基因，包括非植物领域的人类 HBD2，并能从第一代转基因植物的叶片中获得数量可观的活性物质，因此 PTGS－MAR 表达系统在防御素的生产和制药方面具有巨大的应用潜力。随着相关研究的不断深入，防御素在植物抗病基因工程和生物制药等方面可能发挥巨大作用。

9.4　植物在生态环境中的抗病研究

植物生长发育过程中常受到一些病原微生物的侵袭，因此，它们在自然生态系统中长期并存，相互适应，相互选择乃至协同进化，使得植物的抗病性与病原物的致病性之间形成一种动态平衡。但是自从人类开展农业活动以来，经常发生植物病害的大流行。农业上成片种植单一作物，直接降低了遗传上的多样性，增加了植物在时空上的连续性，为病原物的发展和连年积累提供了方便。此外,精耕细作之下的农田小环境也更加有利于病原物的传播和侵染。目前,病害使农作物产量和品质均下降,损失巨大。因此,病害已成为农业生产上不可忽视的重要问题。

9.4.1　植物抗病反应分子机制

植物的抗病性与其他性状相比有其特殊性,它不仅取决于植物本身的基因型,还取决于病原物的基因型。因此,植物与病原物互作的遗传基础即构成了植物抗病的遗传基础。目前,广为接受的植物-病原互作关系的遗传模式有两种,即与不亲和因子相关的互作模式和与亲和因子相关的互作模式。

9.4.1.1　与不亲和因子相关的互作模式

该模式又被称为"基因对基因"假说,最早是 Flor 通过研究亚麻对亚麻锈菌的小种特异抗性提出的,目前已被证明至少适合于几十种不同的"植物-病原"相互作用系统,包括真菌、细菌、病毒所致病害以及线虫和寄生种子植物所致的病害。其基本内容为:病原物与其寄主植物的关系分亲和与不亲和两种类型,亲和与不亲和病原物分别含毒性基因(Vir)和无毒基因(Avr),亲和与不亲和寄主分别含感病基因(r)和抗病基因(R)。当携带无毒基因的病原物与携带抗病基因(R)的寄主互作时,二者才表现出不亲和,即寄主表现抗病;其他情况下,二者表现亲和,即寄主感病。寄主与病原物间的非亲和性互作关系取决于病原物产生的无毒(或非亲和)因子的变异性或寄主对该因子的敏感性,无毒因子通过改变寄主的生理特性而起作用。现在这种假说在分子水平上能很好地被"配体-受体"模式加以阐释,即病原物的 Avr 基因直接或是间接编码产物为配体(elicitor),能被植物互补抗病基因 R 基因编码的受体(receptor)所识别,并产生某种形式的次级信号,诱发作用自身的防卫反应基因表达,激发寄主植物发生抗病反应。如果病原物缺少无毒基因或植物缺少抗病基因时,这种识别作用不能完成,结果都是病原物致病而使植物感病。

9.4.1.2　与亲和因子相关的互作模式

该模式首先是由 Scheffer 提出的,它与上述模式的不同之处在于:病原物与互作有关的基因的作用是导致病原物与其寄主仅发生亲和性互作。亲和性因子通过改变寄主的生理特性而使其易受病原物侵染,而抗病寄主植物含有相应的抗病基因,其产物能使亲和性因子失活而不起作用。玉米叶斑和穗霉病抗病基因 Hm1 和大麦白粉病抗病基因 mlo 的抗性机制与病原物的亲和因子有关,R 基因可使亲和因子失活,从而表现抗病。

在该领域中,目前研究最清楚的是玉米对由病原物 *Colchliobolus carbonum* 所引起的叶斑和穗霉病的抗性机制。该病菌产生的 HC-毒素被视为亲和因子。玉米的抗病基因包括 Hm1 和 Hm2。

Hm1 基因使全生育期的整个植株都表现抗病,呈完全显性;Hm2 基因的抗病表现为部分显性,植株幼苗时感病,近成熟时才表现出抗性。mlo 基因不同于 Hm1 基因,其所介导的抗性为防卫反应负调控因子的失活。大麦受白粉病菌(*Erysiphe gramini*)侵染时,mlo 基因组成性表达可使细胞壁迅速进行附着生长,产生乳突状突起,这不仅使细胞壁强度加大,且在乳突状突起中产生抗真菌化合物 p-CHA(p-coumaroyoyl-hydrrox-yagmatine),进而抑制病原真菌的入侵。感病植物 Mlo 进行附着生长,但其产生速度慢,不能有效地抑制病原真菌的入侵,表现为感病。

9.5　植物抗病基因工程的原理

对植病互作机制的认识,主要来源于对模式植物拟南芥的研究。并且已经从拟南芥中鉴定和克隆了许多抗病基因,给其他作物的抗病性遗传分析提供了理论基础。病原菌对宿主植物成功的感染,包括接触识别、崩解植物理化防御系统、产生毒素、灭活整个植株或部分组织的代谢生理活性。病原菌通常含有致病基因和毒性基因,其表达调控包含复杂的信号传导。在经典遗传学中,植物与病原物的互作被看作是由基因型控制的,植物抗病性常常是由来源于植物的抗病基因 R 与相应的来源于病原物的无毒基因 avr 互相作用所决定的,即"基因对基因"学说。Flor 通过对亚麻与亚麻锈病菌之间的相互关系的研究,发现真菌的显性 avr 基因的产物(后来被称为小种专化性诱导因子)能被 R 基因的产物识别,从而激发植物抗性。植物抗病基因工程指的是用遗传转化的手段提高植物的抗病能力,以此获得转基因植物的方法。植物抗病基因工程主要包括:抗病及其他相关基因的分离和克隆;与合适的载体及标记基因构成适于转化的重组质粒;用不同的转化方法向受体植物导入重组质粒;筛选转化因子并鉴定转基因植株。此外,还有一种可以获得抗病转基因植物的方法即把具有抗病能力的植物或微生物的 DNA 导入受体植物,从后代中筛选具有抗病能力的个体,经过稳定转化得到转基因抗病植株。

9.5.1　植物抗病基因

9.5.1.1　抗病基因

接收病原物信号, 启动植物抗病反应信号传导的是植物抗病基因的编码产物,这是分子植物病理学研究寄主植物的重点和难点。自 1992 年应用转座子标签法分离出第一个抗病基因 Hm1,1993 年应用图位克隆法分离出抗病基因 Pto 后, 现已至少分离出多个抗病基因(R 基因)。这些基因的克隆为人们从分子水平上揭示植物抗病的内在机理以及植物的信号传递机制,并通过基因工程手段利用 R 基因快速培育出新的抗病作物品种奠定基础。虽然 R 基因之间的序列同源性低,但是这些 R 基因编码的蛋白也具有一些相似的结构特征。根据 R 基因的结构特点, 已克隆的 R 基因可以分为 5 个大类: PK, LRR – TM, NBS – LRR, LRR – TM – STK 和毒素还原酶类。

1. 蛋白激酶基因 (protein kinase, PK)

例如番茄 Pto 基因, 其产物是一个没有 LRR 结构域, 位于细胞质内的典型的丝氨酸/苏氨酸激酶(Ser/Thr kinase), 通过丝氨酸和苏氨酸残基的磷酸化来传递信号。已经有证据表明,Pto 蛋白能与相应无毒基因 AvrPto 的产物相互作用。

2. LRR – TM 类基因

其基因产物为锚定于细胞膜上的糖蛋白受体, 包括 3 个区域: LRR 结构域, 跨膜区域(transmembrane domain, TM)和很短的胞内区域(数十个氨基酸残基) 。信号肽决定了它是胞外输出的。

3. NBS – LRR 类基因

这些基因的相同点是在它们编码蛋白的近 N 端处存在着核苷酸结合位点。而在它们的近 C 端则存在着富含亮氨酸的重复序列。LRR 是蛋白与蛋白相互作用的一种典型结构。

根据 NBSN 端的不同结构，对 NBS 结构域的 8 个主要基序(motif)进行系统发生学的研究表明，在植物中此类 R 基因主要分为两类：

(1)TIR - NBS - LRR 类。这类 R 基因在 N 端含有一个 TIR 类似区域，包括基因 N，L6，M，RPP5，RPP1 和 RPS4 等。该类型的 R 基因主要被发现在双子叶植物中，拟南芥共 149 条 NBS - LRR 类 R 基因，其中94 条为 TIR - NBS - LRR 类型。水稻中仅发现极少的基因带有 TIR 结构，它们不含 LRR 结构域。因此，并不属于 TIR - NBS 类 R 基因的范畴。

(2)non - TIR - NBS - LRR 类。这类 NBS - LRR 类 R 基因的 N 端不含 TIR 结构，包括基因 RPM1，RPS2，RPP8，Prf，Xa1 和 Mi 等。该类型 R 基因在单、双子叶植物中均有发现。但数量较 TIR - NBS - LRR 类 R 基因少很多，拟南芥的 149 条 NBS - LRR 类 R 基因中有 55 条属于是 non - TIR - NBS - LRR。有报道，植物 non - TIR - NBS - LRR 类 R 基因编码蛋白 N 端含有一个螺旋卷曲(coiled - coil，CC)结构。CC 结构往往形成一个同型或异型寡聚蛋白联合体，以利用蛋白质间的相互作用，并且可能在 R 基因产物与信号传导途径下游分子间的相互作用中行使功能。如水稻抗白叶枯病基因 Xa21 编码的蛋白是一类受体蛋白激酶，它的产物含有 STK 和 LRR - TM 两类 R 基因的结构特点。

4. 毒素还原酶类基因

为玉米抗 HC - 毒素基因 Hm1。玉米圆斑病菌 *C. carbonum* 1 号小种产生 HC - 毒素，它是一个环状的四肽。当玉米在 Hm1 位点隐性纯合时，该四肽是有毒致命的。

9.5.1.2　防卫基因

防卫反应基因是在抗病机制中最终起作用的一类基因，受病原物等分子的诱导，它们的编码产物直接或间接地作用于病原物。不同的植物防卫基因大同小异，抗、感病品种之间的差别可能在于防卫基因的表达时间和表达量的差别。此外，抗病水平高低不仅要看防卫基因的表达时间和水平，还要看防卫基因的累加效应。因此，这类基因的研究重点是基因的表达调控。根据基因对基因学说，植物的防卫基因的表达即植物抗病防卫系统的激活依赖于寄主植物与病原物之间的相互作用，就是寄主植物的抗病基因与病原物的无毒基因的非亲和性作用。使植物表达抗病性的是防卫基因，而决定植物能否表现抗病性的是抗病基因。

9.5.1.3　抗病基因与防卫基因在抗病反应中的作用

植物抗病基因(Resistance genes，简称 R gene)，是指基因对基因假说中的寄主植物中与病原物无毒基因表现非亲和性互作的基因，除此以外，使植物表现出抗病性的基因叫防卫基因(defense genes)。需要强调的是防卫基因及其表达并不像抗病基因那样仅抗病植株所特有，感病植株也存在，只是感病植株中的防卫基因相对抗病植株被激活得慢和表达微弱而已。与抗病基因相对的是感病基因(sus - ceptible genes)。实际上，抗、感病基因在功能上都一样是植物正常代谢所必需的基因，只是在病原物侵染植物后它们才表现出了这种截然对立的次生功能，由于前者不易被认识，而后者却引人注意，致使它们分别被冠之抗病基因和感病基因的名称。抗病基因产物是 Avr 基因产物的受体。两者间的互作是植物抗病反应的起始，防卫反应的激活是靶细胞或组织特异于病原物信号的最终反应，抗病植物在受到病原物侵染时，往往表达多种防卫反应，一般先是释放活性氧，相继激活防卫基因的表达，发生过敏反应和系统获得抗性。但是，不同的防卫反应之间有时并无必然的联系。例如，在有些情况下过敏反应发生了，防卫基因却未表达，反之亦然。另外，即使是同一类防卫反应，在不同情况下其信号传导过程也是有差异的，例如不同防卫基因的表达有时间或空间上的差异。尽管如此，诸多研究表明，植物防卫反应的信号传导过程有着某些共性。首先是蛋白激酶和磷脂酶引起的蛋白磷酸化是各种防卫反应表达的信号传导中的重要环节。另外，钙离子的变化、电解质渗透和 G 蛋白等也常出现在许多防卫反应的信号传导途径中，最近的一些研究还发现，水杨乙酸(SA)也是激活某些防卫反应的重要信号分子，其作用是作为配体与过氧化氢酶结合，从而抑制酶的活性，使细胞内的 H^+ 含量增加，由此诱导防卫反应。与脊椎动物不同，植物尚未进化到以一种基本机制就能有效地抗衡多种病菌的程度,而是以多种结构和生化防卫机制与一种病原物抗衡才能勉强奏效。

抗病基因和防卫反应基因的区别还有：

(1)抗病基因编码产物具有特异性,而防卫反应基因编码产物具有普遍性,也就是说,不同的寄主植物中有一套类似的防卫反应基因，如植保素合成链中的酶基因、病程相关(PR)蛋白基因、植物细胞壁成分合成酶基因等。

(2)抗病基因产物是植物防卫应基因表达的直接或间接调节因子。防卫反应基因一般是受病原物诱导表达的，编码产物比较容易分离，而抗病基因是组成型表达的，编码产物不容易分离。

因此，在基因克隆、基因编码产物的结构和功能分析等方面的研究工作中，防卫反应基因均早于抗病基因。所以植物防卫基因既有普遍性，又有特殊性。除有一部分是相似的外，还有一部分是不同的，如对真菌、细菌毒素的解毒基因，因毒素不同而不同。而人工赋予植物的解毒基因则可能更加不同，有动物源的也有微生物源的。

第10章 生态环境中的毒理基因组学

10.1 生态环境中毒理基因组学的产生

目前许多先进的分子生物学技术,尤其是DNA微阵列技术在毒理学中的应用,将毒理学理论和技术的发展带入了新的阶段。近几年科学家们越来越频繁地使用"毒理基因组学(Toxicogenomics)"这一新概念,预言其将为毒理学的发展带来巨大影响。毒理基因组学的定义为:研究基因组结构、功能及与外来化合物产生的有害生物效应之间关系的学科,毒理基因组学是毒理学研究和分析的大进步,它更详尽地推导毒理的分子机理;可以快速扫描物质的毒性;能将风险评价中实验动物更可靠地向人类外推。毒理基因组学是研究探讨特定环境下非易感个体和易感个体的基因表达谱,全面了解在DNA修复、毒物和信号传导等途径中相关基因的表达改变,从而避免了对大样本的易感基因的盲目筛选和对单个基因的易感机制的研究。

生态与环境毒理学是生态学、环境学与毒理学之间相互渗透的一门交叉学科,它的出现,很大程度上是由于环境污染促使传统的毒理学从研究个体效应扩大到研究群体效应而产生的。原则上,环境污染物会诱导生物的基因反应。在生物医学上,基因表达的改变几乎毫无例外的是毒物暴露的结果。随着分子生物学后基因组时代的发展,基因组技术能直接应用于诊断在环境和化学物质刺激下生物的基因和蛋白表达。

将毒理基因组技术应用于生态毒理学上,则形成了一门新的交叉学科——生态与环境毒理基因组学(Ecotoxicogenomics)。2003年Orphanides将生态环境毒理基因组学定义为:对环境毒物暴露有重要反应的非靶生物基因和蛋白表达的研究。对于一个目标环境区域和污染地带,生态环境毒理基因组学能够起到关键作用。能够发现:什么基因被表达,它们有什么功能;这些基因表达情况在环境变化下发生了怎样的变化,这些变化是否是适应性的;生态系统、种群和个体水平的分子转化是否被这些基因操纵。生态与环境毒理基因组学的数据是独立于其他毒理基因组学数据的,它以生态和环境毒性为研究对象,有不同的实验设计类型(非受控的现场实验、非受控的条件现场实验和受控的实验室实验);更为困难的数据获取(大量的实验参数和变化的取样点等);更具挑战性的实验设计。

基因组技术正逐步成为探索性科研工作的重要工具。广义的基因组技术包括表达基因组技术、蛋白质组技术和代谢组技术。表达基因组技术是用微阵列基因芯片对样品内所有已知信使RNA的量进行一次性检测的技术,蛋白质组和代谢组技术主要是利用质谱与核磁共振技术来分析蛋白质成分和代谢产物,将这些技术应用到毒理学的检测上就产生了毒理基因组学。表达基因组技术即基因芯片技术已经比较成熟,理论上可以对所有mRNA进行一次性检测。而蛋白质组和代谢组技术都会受到蛋白和代谢物的丰度影响,其分辨率和应用范围远远不及表达基因组技术。毒理基因组学在风险评价中的应用问题一直以来是人们争论的议题。有的科学家认为,毒理基因组学自身的复杂性和技术平台的多元化使毒理基因组学无法实现可靠的风险评价；而有些研究者们则积极地利用毒理基因组学来鉴定新的生物学标志物和药物的前期筛选。一方是正确地指出了毒理基因组学发展中存在的不足和它无法进行定量分析的缺陷，但也忽视了另一方积极提倡的基因组学可以快速全面分析的特点。

10.2　毒理基因组学的特点

毒理基因组学与传统的毒理学最大的不同点就是它的检测终点。传统毒理学的检测终点往往是可见的不正常表现型(abnormal phenotype)，如组织病变、死亡、重量减少等。近些年来，一些生物标志物的出现使得人们可以对毒性进行定性和定量分析，但是它们还是以可见表现型为基础的。而毒理基因组学是以全基因组基因表达的变化为检测终点的，与通过表现型来描述的毒性没有直接的联系。那么毒理基因组学是通过哪些方法来表征毒性的呢？在理论上，如果我们的生物学知识足够丰富，每一个基因的功能都很清楚，我们可以通过全基因组表达的变化来分析化合物的毒性。可是基因的数目很庞大，已知的人类的基因约 20 000～25 000 个，小鼠的基因约为 21 000。而且基因的表达是互相调节、互相影响的，每一个基因的表达变化都会影响其他多个基因的表达，更复杂的是这些变化在体内又是随着时间变化而变化的，所以我们距离基因表达变化谱的直接分析还很远。有一个方法可以绕过这个巨大的障碍，也就是聚类分析，通过将新化合物的基因表达图谱与已知毒性的化合物的图谱相比对来完成。聚类是指将群体中相似的个体组合起来，再根据个体之间的相似程度来分成多个亚类。在毒理基因组学中，化合物和基因都可以进行聚类分析。例如，2 个化合物能引起的基因表达变化最相似，那么它们在聚类中会靠得最近。同样的在化合物的作用下，不同基因会有不同的变化，至少可以将它们分为 3 类：表达升高、表达降低和无显著变化。目前已有一些软件可以实现聚类功能，如 Cluster、GeneCluster、Sybil 等。

自 2000 年来，很多毒理学研究报道已经证明了一些化合物可以通过它们的基因表达谱来分类。对于一个新的化合物，只要将它的基因表达变化谱与已知毒性化合物的谱图库进行再聚类，就可以预测该化合物具有的毒性。基于以上特点，毒理基因组学的毒性检测具有其他检测手段无法比拟的全面性和高效性。由于全基因组表达图谱包含细胞、组织或者器官在某一状态下的所有 mRNA 量的信息，那些没有被表征出来的信息，如 DNA 的甲基化，或是蛋白质的磷酸化，非翻译 RNA 的表达等，也都与 mRNA 的量有着千丝万缕的联系。所以理论上，所有化合物的毒性反应都应该能够在全基因组表达图谱中表现出来，即只要做一种毒理基因组学的检测就可以预测一个化合物与已知有毒化合物是否有相似的毒性，或者是有未知的新毒性。而且，如果考虑到大部分化合物都是通过与生物大分子相互作用来产生毒性，而并非通过物理或化学的方式致毒，基因的表达变化是引起毒性的间接原因，所以，它的产生必然早于不正常表现型的出现。而传统的毒性检测几乎都是针对某一单独毒性的检测，要对一个化合物进行全面检测需要 132 个不同的标准实验，既费时又费力。另外，传统方法还有漏检的可能性，因为这 132 个检测是否能覆盖所有的毒性检测还需要进一步考验。毒理基因组学能够更有效地鉴定化合物生理反应的标志基因。当研究者们获得了大量化合物的基因表达变化图谱之后，就可以对每一类化合物进行图谱特征分析。每一类化合物特有的标志基因就可能出现。如果这些基因与化合物的致毒机理相关，比如说它们表达量的改变能引发相似的毒性,又能区别于其他致毒机理,这样的标志基因的存在就可以大大降低风险评价的不确定性,并使毒性的定量分析成为可能。另外,在将实验动物身上的结果推导到人类的时候,同源性的标志基因就显得更为重要。相反,有些动物特有的基因受到毒素的影响,并不等于在人类体内会产生相同的毒性。

毒理基因组学能够在基因水平上解释毒性产生的致毒机理。不同的基因有着不同的功能,如促使细胞增殖、分化或者凋亡等。将基因和其功能一一对应起来,并按照功能进行分类的科学被称为基因分类学(gene ontology,GO)。现在大部分的基因已经被标注了部分功能(http://www.geneontology.org/;http://www.ebi.ac.uk/GOA/,http://bioinfo.vanderbilt.edu/gotm/,http://www.genecards.org,http://omicslab.genetics.ac.cn/GOEAST/too,http://www.ncbi.nlm.nih.gov/refseq/等),所以从各类化合物特征图谱中的变化基因就可以得知细胞的哪些功能发生怎样的变化,从而间接地解释致毒机理或者是产生毒性的途径。至于化合物的直接致毒机理,则需要其他的方法来获得。比如说一个化合物导致了雌激素下游基因表达变化和雌激素产生的图谱相似,它可以被称为类雌激素类的化合物,但是并不能确定它是模拟了雌激素的结构,或是促进了卵巢分泌更多的雌激素,还是抑制了雌激素信号通路中的某个功能拮抗剂。只有当这个化合物的靶分子被分离鉴定出来以后,其致毒机理才能被阐明。

10.3 生态与环境中的毒理基因组学技术支持

生态与环境毒理基因组学整合了多个研究领域包括基因组学、蛋白组学和代谢组学的信息，在三大技术平台的支撑下，对细胞内成分(DNA、RNA、蛋白质、代谢产物等）进行整体分析，从而更好地了解毒物的作用机制。

10.3.1 基因组学技术

基因组(Genome）是指生物的全部基因和染色体组成。基因组学是指对所有基因进行基因组作图(遗传连锁图谱、物理图谱、转录本图谱)、核苷酸序列分析、基因定位和功能分析的一门学科。它主要包括结构基因组学(Structural genomics)和功能基因组学(Functional genomics)。基因组学的研究技术既包括传统的基因表达分方法,如RT-PCR、RNase保护试验、RNA印迹杂交,还包括新的高通量表达分析方法,如基因表达序列分析(SAGE),DNA芯片(DNA chip)等。

10.3.2 蛋白组学技术

一般情况下，生物的基因组只表达少部分基因，而且表达的基因类型及表达程度随生物生存环境、内在状态的不同而表现出极大的差异，且此差异具有严格调控的时空特异性，一套基因组的基因,由于外界条件不同，可以表达出多套不同的多态性和多效性蛋白，因此必须研究生命活动执行体——蛋白质这一重要环节。蛋白组(Proteome）是指一个基因组、一种细胞/组织或一种生物所表达的全套蛋白质。大规模蛋白组分析过程包括样品制备、图像分析、蛋白质成分的分析与鉴定。双向电泳技术、计算机图像分析与大规模数据处理技术以及质谱技术被称为蛋白组学研究的三大基础支撑技术。

10.3.3　代谢组学技术

代谢组学(Metabolomics)来源于代谢组(Metabolome)这一词条。代谢组被定义为一个细胞、组织或器官中所有小分子代谢组分的集合。代谢组学着重研究的是单个细胞或细胞类型中所有的小分子成分和波动规律，也叫做细胞代谢组学，即对限定条件下的特定生物样品中所有代谢组分的定性和定量。与基因组学和蛋白组学技术相比较，代谢组学技术有以下优势：

(1)代谢物上基因和蛋白表达的微小变化会得到放大，从而使检测更容易。

(2)不需建立全基因组测序及大量表达序列标签(EST)的数据库。

(3)所用设备通常比较廉价。

(4)更能代表生物的生理作用。

10.4　毒理基因组学的生物平台

在生态环境毒理基因组学的研究中，由于技术、资金或时间上的限制，通常难以对研究区内所有物种或类群的生态环境学特性进行研究，典型模式种的使用则可以解决该难题。目前生态与环境毒理基因组学上常用的典型模式种见表 10.1。

表 10.1　生态与环境毒理基因组学中使用的模式种

	常用模式种	学科名称	序列
无脊椎动物	线虫	*Caenorhabditis elegans*	测序完成
	蚯蚓	*Eisenia fetida*	EST 测序
	果蝇	*Drosophila melanogaster*	几乎完全被测序
	大型蚤	*Daphnia magna*	EST 测序
脊椎动物	小鼠	*Mus musculus*	测序完成
	斑马鱼	*Danio rerio*	测序完成
	青鳉	*Ozyrias latipes*	测序完成
	黑头软口鲦	*Pimephales promelas*	EST 测序
	虹鳟鱼	*Oncorhynchus mykiss*	EST 测序
植物	拟南芥	*Arabidopsis thaliana*	完成测序

无脊椎动物在生态环境毒理基因组学中应用较多。例如，Watanabe 等从线虫(*C. elegans*)中提取出来一种突变异种 bis－1(nx3)，它对双酚 A 具有超敏感特性。利用基因重组技术，将蚯蚓纤溶酶 PI239 基因通过细菌杆状病毒表达系统，构建了重组杆状病毒表达载体，并转染到昆虫 Sf9 细胞中，研究其细胞病变情况。果蝇是经典遗传学家最常用的实验材料，它不仅容易饲养、繁殖快，还是典型的雌雄异体生物，雌雄易识别，可以有意地安排，"有序"、有目的地交配，得到各种性状的重组体，根据连锁关系揭示基因的位置。Callaghan 等分析了果蝇 ATP 膜蛋白(ρ－glycoprotein) 对钙毒性的耐受作用。大型蚤也是常用的指示种之一。Poynton 等利用大型蚤的 cDNA 微阵列技术监测了水生环境污染效应。小鼠则是生物学性质最为清楚的哺乳动物，基因组和人类具有 90% 以上的同源性，通过基因组改造

建立的遗传工程小鼠模型成为科学研究中最常用的动物模型,这都为人类基因组的研究,为研究人类疾病的克隆提供了比较理想的材料。Gavaghan 等研究了两种实验室常用的模型动物小鼠(C57BL10J 和 Alpk:ApfCD),对其尿样的核磁共振氢谱进行了化学计量学分析后发现它们的三羧酸循环中间产物以及甲胺代谢过程的差异。

野生物种中内分泌干扰作用的证据来源于水生环境,而鱼类就是常用的生物模式种。斑马鱼被誉为脊椎动物发育学和遗传学研究中的"果蝇",基本所有的分子生物学技术都可以运用于该模型。例如 ,Van den Belt 等就利用雌斑马鱼的血浆卵黄蛋白原(VTG)研究了17β - 雌二醇、雌激素酮和壬基酚的雌激诱导能力,指出野生物种体外试验对准确进行有害风险评价是必要的。青鳉、虹鳟鱼、黑头软口鲦也是常用的水生脊椎动物模式种。Tong 等利用 RT - PCP 技术定量对比了青鳉和斑马鱼在 17β - 雌二醇作用下的卵黄蛋白原 mRNAs 表达水平。Jobling 等研究者比较了环境中一条含有雌激素物质的水渠对黑头软口鲦和虹鳟鱼生殖和卵黄蛋白原诱导作用。

植物也是生态环境毒理基因组学中常用的指示种。拟南芥是一种典型的开花植物,分布于亚洲、欧洲和北美,具有生长周期短、种子多、体型小、基因组小(只有 5 对染色体)、基因组已被全部测序的特点,目前已被广泛应用于生态环境毒理基因组学研究。例如,Conte 等利用 RAPD 技术研究了重金属对拟南芥的致畸效应。Mentewab 利用 RT - PCR 技术研究了长时间暴露于 TNT 下拟南芥基因表达的变化。

随着生态环境毒理基因组学的发展,其所应用的生物模式种也逐渐增多。比如,Ren 等采用蛋白组学技术,用新西兰绿壳蚌类(*Pernacanaliculus*) 作为模式生物用以监测海洋环境健康。但是模式种向人类的外推仍是一个复杂的过程,需要大量的基因图谱以及环境信息等对比,只有设法减少外推过程中的不确定性,才能准确应用到生态环境风险评价中。

10.5　毒理基因组学的应用

基于毒理基因组学自身具有的特点,它目前最主要的应用是对新开发药物的潜在毒性进行临床前期筛选,这在制药业已经得到了广泛共识。而在生态环境污染物的风险评价中,还处在尝试阶段。制药业的筛选与环境污染物的风险评价最大的区别在于,制药企业要在短期内对大量的新化合物(New Chemical Entities,NCEs)进行排查,使能够除去健康隐患的化合物,保留表达基因图谱无显著变化的化合物。早在 2001 年,研究者们就总结出一个成功的药物要从 5 000 ~ 10 000 个化合物中才能筛选得到,其中 30% ~ 50% 的候选化合物是由于显著毒性而被排除在外。同时,药物都会被病人大量服用,对人类的危害可能远在生态环境污染物之上。所以,目前制药业应用毒理基因组学来筛选化合物就是利用了它能全面快速经济地进行毒性的定性分析的特点。而生态环境污染物是已经存在的,与人类微量接触的化合物,即使它们对人类有危害也是慢性的长期的,所以这些化合物的风险评价的紧迫性远远不及新药物开发。而且基因表达变化与剂量效应,表现型评价终点的联系还没有完全建立起来,除了细胞系和小鼠大鼠以外,其他动物的数据较少,在健康风险评价中还需要考虑不同基因背景人群对不同污染物毒性的敏感性问题,有缺点的实验设计和不正确的分析方法会对风险评价产生误导,以及毒理基因组学的方法不能够对毒素的毒性进行定量分析等原因,这些原因使得毒理基因组学无法成为风险评价中的有力工具。毒性检测的最终目的就是要为风险评价提供基准值(Criteria)以推导所依赖的数据。因此,目前人们只对重要的毒性,如致癌性、生殖发育毒性等进行单独的、传统的检测。这样获得的风险评价是片面的。如果能将毒理基因组学和传统毒理学检测方法结合起来,先利用毒理基因组学对化合物的整体毒性进行分析,确定了化合物的主要毒性后,再进行单独毒性的定量分析。这样的风险评价才是有的放矢,既避免了许多无意义的多项检测,又为定量毒性检测提供了毒性机理上的支持,从而大大增强风险评价的可靠性。

10.6　毒理基因组学在生态风险评价方面的应用

虽然目前生态环境毒理基因组学还没有发展到能为生态风险评价提供决策，但仍能为其提供有益的支持性证据。从短期看，能够提供确定的毒理学终点;长期来看，可以提供更高的预测性，并且对作用机制有更好的理解。因此，生态毒理基因组学技术在污染物的生态风险评价中也必将发挥越来越重要的作用。

10.6.1　作用模式

在过去的几十年中，人们逐渐认识到机制信息对于加速生态风险评价进程的重要性。组学技术为毒物作用模式的鉴别提供了一种新型有力的工具。例如，给定一个特定基因/蛋白表达或代谢特征的毒理学终点，就可以推导诱导这个毒性产生的机制。有了这样一系列的基因表达、蛋白特性和代谢特征定义的数据库，一种未知作用途径的毒物便可以跟设定的模式进行比较,从而寻找出它的作用机制,这些化合混合污染的潜在毒性也可以在风险评价初期预测出来。如通过对双酚 A 的毒性研究，可以推测其他内分泌干扰物(例如五氯酚等) 的致毒机制，并分析它们的复合作用模式。事实上，任何环境的变化都会影响很多基因的表达，监视到的环境应答基因完全系列,仅是寻找毒性介质中不同应答的等位基因多态性的起点。因此,毒理学工作者首先需要具备足够的知识，能够区分不同毒理效应的适应性和修复性反应。另外建立一个有相关基因表达并能代表各种毒物作用模式的数据库需要很长的时间。例如，通常需要两年时间才能建立大鼠的致癌模型,才能对非遗传性毒物的致癌作用进行评价。它需要毒理学研究者、管理机构和学术团体的共同合作。同时，还应该尽量减少重复性和不相容性的工作,从而达到成本 - 效应的最优化。

10.6.2　预测毒理学

具有相似分子结构的化学物质能够产生特定的基因/蛋白作用模式。这些独一无二的作用模式会导致高输出筛选方法和多种分子生标记物的快速发展。对于某些化学物质而言,当预研究具有足够的信息量时,就能减少一些传统试验，并且在化学品作用的可逆阶段甚至在其发生作用前就可以预测其毒性，为采取相应预防措施提供最有价值的科学依据。正是基于化学物质通过相似作用机制产生了毒性，这种毒性作用具有基因表达变化的可比性，某些复杂的整体实验将逐步为体外实验或构效关系数学模型所代替，还可以用短期测试方法来预测物质的长期效应。由于这些预测工具节省了时间、费用和动物资源的使用，它的潜在价值引起了管理机构和工业毒理学领域的极大兴趣，市场的介入将促进该应用的快速发展。

10.6.3　物种外推

毒性实验一般用动物作为模本，然后将动物实验的结果向人类外推,而不确定性正是实验室生物向人类外推最大的限制条件,“组学”技术提供了新的桥式生物标志物(Bridging biomarker),为不同物种间基因表达的相似程度提供了一种新的衡量工具，能够帮助决定一种实验物种是否与另一种相关，减少了风险评价中的不确定性。这种基因表达类型的相似性，还能为毒理学研究选择最合适的动物模本，以及在外推的过程中设定合适的安全系数。

10.7　毒理基因组学目前尚待解决的问题

毒理基因组学对化合物毒性的预测依赖于一个已知毒性化合物的标准图谱库。由于化合物种类非常繁多,任何一个研究机构或研究小组都无法对所有的化合物进行全面的检测,所以,需要有一个数据库进行收集全世界毒理基因组学数据。为此,微阵列基因表达数据协会(Microarray Gene ExpressionData Society,MGED Society)倡导按照某一个固定模式来收集所有发表的基因组数据,并制定了操作指南《关于微阵列实验最低使用说明的要求》(Minimum Information About a Microarray Experi-ment,MIAME)。现在已经有多个数据库收录毒理基因组学的数据,如 ArrayTrack,ArrayExpress,Gene Expression Omnibus(GEO)等(表10.2),也有很多出版物要求作者至少将他们的数据按照 MIAME 的规定提交给其中一个数据库。目前,虽然毒理基因组学的数据已经在学术范围内达到了共享,但是,这些数据库只是对数据进行了罗列,如何利用这些数据仍然是毒理基因组学的一个主要问题。这是由于每个研究小组的实验设计都不尽相同,使用的基因芯片,对数据的处理方法也是很不同的,大大降低了毒理基因组学数据的可比性,使它们无法组成一个可供毒性分类和预测的图谱库。最近,比较毒理基因组学公共数据库(ComparativeToxicogenomics Database,CTD)在数据的处理方面有所突破。它收集了化合物和基因,基因和疾病及化合物之间相互关系的数据,目的就是建立起化合物-基因-疾病的网络系统。研究者不仅可以在数据库中找到数据,还可以从中推导出新的信息。Allan 等研究者还继续开发了新的工具来帮助研究者更好地使用 CTD 数据库。不仅如此,如果从细胞信号通路的角度入手,撇开单个基因的表达变化差异,而关注与信号通路的整体变化的比较分析,在某些研究中取得了更好的效果。这些成果使得毒理基因组学的研究向系统化前进一大步,但离所有化合物毒性分类和预测的最终目标还很远。

表 10.2　毒理学基因组公共数据库

数据库	网　址
ArrayTrack	http://www. fda. gov/ScienceResearch/BioinformaticsTools/Arraytrack/default. htm
ArrayExpress	http://www. ebi. ac. uk/microarray-as/ae/
CEBS	http://cebs. niehs. nih. gov/cebs-browser/cebsHome. do
CIBEX	http://cibex. nig. ac. jp/index. jsp
CTD	http://ctd. mdibl. org/

续表 10.2

数据库	网 址
GAC	http://www.niehs.nih.gov/research/resources/dat abases/gac/
GEO	http://www.ncbi.nlm.nih.gov/geo/
pCEC	http://project.nies.go.jp/eCA/cgi-bin/index.cgi
TOXNET	http://toxnet.nlm.nih.gov/index.html

分析方法的改进固然可以使我们更好地利用毒理基因组学的数据,但是根本上的改进还是依赖于实验设计的统一化和规范化。目前我们只能知道什么样的实验设计是明显不合适的,却没有最佳实验设计的标准。例如,芯片的使用本身是一个商业化的问题,不同制造厂商互相竞争,新产品也层出不穷,技术日新月异,很难统一芯片的使用。不同的芯片会带来实验的误差,有时甚至很严重。不过有研究表明,表达量高的基因在不同芯片平台上的误差较小,而且通过设置严格的数据筛选阈值和调整生物信息学的分析方法可以提高不同芯片平台之间的可比性。另外,由于芯片的不同引入的误差与实验者的操作也是分不开的,有些研究表明,实验操作带来的误差可能比芯片本身还要大。当芯片技术和实验者的操作技术都达到了一定的水平时,芯片平台本身给实验带来的误差就应该可以忽略不计了。

在实验设计中,人们争论的话题是应该使用体内(in vivo)模型还是体外(in vitro)模型。传统的毒理学检测中要使用大量动物进行实验,如大鼠、小鼠、斑马鱼等,但很多以哺乳动物细胞为模型的检测也逐渐丰富起来。2007 年,美国毒性检测和环评国家顾问委员会(National Research Council Committee on ToxicityTesting and Assessment of Environmental Agents)中的 23 位著名科学家提出,21 世纪的毒性检测模型应该使用人的各种组织细胞。这一观点一经提出就引起了其他学者的争论,体内实验和体外实验各有优缺点(表 10.3),将来还没有可能相互替代。体内模型即动物模型的优势主要在于可重复性和可靠性高。我们使用的动物模型的基因背景都较稳定,饲养条件规范标准,而且动物自身还有较强的环境适应能力,因此不同实验室的实验可重复性较高。体外模型主要指体外培养的细胞,如细胞系。细胞系在传代过程中会发生变化,细胞的状态也往往受实验者操作的影响。

再来看可靠性。首先,一个化合物在动物体内会经过吸收、分布、降解和排泄过程,它和它的代谢产物可能会有不同的毒性,体外细胞培养无法完全模拟体内代谢的过程。

其次,一些体外实验的检测终点如基因表达变化,和传统的体内毒性检测终点有很大区别。目前我们还没有足够的知识与能力去判断什么样的,如何程度的基因表达变化表明化合物对细胞产生了有害效应的,及怎样区分应激性效应和有害效应等。

第三,有些研究者利用三维的体外细胞培养,试着获得与体内组织细胞类似的微环境模拟体内细胞,这样不仅在技术上有很大的困难,而且在理论上也不可能获得和体内组织状态完全一样的细胞。

第四,体外细胞培养只有使用人类细胞时才有可能在可靠性上具有一定的优势,因为部分化合物在不同物种体内的毒性反应差异很大。前面所提到的 23 位科学家也提出了看法,就是利用人类胚胎(多能)干细胞或者各个组织的成年干细胞分化成各个组织的细胞来作为实验的模型,但是我们拥有的人干细胞分化调控的知识还很少,尤其是还很难得到均一的分化细胞,远远不足以满足毒理学检测的需求。

第五,由于不能使用人作为实验模型,就需要由动物体内实验和人细胞体外实验来推测人体内可能产生的类似毒性。一项早期研究表明,在高等哺乳动物体内的毒性检测有69%的预测准确率,目前,还没有对种间推测和体外体内推测可靠性比较的研究。而提倡体外模型的学者主要考虑的是体外实验操作简单,省时间又低耗资,以及避免动物伦理问题,因此从数据质量的角度考虑应该使用体内模型。

表10.3　体内外模型的特点

比较方面	体内	体外
可重复性	高	低
可靠性	高	低
实验时间	长期和短期皆可	一般为短期
操作要求	动物解剖或手术	无菌操作,原代细胞分离
实验费用	视物种而定,总体偏高	视细胞和培养的方式而定
伦理问题	需考虑,大部分有限制	除人胚胎干细胞外无限制

芯片、实验模型和实验设计都统一了,我们还需要面对毒理学内在的问题。前面已经提到,任何一个化合物在体内都会经过吸收、分布、降解和排泄的动态过程,也就是说,基因表达变化会因为取样的时间和给药的剂量不同而发生变化,而且这个过程对每一个化合物都是不同的。那么我们在比较不同化合物毒性的时候应该取什么时间和剂量点的基因表达变化谱来进行比较呢?有些研究就直接在相同的时间和剂量下进行了比较,也可对一些化合物进行分类或预测,但是这从理论上不是最科学的办法。关于时间和剂量对基因表达变化谱的影响目前已有许多研究,但是,这些研究都致力于从变化的表达变化谱中寻找不变的标志基因,以组成能对化合物毒性进行分类和预测的标签基因组或称指纹基因(fingerprint genes)。标签基因组是在癌症医学中广泛应用的概念,指的是一组基因,其表达谱能够比全基因组表达谱更好地对肿瘤进行分类或者诊断肿瘤所处的发展阶段。标签基因组的理论认为,类似的肿瘤或肿瘤发展阶段都会有一些重要的表达变化类似的基因,而其他的基因的表达变化却有很多的不确定性,是不利于聚类分析的因素。所以,选出那些重要的基因,以它们的表达变化谱来进行聚类分析能更好地达到分类和诊断的目的。但是,我们认为简单地将标签基因组应用于毒理基因组学中是不科学的。

首先理由不充分。癌症医学应用标签基因组是由于肿瘤有多个不确定的因素。如样品的不可重复性,一个样品一般只能从一个病人身上获取一次,且体积大的肿瘤的各个部分还会有很大的差异,另外病人存活的时间也受到肿瘤以外的多种因素的影响,如生活方式、基因多样性、药物使用等。而毒理学实验是完全可控的,包括实验动物选择和饲养,给药方式和剂量,采样方法和时间等,即毒理学实验的数据具有很强的确定性。几乎所有的基因表达变化都是由于使用的化合物引起的。所以,理论上每一个基因的变化都是反映化合物性质(或毒性)的一个有机组成部分,不存在系统噪声的问题。

其次,应用目标不一致。癌症医学主要是为了确定肿瘤的简单特征,比如说区分恶性和良性肿瘤,区分鳞癌和腺癌等,并且希望标签基因组越小越好,所以我们可以通过廉价,传统检测方法(如 RT - PCR,Western Blot,Immunohistochemistry 等)来完成鉴定。而毒理基因组学的最终目的是要对所有污染化合物的毒性进行分类、预测,化合物毒性的类别越多,需要的标签基因组就越大,而且每当有新的污染化合物的图谱加入,标签基因组可能就要进行调整。这就是目前生态环境毒理基因组学中标签基因组的研究还局限于对少数性质进行比较和区分的原因。如区分抗炎症药物和 DNA 损伤的药物,区分两类肝毒素(酶诱导剂和过氧化物酶体增值剂,能适用于多种毒性的标签基因组的报道罕见。因此,标签基因组应该只是分析过程中的一个中间产物,并不是我们应用的目标。

第三,应用方法不科学。目前对标签基因组的使用是在一个静态水平上的,适合于只能一次性获得样品的癌症研究医学。而毒理基因组学研究的是一个动态的过程,如果不从随时间和剂量变化的动态角度全面考虑问题,就会浪费很多潜在有用的信息。

最后,目前的毒理基因组学是以 mRNA 为检测目标的全基因组表达芯片,是高密度芯片,其制作技术为国外大公司所垄断,价格非常昂贵。芯片的操作也相对复杂,稳定性差。因此,基于 mRNA 的毒理基因组学要推广也是有困难的。在我国,由于技术和资金的限制,毒理基因组学还仅仅处在起步研究阶段。

10.8 MicroRNA 毒理基因组学的优势和挑战

MicroRNA 是一类长度约为 22 个碱基的微小的 RNA,它能够在转录后水平上调节蛋白质的翻译。前在人类细胞中已确认 703 个 MicroRNA,在小鼠中有 570 个,加上还没被发现的,估计一个物种的 MicroRNA 总数应该最多在 1 000 个左右。对 MicroRNA 的功能研究和预测显示,一个 MicroRNA 一般可以调节几十个至上百个基因,在生物体的生殖发育和新陈代谢的各个方面都起到调控作用。这说明基因组中大部分基因都能受到 MicroRNA 调控。而 MicroRNA 是由 II 型 RNA 聚合酶转录的,因此也是通过其他基因调控的,也可以理解 MicroRNA 是全基因组基因表达调控网络中的一部分。这为以全 MicroRNA 表达图谱来进行毒理分析,也就是毒理 MicroRNA 基因组学奠定了理论依据。目前,利用 MicroRNA 毒理基因组学进行毒理学分析的研究为数较少,而且大部分局限于单个 MicroRNA 的功能分析,还没有人从全 MicroRNA 表达谱的角度来进行研究。不过有一点可以肯定的是,一些毒性相关的基因(如 P_{450},P_{53}等)的表达调控与 MicroRNA 甚是相关。由于 MicroRNA 和普通基因的信使 RNA 在结构上有区别很大,对它们进行微阵列芯片检测的技术也就无法统一。所以,目前的全基因组表达芯片不能包含 MicroRNA 的检测,也就促成了 MicroRNA 基因芯片的产生。从技术角度来看,MicroRNA 基因芯片的操作稳定性要高于全基因组表达芯片。从 mRNA 来制备的杂交探针至少需要通过逆转录和随机标记两个步骤,对操作者的技术要求很高,这就使制备探针的稳定性受到影响。而 MicroRNA 的均一性好,长度都为 22 个碱基左右。目前常规的标记方法又只需用 RNA 连接酶在 MicroRNA 末端加荧光化合物标记的核苷酸,不仅简单,而且大大提高了操作的稳定性。MicroRNA 基因芯片的另一个优势是价格,这是由于 MicroRNA 的数目比普通基因的数目要少很多,微阵列的制作也就相对来说更简单。

毒理 MicroRNA 基因组的潜在缺点也很可能来自它的小容量,它是否能有普通毒理基因组那样广的覆盖面,需要进一步研究。而且,它对致毒机理的解释将远不及普通毒理基因组学,至今为止有过深入功能研究的 MicroRNA 屈指可数。这是由于 MicroRNA 起作用的方式只是调节其他基因的蛋白质翻译,而且经常是微调作用,所以 MicroRNA 的功能研究比较缓慢。

10.9　结论与展望

毒理基因组学虽然有其他传统毒理学方法不可比拟和替代的优势,但是它在风险评价中的应用还是十分有限制的,其主要存在的问题可以总结为以下四个方面:

(1)大多数数据库收集数据都流于形式,没有起到数据升华的作用。

(2)没有统一的规范实验设计。

(3)毒性分类预测理论方法不完善。

(4)技术壁垒高,价格昂贵。

要解决这些问题可以从以下方向努力:

首先,芯片技术要求简单化,或者机械化,又要降低成本。miRNA 毒理基因组学可能是一个潜在的发展方向。

其次,要明确毒理基因组学主要的发展方向是毒性的分类和预测,在此基础上进行统一的实验设计,从时间和剂量效应的动态角度来建立新的模型。而且,从实验数据的可靠性角度进行考虑,动物体内实验应该是近阶段毒理基因组学的主要研究模式。

第三,分析型数据库将成为未来毒理基因组学数据库的主流方向,如果一个数据库能够像一个软件那样使用,会大大推动毒理学的发展。

美国食品与药品安全局(FDA)和环境保护局(EPA)都认识到毒理基因组学开发的潜在能力。FDA 正在鼓励毒理基因组学的研究,希望为新药的开发提供更合理的途径。EPA 在它的政策报告中也提到,EPA 认为毒理基因组学将会对风险评价起到重大的影响,未来可以提高风险评价的准确性,但是这些数据自身还不足以成为决定性评价的依据,它们必须和已有的传统检测方法结合起来使用,各取优点进行结合。目前,毒理基因组学只能以个例的形式参与到风险评价中。我国在毒理基因组学领域的研究还刚刚起步,它的发展主要受到技术和资金的双重限制。现在,生物芯片北京国家工程研究中心和其他一些生物芯片公司的技术已经与国际相接轨,这将成为毒理基因组学在我国发展的重要契机。

第11章 基因组学在生态环境中的催化和降解作用

地球上所有主要生物群体中，原核生物具有最多样化的代谢方式，这与它们种系发生(phylogenetic)的多样性，以及在地球上很多独特小生境中的生存能力有关。原核生物是生物圈中碳元素主要回收者，它们的个体数目惊人，超过世界上所有绿色植物的生物量，就是它们卓有成效的具体见证。生物催化(biocataly - sis)和生物降解(biodegradation)，具体体现了微生物代谢的天然多样性。

生物降解是指生物对有机物的降解，一般指微生物降解。人类观察这一现象已经有几千年，如由腐生真菌而引起的自然腐烂，直到近期才对林木腐烂的生化反应——代谢反应渐渐有所认识。降解化合物并从中获取能量的代谢反应叫分解代谢(catabolism)或异化作用。随着对微生物异化途径逐渐深入的了解，有时会利用这些途径来清理有毒有害的废料，这一过程称为生物治理(bioremediation)。

生物催化与生物降解相关，在通常情况下它是指利用微生物的异化反应和生物合成来生产商业化学物质，例如，生产抗生素就是发酵、酶工程和有机合成等手段的综合利用。工业上对生物催化的利用越来越多，部分情况是由于发现了新的生物降解途径，例如，腈水合酶(nitrile hydratase)用于把丙烯腈(acrylonitrile)转化为丙烯酰胺(acrylamide)。由于酶反应干净并且转化效率高，日本一化学公司(NittoChemical Company)在此基础上建立了大规模生物工程反应体系，细菌合成腈水合酶用来生物降解腈化物以及由此产生的氰化物，从而去除这些物质的毒性；植物生产这些物质来抵抗害虫，有些细菌的腈水合酶还可降解人工合成的除草剂，如溴苯腈(bromoxynil)。因此，自然进化的酶可作用于天然产物、生物降解污染物以及生物合成工业的化学产品。

微生物的酶对不同化合物中氰或功能基因的水合作用如图11.1所示。

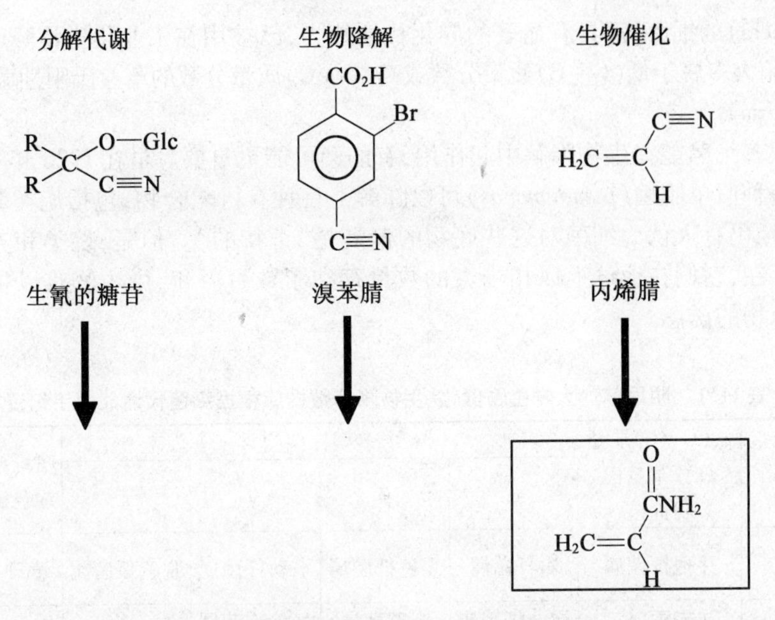

图 11.1　微生物的酶对不同化合物中氰或功能基团的水合作用

11.1　生物降解

11.1.1　原核生物的生物降解

生活在自然界土壤和水体中的细菌，一般具备足够广泛的分解代谢能力，以使它们能在激烈竞争的环境中摄取生存所必需的碳、氮、磷以及其他营养，因此，土壤微生物就比肠道微生物和病原微生物具有更广泛的生物降解途径。大肠杆菌（*Escherichiacoli*）在土壤和水体中难以生存，却能在动物肠道中快速生长，肠道提供相当单一的限制性的营养。有观察显示，大肠杆菌能分解一些芳香类有机酸，因为这些化合物是由芳香类氨基酸和植物天然产物降解而来的，而这些物质存在于大肠杆菌所生活的肠道环境中。

在研究得比较清楚的原核生物中，是否有些微生物不主要依赖那些已知的生物降解途径？可联想到古生菌（*Archaea*），一个主要的生命形式分支，这群微生物在过去 10 年中已研究得很深入，几个全基因组测序项目已完成，包括能在高盐或高温条件下旺盛生长的极端微生物（extremophiles）。在古生菌中的一个主要代谢类群称为产甲烷菌（*methanogens*），它们把二氧化碳和乙酸转化为甲烷，从中获取能量并释放甲烷到大气层中。

曾用产甲烷菌纯培养物研究还原氯代脂肪族化合物（chlorinated aliphatic corn pounds）的能力，一般都认为菌体通常不进行这些反应。而早就发现氯代甲烷对产甲烷菌有毒，它们与正常生理物质争夺钴胺素（cobalamin）的活性中心，或在它们还原后立即生成活性炭烯（reactive carbene）中间产物。总之，在分解各种有机物时，产甲烷菌不起显著作用，与此类似，嗜盐古生菌也没有广泛异化能力。尽管曾报道它们中有的能降解脂肪族碳水化合物，但一般认为它们能利用碳源的种类比较有限，此外，盐浓度增加可导致碳水化合物的生物降解减弱，尤其是在降解石油泄漏后的芳香族碳水化合物时，菌群也由原来的细菌转变为古生菌。

尽管如此，异化能力广泛存在于分类树中的生命体中（表 11.1），例如，表 11.1 中列举了一些属(genera)的细菌,都具有显著的异化代谢能力,已被用在工业化生物降解和生物催化中,这些细菌大多属于低(G+C)质量分数或高(G+C)质量分数的革兰氏阳性菌,或为多样菌(Proteobacteria)。

虽然很多细菌能在生物降解中起作用,有的菌可能更重要。早在1926年den Dooren de Jong报道一种假单胞菌(*pseudomonas*)可以降解上百种有机化合物,包括烷类和芳香族环类化合物,至今仍有人认为细菌对这些底物的偏爱是“奇特的”。但是,烷类和芳香族环类化合物普遍存在,它们在地球上以相当大的数量存在了数百万年,微生物难以抵挡这些含丰富热量化合物的诱惑。

表11.1　明尼苏达大学生物催化/生物降解数据库根据细菌代谢能力手记资料

高(G+C)质量分数革兰氏阳性菌	低(G+C)质量分数革兰氏阴性菌	多型杆菌门				嗜纤维菌目绿色硫细菌	绿色非硫细菌
		α	β	γ	ε		
节杆菌属	芽孢杆菌属	农杆菌属	无色杆菌属	不动杆菌属	脱硫弧菌属	黄干菌属	脱卤拟球菌属
短杆菌属	梭菌属	屈曲杆菌属	产碱菌属	气单胞菌属			
棒状杆菌属	脱硫杆菌属	短波单胞菌属	固氮弧菌属	固氮菌属			
棒杆菌属	真杆菌属	*Chelatobacter*	伯克霍尔德菌属	肠杆菌属			
脱卤杆菌	葡萄球菌属	*Hypomicrobium*	丛毛单胞菌属	埃希氏菌属			
奴卡菌属		甲基杆菌属	*Hydrogenophyga*	克雷伯氏菌属			
红球菌属		副球菌属	罗尔斯顿氏菌属	甲基杆菌属			
链霉菌属		红杆菌属	*Thavera*	甲基球菌属			
地杆菌属		鞘氨醇单胞菌属	硫杆菌属	莫拉是菌属			
				假单胞菌属			

11.1.2　生物降解起重要作用的一些细菌基因组

基因组学开始影响生物降解研究的主流(表11.2),早些年的基因组测序几乎全都围绕着病原细菌,第一个基因组测序项目是由美国国立卫生研究院(U. S. Na. tional Institute of Health)资助,目的就是要直接服务于人类健康。但是,现在对种系多样原核生物测序的资助已大大增加,在公共范围内,约500个细菌基因组测序已经完成或正在进行,预计几百个全基因组序列很快就会面世,其中包括相当一部分是种系多样的土壤微生物。

基因组学会不断加深对土壤中细菌代谢活动的认识,例如,有关枯草芽孢杆菌基因组测序的文章说,该菌有能降解某些植物天然产物的基因,其令人惊奇的是此前这些基因是在与该菌分类地位完全不同的一株革兰氏阴性土壤细菌中发现的,以核糖体核糖核酸(ribosomal ribonucleic acid,rRNA)作指示物的研究显示,每克土壤中含有多达一万多种不同细菌,而黄酮类(flavonoid)物质可占某些植物叶片生物量的 27%。这些叶片物质可为土壤提供主要的碳源。因此,在该类植物生长的温带土壤中,这些有机物的广泛存在,使分类地位迥然不同的微生物含有分解这些物质的基因,而这些基因不大可能在温泉、极地和沙漠中发现。因此,基因簇不仅可以把单个微生物相互联系在一起,而且可以把它们及其周围具有复杂生物特性的生存环境联系在一起,这就形成了全球基因组组成(global genomic composition)研究的一个分支方向。尽管这种研究永远难以完成,这是因为把相关信息放在生态研究领域中加以考虑,有助于给基因组学下一个全面而广泛的定义。

表 11.2　公共领域中雨生物催化和生物降解有关原核生物基因组计划

物种	基因组大小/kb	在生物催化和生物降解中的应用
已完成基因组		
不动杆菌(*Acinebacter* sp)ADP1 ATCC 33305	3 583	烷烃/安息香酸盐代谢模型
丙酮丁醇梭菌(*Clostridium acetobutylicum*)ATCC 824 D	4 100	丙酮/丁醇发酵
谷氨酸棒杆菌(*Corynebacterium glutamicum*)	3 309	谷氨酸发酵
谷氨酸棒杆菌(*Corynebacterium glutamicum*)ATCC 13032	3 309	氨基酸发酵
耐辐射异常球菌(*Deinococcus radiodurans*)R1	3 284	放射性环境中的生物降解
阿维链霉菌(Streptomyces avermitilis)MA-4680	8 700	抗生素生产
天蓝色链霉菌(Streptomyces coelicolor)A3 (2)	8 667	抗生素生产
多态链霉菌(*Streptomyces diversa*)	不详	抗生素生产
运动发酵单胞菌(*Zymomonas mobilis*)ZM4	2 052	乙醇/山梨糖醇发酵
运动发酵单胞菌(*Zymomonas mobilis*)	1 833	乙醇/山梨糖醇发酵
正在测定基因组		
洋葱伯克霍尔德菌(假单胞菌)[*Burkholderia* (*Pseudomonas*) *cepacia*]J2315	7 600	杀虫剂的生物降解
有效棒杆菌(*Corynebacterium efficiens*)YS-314T	3 140	谷氨酸发酵
热产氨棒杆菌(*Corynebacterium thermoaminogenes*)FERM9246	不详	氨基酸发酵
乙烯脱卤拟球菌(*Dehalococcoides ethenogenes*)	1 500	溶剂的还原性脱卤
Desulfitobacterium hafniense	4 600	还原性脱卤
金属还原地杆菌(*Geobacter metallireducens*)	6 800	有毒金属的还原/固定
硫还原地杆菌(*Geobacter sulfurreducens*)	2 500	金属还原
欧洲亚硝化单胞菌(*Nitrosomonas europaea*)ATCC 25978	2 980	氮循环;溶剂氧化
荧光假单胞菌(*Pseudomonas fluorescens*)Pf0-01	3 500	多种生物降解能力
荧光假单胞菌(*Pseudomonas fluorsecens*)SBW25	6 600	多种生物降解能力
恶臭假单胞菌(*Pseudomonas putida*)KT2440	6 100	多种生物降解能力
恶臭假单胞菌(*Pseudomonas putida*)PRS1	6 100	多种生物降解能力
耐金属罗尔斯顿菌(富营养)[*Ralstonia metallidunans*(*eutropha*)]CH34	3 000	重金属抗性
红球菌(*Rhodococcus* sp)I24	5 487	茚的生物转化
红球菌(*Rhodococcus* sp)RHA1	不详	多氯联苯的生物降解
沼泽红假单胞菌(*Rhodopseudomonas palustris*)CGA009	5 460	光养型降解芳香族化合物
嗜芳香物鞘氨醇单胞菌(*Sphingomonas aromaticivorans*)F199	3 800	多种芳香族化合物的降解
Streptomyces ambofaciens	8 000	抗生素生产

11.1.3　起异质化作用质粒的基因组学

许多土壤微生物都有染色体外脱氧核糖核酸称为质粒(plasmid)的因子。随着基因组测序的快速扩展,在细菌中越来越频繁地发现大量的小 DNA 因子,这使得质粒组成成分的概念变得模糊了。历史上的质粒于 1952 年在大肠杆菌中被首先报道,从那以后,相继发现质粒可以携带抗生素抗性基因、致病基因以及代谢各种化学物质的基因。很多质粒还携带能在细菌接合过程中促进自身转移的基因,寄主广泛的质粒能在不同属的细菌间转移和复制。在这个意义上,质粒对异化作用基因在环境中的转移起重要的作用,有的质粒可以编码利用辛烷(nicotine)、樟脑(camphor)、甲苯(toluene)、萘(naphthalene)、烟碱(nicotine)、对甲苯磺酸(p - toluene - sulfonie acid)以及 2,4 - 二氯 - 乙酰苯酯(2,4 - dieholorophenoxyacetate)的基因。

假单胞菌等土壤细菌中,质粒 DNA 可占总 DNA 的相当一部分,例如,分离的可以降解除草剂莠去津(atrazine)的一株假单胞菌,含有多达 5 个、总长 1 Mb 并有不同异化作用的质粒。

基因组学研究方法毫无疑问地增加对质粒结构和进化关系的了解,但是到目前为止,只测序了几百个质粒,其中大多数是分子生物学所用的小载体质粒,或是病原细菌中的抗生素抗性质粒。表 11.3 列举了已完成或正在测序有分解代谢作用的一些质粒,对嗜芳香物鞘氨醇单孢菌(*Sphingomonas aromaticivorans*)菌株 F199 的分解代谢质粒 pNLl 已完全测序,它含有能代谢联苯(biphenyl)、间二甲苯(m - xylene)、萘和对甲酚(P - cresol)的酶。该菌株的全基因组测序也已完成。

表 11.3　代谢质粒 DNA 的全序列

物种	质粒	大小/kb	功能
已完成的			
嗜芳香物鞘氨醇单孢菌(*Sphingomonas aromaticivorans*)F199	pNL - 1	186	芳香族化合物的降解
假单胞菌(*Pseudomonas* sp)ADP	pADP - 1	107	莠去津的代谢
恶臭假单胞菌(*Pseudomonas putida*)TOL	pWWO	117	甲苯/二甲苯的代谢
正在测序的			
假单胞菌(*Pseudomonas* sp)ND6	pND6 - 1	102	萘的代谢
嗜烟碱节杆菌(*Arthrobacter nicotinovorans*)	pAO1	160	烟碱(尼古丁)的代谢

对假单胞菌菌株 ADP 的代谢质粒 pADP - 1 的测序最近已经完成(图 11.2),注释显示与该质粒复制、转移和维持有关的基因,与质粒 pR751 的类似基因几乎完全一致,pR751 来自产气肠杆菌(Enterobacter aerogenes)的 IncPB 质粒。降解莠去津整个代谢途径所需的各种 atz 基因都定位于 pADP - 1 质粒上,但它们并不相邻排列形成一个类似操纵子的结构,事实上,编码莠去津降解途径中的前三个反应酶的基因都各自分散在质粒上,它们两端都紧邻插入序列元件,该三个基因似乎是持续表达的。其中,atzC 的(G + C)质量分数为 44%,比 atzA(58%)和 tzB(61%)的低,这表明,几个 atz 基因是不久前被一个有广泛寄主的质粒骨架俘获而产生的一个新质粒,这个新质粒使假单胞菌菌株 ADP 能以莠去津为唯一氮源而生长。

另一方面,编码莠去津代谢途径中另外三个酶基因却聚集在一起,并且是协同控制的旧引。可以推测,莠去津代谢途径可以分成“上(upper)”“下(下 lower)”两部分,“上”途径的酶是近期才演化成能降解人工合成除草剂均三嗪(s-triazine)的活性。最近一项研究与此观点一致:新发现的脱氨酶 TriA 与莠去津氯水解酶(chlorohydrolase)AtzA 同源,它们的序列有 98% 是一致的,但是 TriA 是脱氨酶,它对莠去津几乎没有任何脱氯酶活性,表明,几个氨基酸的改变可以使 TriA 酶转化为 AtzA 酶。在实验室通过 DNA 改组(DNA shuffling),再筛选改变了催化活性的重组蛋白,也可以达到同样的效果。

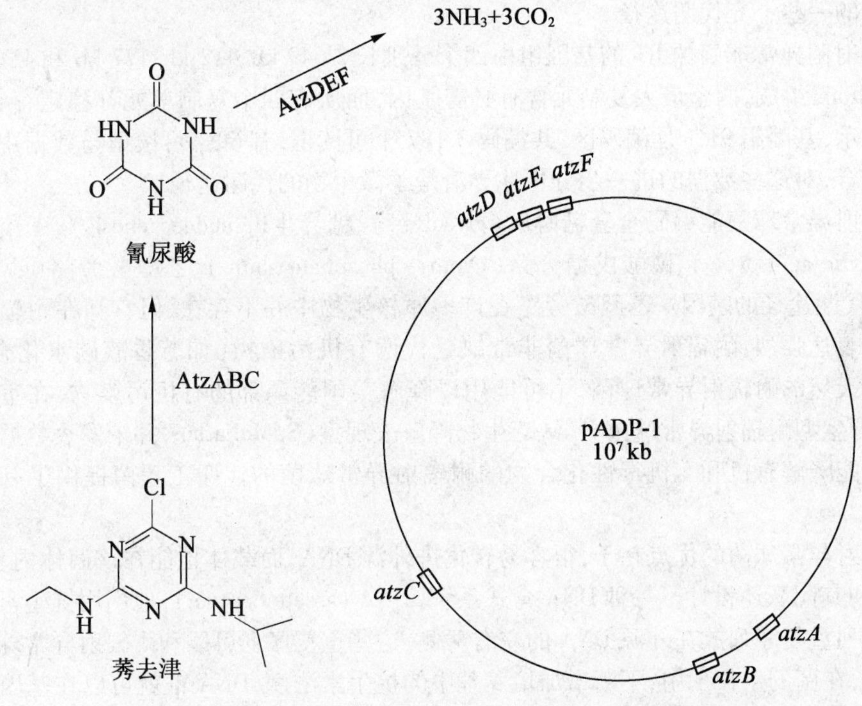

图 11.2　假单胞菌菌株 ADP 和质粒 pADP-1 对莠去津代谢途径
质粒 pADP-1 含有代谢莠去津酶的编码基因

11.1.4　用作生物治理的“工程”菌——耐辐射异常球菌基因组学

为了使生物治理应用更广泛,期望给微生物设计一些生物降解能力,以使其具有某些独特性能,适用于一些特定场合。例如,改变耐辐射异常球菌的代谢途径,使它能转化含放射性同位素的有机肥料,由于放射性同位素集中应用在民用核反应堆和军用核弹头上,这类废料保存在美国能源部(US Department of Energy,DOE)所属的很多地方以及其他国家的相应地点。

20 世纪 90 年代初,随着冷战的结束,美国能源启动了一个大项目,目的就是安全保存净化 7 000 个地点 300 万 m^3 的混合废料,在某些地点,放射性废料正在向周围土壤和地下水泄露。据估计,被污染土约有 4 000 万 m^3,被污染地下水有 400 万亿 L,在 10 年内净化的费用高达 600 亿美金,为了降低治理费用,美国能源部支持就地的生物治理的措施。

美国能源部管辖的许多污染点的电离辐射强度,对表 11.2 中所列微生物都是致死剂量。因此必须要用抗辐射的细菌来进行生物治理。耐辐射异常球菌能忍耐这种辐射的程度,这种耐辐射菌原来是从受过辐射的罐头肉中分离的,它的耐受超过 15 000 Gy 的强度电离辐射,对其他损伤 DNA 的条件也有很强的抗性,如干旱、紫外线照射以及氧化剂等。它的这些特点是一种综合表现型,从酶活到基因组的结构等一系列因素决定,这就使将敏感菌构建为抗辐射菌的策略显得不那么诱人,相反,注意力集中在将耐辐射异常球菌构建为有生物降解能力的菌,这大大促进了耐辐射菌异常球菌基因组的测序和注释,基因组数据很快弄清了该菌本身具有的代谢途径,并提供了一张代谢线图,可帮助设计给现有途径供应中间产物的一些补充代谢途径。

耐辐射菌异常球菌株 R1 的基因组由四个分别长 2 649 kb、412 kb、177 kb 和 45 kb 的复制元(replion)组成,两个最大复制元含有必需基因,而所有四个复制单元都稳定存在,基因组注释显示,基因组 91% 是编码区,共编码 3 187 个可读框,有 69% 可读框与数据中的序列相匹配吻合,对这些数据的进一步分析才弄清楚了微生物的代谢途径。

耐辐射异常球菌能编码全套糖酵解(glycolysis)、糖异生(gluconeogenesis)、三羧酸循环(tricarboxylic acid cycle)、磷酸戊糖旁路(pentose phosphate shunt)、乙醛酸旁路(glycoxylate shunt)等代谢途径的基因。乙醛酸旁路在许多原核生物中并不存在,但它却在耐辐射异常球菌中能表达强烈,耐辐射异常球菌非常缺乏代谢有机污染物(如芳香族碳水化合物)的酶,因此,天然的耐辐射异常球菌,不可能用以降解美国能源部的有机污染物,在室内实验也证明,野生型耐辐射异常球菌 R_1 缺乏生物降解表现型(S. McFarlan,并未发表数据),这些都为构建能降解有机和无机毒性化合物的耐辐射异常球菌的代谢工程菌提供了有价值的材料。

耐辐射异常球菌的优点在于,很容易转化进外源 DNA,而载体也能在该菌体内复制,此外,Daly 和其团队还设计了一种 DNA 盒式系统(DNA cassette system),他们用抗生素抗性标记和一系列重复序列放在外源 DNA 的左右两侧,这些重复序列可以和耐辐射异常球菌的基因组重组,在菌的生长期中,不断增加培养基中的抗生素浓度,DNA 框就可以在基因组中不断扩增,从而提高基因拷贝数。使用该方法,已经得到高达 200 个拷贝数的 DNA 框,假设一个拷贝 met－操纵子(mercury resistance operon,抗汞操纵子)约为 20 kb,那么,200 个拷贝相当于把耐辐射异常球菌的整个基因组扩大一倍。

通过这些途径,已经把 met 操纵子和甲苯代谢基因克隆到了耐辐射异常球菌中,并在菌体内扩增和表达,met 操纵子编码一种可溶的汞还原酶和几种汞离子转运蛋白。虽然 Hg^+ 对细菌有高毒性,但是,一些细菌可以把 Hg^+ 转运到细胞内还原成金属汞(Hg),金属汞的毒性小得多,而且,有足够挥发性使它很容易从细胞中逃逸出去。野生耐辐射异常球菌对汞没有抗性,基因组注释也未发现它有能解除汞毒性的基因,用上述方法,把大肠杆菌的整个汞操纵子和一个氨苄抗性基因一起克隆到耐辐射异常球菌中。

正如所料,提高培养基中氨苄青霉素浓度,每个细胞 met 基因的拷贝数也相应增加,这就提高了菌体对汞离子的抗性。而且,含有 met 操纵子和与甲苯氧化有关酶的重组耐辐射异常球菌,但可以在对野生菌有毒的高汞离子浓度下氧化甲苯。美国能源部管辖的污染点均含有相当量的汞,因此,对准备在这些点实施生物治理的细菌,met 基因是必不可少的。野生耐辐射异常球菌可以还原某些金属,如铀(uranium)和锝(technitium),它们都是能源部管辖污染点重要的放射性核素(radionuclide),还原这些金属离子降低它们在土壤中的迁移能力来减少它们污染周围环境的概率。

生物方法还原金属要求有可氧化底物的存在,如果这些底物本身是废料堆放点的污染物那就再好不过了,许多污染点存在燃料类碳水化合物,其中甲苯占大多数,在这种情况下,编码甲苯加双氧酶(toluene dioxygenase)的 rod ABClC2 基因,克隆到耐辐射异常球菌中。在电离辐射的情况下,重组菌也能氧化甲苯、氯苯(chloroben - zene)以及三氯乙烯(trichloroethylene)。最初氧化碳水化合物的反应却不能为生物还原反应提供电子,为此,tod-ABC1C2DE 和 xylFJQK 基因簇又接着克隆到耐辐射异常球菌中,在这些基因的共同作用下,甲苯分解为丙酮酸和乙酸,乙酸是耐辐射异常球菌生长的良好碳源,这与基因组注释结果一致,显示乙醛酸旁路在这一微生物中是一条高表达的代谢途径。

11.2 生 物 催 化

11.2.1 原核生物在生物催化中的作用

1917 年,开始用丙酮丁醇梭菌(*Clostridium acetobutylicum*)发酵玉米淀粉生产丙酮,这是用微生物进行生物催化的一次历史性胜利,其工艺流程的开发在很大程度上要归功于 Chaim Weizmann,他为英国在第一次世界大战打败德国作出了巨大贡献。当时,英国需要丙酮制炸药,战争开始后,来自德国化工厂的丙酮供应被切断,当时的丙酮发酵规模庞大,地域不仅局限在英格兰,1918 年,加拿大有 22 个容积高达 3 万加仑的发酵罐在运转。但是,战后随着世界市场重新恢复,由石油生产丙酮的工艺又占了主流。现在丙酮 - 丁醇梭菌菌株 ATCC 824D 的基因组测序已经完成(表 11.2),很快会对丙酮—丁醇发酵的代谢机制有更深入的了解,这就可能使生物催化原理用于生产有机溶剂的方法更具有经济上的竞争力。

传统梭菌发酵丙酮的方法预示了现今生物催化的发展,用生物工程生产化学物质的根本是用生物量作投料(feedstock),而不是石油,用生物或化学的方法把各种来源的生物量转化成葡萄糖,再用它作底物供微生物生产化学物质,有时用酶代替微生物。当前比较重要的生物转化例子是用 a 淀粉酶把玉米淀粉转化成葡萄糖,再用葡萄糖异构酶转化为果糖含量较高的糖浆,一种广泛应用的食品增甜剂(sweetener)。

化工界正在预期由石油投料到生物量投料的重大转变,纤维素是地球上主要生物高聚体(biopolymer),它可以成为重要的生产原料。与淀粉类似,纤维素也可在纤维素酶的作用下被酶解为葡萄糖 *mav*,许多原核生物和真菌都能分泌胞外纤维素酶来提供其生长所需葡萄糖。例如,绿色木霉(*Trichoderiride*)是已知能最有效分泌胞外纤维素酶的微生物之一。在工业上,从瑞氏木霉(*Trichoderma* reesei)中提取纤维素酶来发酵乙醇。热纤梭菌(*Clostridium thermocellum*)这样的嗜热细菌的纤维素酶也是研究的对象,热纤梭菌的纤维素酶包装在一个名为纤维体(cellulosome)由至少 15 个蛋白质组成的复合体中。

水解生物高聚体产生葡萄糖和其他糖类作为发酵工艺的原料,来生产一些重要的工业化合物,大多数细菌都能利用葡萄糖。因此,可以开发不同微生物的独特生化性能,把它们用在以葡萄糖为原料的发酵过程中来生产期望的化学终产物。利用不同的专业化微生物生产不同的化学产品,基因组学将成为最有效和用这些微生物的重要工具。在抗生素生产上有重要价值的天蓝色链霉菌(*Streptomyces coelicolor*)已被测序,另外被测序的还有棒杆菌(*Corynebacteria*)属的几个菌株,它们中有的正用于氨基酸发酵(表11.2)。像这样的其他很多菌株在工业界已经测序,这种趋势无疑还在增长,基因组学将有助于缩短从发现菌株到把它用于发酵生产化学产品所需的时间进程。

11.2.2　生物催化有重要意义细菌的基因组学

用于公共领域的原核生物基因组测序的背景下,有一些原核生物基因组学,这里很大部分是与工业生物转化相关的菌株。企业利用基因组学研究一些重要菌株的整体代谢活动,这些菌株可用来生产抗生素、生物杀虫剂、氨基酸、有机酸、维生素以及酒精。如果微生物已经用来生产产品,可寄希望于基因组学来提高单位体积的产量,从而优化已很赚钱的工艺。庆幸的是,虽然我们无法得到那些私有信息,但是公共所有的、与那些重要生物催化相关一些菌株的基因组数据却越来越多,表11.2也列举了这样一些菌株。

基因组学研究可以影响生物催化领域的多个方面,例如,棒杆菌属某些菌株生产氨基酸最重要,大量的赖氨酸用于动物饲料中,因为赖氨酸经常是饲养动物饲料中必需因子,添加赖氨酸可明显增加动物体重。目前,谷氨酸棒杆菌(*Corynebacterium glutamicum*)基因组测序正在进行,它的数据将会公开(表11.2)。红球菌(*Rhodococcs*)也在一些生物转化和生物降解过程中起重要作用,它们可以降解多种底物:小分子气体化合物、燃料添加剂甲基叔丁醚(methyl tert butyl ether)、萜类化合物(terpenes)还有除草剂莠去津。此外,对红球菌的兴趣是在生物工程中的应用,实际上,用红球菌的一个菌株把丙烯腈转化为丙烯酰胺是生物催化领域产量最大的工艺过程之一(图11.1)。工业界生产4亿磅丙烯酰胺,用铜做催化剂的传统化学合成法,却为催化剂带来的高成本和产品杂质所困扰。用红球菌产生的腈水合酶生产就可避免这些问题,适合于丙烯酰胺的大量生产,日本某化学公司已经完全利用微生物催化剂开发了一套商业生产线。

红球菌还能用作生物催化剂,对化石燃料进行脱硫处理,化石燃料含有不同程度的有机硫,燃烧后产生二氧化硫会导致酸雨,用化学催化剂脱硫味道难闻且价格相当昂贵,这为大规模生物处理解决这一问题创造无比优越的条件,已经发现几株红球菌可将杂环上的硫通过氧化除去,面临的挑战是如何把这一反应规模化,以适应日后石油化工业对燃料的大规模需求。

红球菌菌株124基因组测序正在进行中,正在研究用它生产精细化工产品——光学构象纯1-氨基-2-羟基茚满(1-amino-2-hydroxyindan),该化学物质是茚地那韦的关键结构组成(Indinavir),该物质是一种治疗人类免疫缺陷病毒的新药。红球菌菌株124是少数可将茚(indene)氧化为顺-1,2-二氢二醇(f-1,2-dihydrodiol)的菌株之一。用化学合成法可以把顺-1,2-二氢二醇转化为1-氨基-2-羟基茚满,关键问题是茚满二醇(indandiol)的立体化学纯度和氧化茚满(indan)产生的其他副产品氧化物。为手性(chiral)药物生产手性中间产物,是生物工程中竞争激烈的领域。随着对控制化合物立体特性(stereospecificity)的控制因素——酶的进一步了解,基因组学将会在这些领域发挥巨大的作用。

药物生产一些起到生物催化作用的最主要微生物几乎都是链霉菌属(*Streptomyces*)的成员,在天然产物和药用化合物的生产,如抗肿瘤因子、抗生素和免疫抑制剂(*immunosuppresallt*)等方面,链霉菌在细菌各个属中排行第一。这些化合物的种类,包括查尔酮、聚酮和非核糖体多肽(*nonribosomal peptide*),因此,正急切期盼天蓝色链霉菌菌株 A_3 的基因组测序的完成(表 11.2),该菌株 8.7 Mb 的巨大线性染色体,编码包含放线菌红素、土臭素和 *coelichelin* 的生物合成基因,所编码的基因数(7 825)是发现菌中最多的,将来会对未来天然产物开发提供依据。

11.3　生物催化和生物降解的信息学

基因组序列数据只有与现有原核生物代谢活动的信息相互补充,方可最大限度地发挥它的作用,典型原核生物基因组 75% 以上都编码蛋白,因此,基因注释在多数情况下涉及把 DNA 序列翻译成具体催化某个生化反应或某一系列相关反应的蛋白质,越来越多的微生物反应正被互联网上的数据库归纳、收录和总结,供大家共享。

代谢数据库非常专业化,通常集中于某一细菌菌株或广泛按代谢反应类型组建,例如,有共同中间产物的代谢反应,或按生物催化/生物降解来归类。EcoCyc 是专业代谢数据库,它专门描述大肠杆菌的代谢反应(表 11.4)。京都基因和基因组百科全书(Kyot Encyclopedia of Genes and Genomes,KEGG)H3J 是较为广泛的数据库,它描述很多不同微生物中存在的代谢途径,大部分是中间产物的代谢,这些代谢途径分为各种类型,例如氨基酸代谢、核酸代谢以及碳水化合物代谢。

表 11.4　微生物代谢代表性网上数据库侧重生物催化和生物降解代谢

数据库	网址	覆盖范围
EcoCyc	http://ecocyc. org	大肠杆菌的代谢
KEGG	http://www. genome. ad. jp/kegg/	可点击的代谢图;广泛代谢
BSD	http://bsd. cme. msu. edu/bsd/	有重要生物降解价值的原核生物
UM - BBD	http://umbbd. ahc. umn. edu/	中间代谢之外的微生物代谢
UM - BBD 功能团 (UM - BBD Functional Groups)	http://umbbd. ahe. umn. edu/search/FuncGrps. html	酶催化特殊化学功能团的转化
UM - BBD 元素周期表 (UM - BBD Periodic Table)	http://umbbd. ahc. umn. edu/periodic/	微生物对化学元素的转化

明尼苏达大学的生物催化/生物降解数据库(University of Minnesota Biocatalysis/Biodegradation Database,UM - BBD),也正在努力按照生物降解和生物催化的微生物、基因、酶及底物分类编纂数据。密歇根州立大学(Michigan State University)生物降解菌株数据库(Biodegradative Strain Database,BSD)(表 11.4)是 UM - BBD 互补数据库,它按照微生物菌株编纂数据。BSD 和 UM - BBD 都建立了交互链接,使用者无论首先搜寻微生物、酶,还是底物,都能得到全面生物降解方面的信息。

UM - BBD 构建者试图使该数据库能代表微生物生物催化反应的广度,无论这些反应正在被工业化利用,还是只描述自然界中微生物丰富的生化反应。自然界中存在着类型广泛的天然化合物,为土壤微生物的生长提供了潜在的、含量丰富的底物,这说明自然界中微生物代谢类型的也是多样的。目前已知的化学物质有 1 800 万种,而且每天都有新物质被合成,它们中的许多物质最终都可能被地球上某个角落的微生物所降解。也就是某一种底物只进行一个反应，就有上百万种反应正在地球上进行，这标志着代谢生物化学的发展前沿。在上世纪中，曾集中大量精力也只弄清了微生物中间代谢的轮廓，也就是大多数所学的生化教科书里所介绍的那些内容，因此，从基因组测序项目中得到相当一部分未知基因，都有可能参与天然产物的分解或是化学物质的合成中去。

为了更有助于基因组的注释，UM. BBD 在官能团一节，列举了能被微生物产生的酶所作用的有机官能团，这些酶可以是来自一种微生物，也可以是来自一群协同作用的微生物。有一项新课题提供了关于微生物转化不同化学元素的代谢途径线索，除了生物体系中最常见的 24 种元素（碳、氢、氧、氮、磷、硫、钾、钠、镁、钙、硒、铁、锰、钒、钼、钴、镍、锌、硼、氯、溴、氟、碘、砷）外，微生物还能作用于甚至还能改变很多元素的氧化态或化学种类（chemical speciation），这些反应能在生物治理中起重要作用，例如把铀还原，从而把它在土壤中的移动性可降到最低（图 11.3）。此外，微生物对矿物质的转化过程，也对地球表面矿物质的沉积起重要的作用，从而对这些元素在全球范围内的循环往复起至关重要的作用。

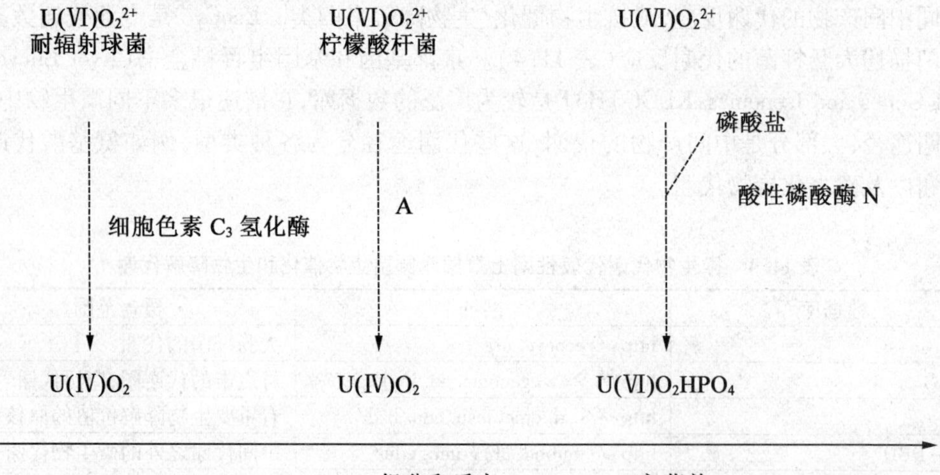

图 11.3　明尼苏达大学生物催化生物降解数据库（UM－BBD）中细菌对铀的代谢

11.4　总　　结

微生物学的覆盖面很广，但是目前只能纯培养到世界上不到 1% 的细菌。大自然进化的新菌种和代谢质粒的速度相当快，在这种变化的情况下，微生物基因组测序仍在不断继续进行，并涵盖了原核生物更多的种系。这些研究明确揭示出了微生物界丰富的基因组和生物催化反应，帮助了解生命，提供有工业价值生物反应类型。生物催化反应及其作用酶的不断发现，提供了越来越多的生物反应类型，从而提高了注释基因组的能力。因此，生物降解、生物催化以及基因组学这些领域将不可避免地共同向前发展。

第 12 章　基因组学在环境中对抗菌药物的发现及影响

12.1　抗生素药物筛选简介

由于微生物病原菌对抗生素抗性的日益提高,开发新型的抗菌药物应用于临床治疗的需求变得十分紧迫。微生物快速地进行着进化和适应,很多微生物已经建立起了一套对几乎所有种类的临床使用抗生素的抗性机制,越来越多的微生物具有多重的抗性系统,能够躲避或减轻抗生素的作用。因此,目前新药开发的重点应该是有新型作用机制的抗生素,而不是仍在已有的药物中研制类似的代替品。基因组水平的 DNA 序列信息为研究者们提供了空前多样的开发新药所需的潜在分子靶点,而且,那些新发展出来的遗传学技术也需要对很多环节进行研究,从最初的分子靶点的选择到鉴定、优化、确认等环节进行了研究,影响新药研制和开发的进程(图 12.1)。制药行业目前已经面临着一个重要的挑战,即在早期的开发阶段有效地对新化合物进行药物毒性评估。除了可以推进新药开发的进程之外,基因组学还能够通过降低研制新药时由于药物毒性导致的候选药物的高失败率,这个途径用以评估新药物的安全性。微阵列技术在药物开发领域的应用迅速得以扩展,所涉及的领域现已包括基础研究、新药开发、生物标记的选择、毒理基因组学、药理学、靶点选择以及预测技术的发展等。

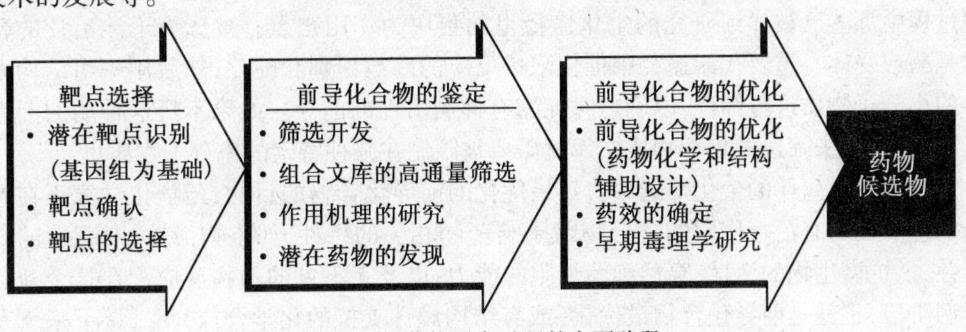

图 12.1　药物开发过程的主要阶段

在本章中,我们将会讨论细菌基因组测序、生物信息学及以基因组学为基础技术在针对微生物感染的新药开发和毒理学研究这两个领域中所起到的相关作用。计算基因组分析(如基序分析、比较基因组学)和实验功能基因组学(如微阵列、蛋白质组学)的融合使新药的开发过程发生了改变,从直接的抗生素筛选过程转变为更为合理的以靶点为基础的筛选策略。本章中,首先对抗生素的发现作了简单的历史回顾,接着讨论目前新药物开发所面临的挑战,微生物基因组学对靶点识别所起的影响,以及实验技术在靶点确定和药物筛选方面得到的应用。最后,我们会对相关的毒理学问题进行探讨,如通过基因组学的资源对化学物质、环境污染物、候选药物的潜在毒性发生作用的分子机制进行推理确定。此外，还将举例说明，微阵列技术如何在转录物组学水平上对潜在的药物毒性进行预测的分析过程提供一个平台。

12.2　抗生素药物发现的历史进程

诸如头孢菌素、青霉素、杆菌肽、链霉素等抗生素物质于19世纪30年代至40年代陆续被发现，开创了制药行业的一个“抗生素时代”。随着将青霉素投入医学应用，其余大多数的抗生素都是通过从自然界物质文库（多数是土壤微生物的产物）中分辨其有无杀死或抑制细菌的能力来进行系统筛选而得到。这样的筛选系统是对自然物质文库进行随机的筛选，因此是基于现象而不是基于目标的。

抗生素是微生物次生代谢的产物，次级代谢在药物发现的历史上占据了重要的位置。目前在医学上使用的药物约有40%都来源于微生物和植物这样的天然资源，对于医学上重要的抗生素来讲，绝大多数来源于三个细菌和真菌属中的种：*Streptomvcs*、*Aspergilli* 和 *Penicilli*。此外，目前用传统方法筛选已经得到广泛应用的抗生素对一部分重要的细胞功能会产生抑制：①细胞壁肽聚糖的合成；②RNA 或 DNA 的合成（醌、新生霉素、利福平、甲硝哒唑）；③蛋白质合成（四环素、氯霉素、梭链孢酸）。例如，四环素针对负责合成细胞蛋白的核糖体30S小亚基起作用，利福平通过作用于依赖于 DNA 的 RNA 聚合酶的 β 亚基来阻断 RNA 的合成。然而，很多其他的重要细胞功能和代谢途径，如信号转换、蛋白质分泌、细胞分裂和其他很多代谢活动如能量的产生，并不为抗生素所抑制，因此是药物作用靶点选择的重要区域。

在过去这些年来，对已有的抗生素的化学和结构种类进行合成修饰的方法来应对新型抗生素稀缺这一问题。另一方面，制药公司在新药开发和研制上总是习惯依赖于针对病理生理过程中那些已被详细研究的生化途径里的蛋白为作用靶点。被选为干涉治疗的靶点通常是酶或受体。重要代谢途径中催化限速反应的酶被识别和纯化，然后用一组结构上有差异的小分子物质进行筛选，以确定对纯酶有抑制活性的前导。如果不巧这种酶的活性机制已被阐明，用来筛选的化学物质文库就需要被限制在几种特定的小分子物质里。

为了达到在离体的生化筛选中找到最优化的前导化合物的目的，药物化学家正在致力于给那些潜在的有治疗作用的化合物赋予与药物相关的特性，如生物活性、对靶酶的高度特异性、抵抗微生物的活性、穿透细菌细胞的能力，以及无不良的药物反应。在这个新药开发研制阶段，也就是前导化合物最优化（或有结构设计支持的化学合成）后，接下来就是用动物模型进行体内的安全性测定。但有些情况下也有可能找不到任何前导化合物。

在另一些情况下，能够在离体实验中找到选择性和敏感性都很好的前导化合物，但用在体内动物模型验证后却因不良的生物利用率和稳定性被排除在外。此外，前导化合物的分子作用机制和毒性往往也没有得到很好的定义。即使如此，传统的以生物化学为基础的筛药方法还是为我们提供了很多对抗多种疾病的有效的抗生素和有药效的物质。随着基因组学的出现，药物开发领域开始进入了一个新的阶段。从历史上来看，靶点鉴定是药物开发过程中的一个主要障碍，因为潜在的抗感染的靶点数目受已克隆的基因数目的限制。

目前已有的众多的基因组序列信息从实质上增加了可为新药开发和研制所利用的潜

在的靶点数目。据统计,由于全基因组序列信息的爆炸,目前制药行业所使用的治疗效用的分子靶点已由1 000个激增到10 000个。基因组数据的整合、生物信息学分析、遗传学方法以及以基因组学为基础的技术(主要是微阵列技术)已经改变了传统的新药开发策略,使之从随机的筛选转变为更加合理的以靶点为基础的药物设计过程。以基因组学为基础的新药的开发过程如图12.2所示。此外,与新药物开发和研制过程相关的还有临床前化学基因组学、毒物基因组学和遗传药理学在临床研究中的应用。化学基因组学的出现源于靶点认证时将化学文库筛选和基因组学技术的综合利用。在这些综合性方法中,大量潜在的靶蛋白被用在标准化高通量的药物筛选测定中进行蛋白质相互作用的研究。基因组学和药理学的出现催生了一个新的分支交叉学科——药物基因组学该学科致力于寻找可预测用药者对药物反应(如个人与个人之间的对药效和药物毒性的不同反应)的遗传学标记(如遗传多态性)。药物基因组学的根本目标是将人类序列的多样性与药物代谢、副作用和疗效联系在一起。然而,还有一点需要着重指出的是,以基因组学为研究基础的新药物开发和研制过程仍处于起步阶段,基因组学能在多大的程度上转化为药物研究领域的革新和生产力的提高仍然是未知的。

在下面的部分中,我们将重点阐述微生物基因组学是如何使制药行业具有开发新型抗生素的能力的。

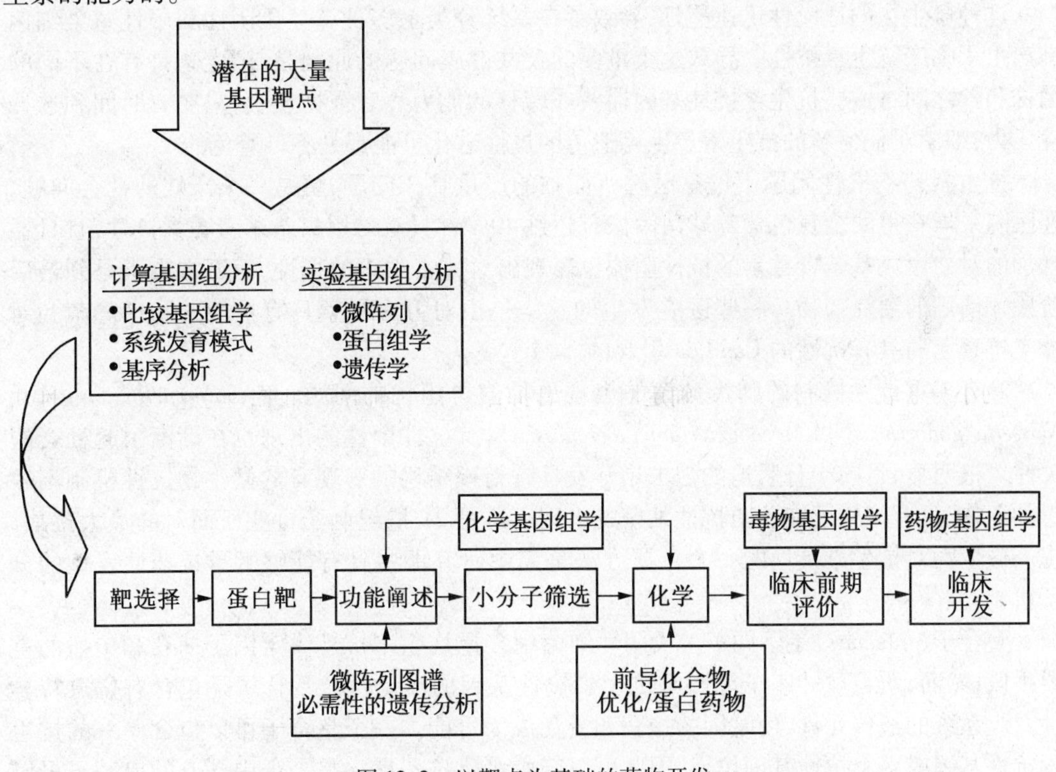

图12.2　以靶点为基础的药物开发

12.3　新药物开发所遇到的挑战

目前,几乎所有药用抗生素类物质都是通过半推导的最优化程序筛选出来的,这种程序在很大程度上依赖于用全细胞筛选的方法从天然化合物中筛选出那些具有抗生素活性的物质。有限的抗生素种类在临床上难以提供足够的分子多样性,一旦有抗性细菌的出现,就会导致这类抗生素的失效。目前,制药业所面临的巨大挑战就是要研制开发出具有新型作用机制,至少在一段时间内有显著疗效的新型种类的抗生素。已测序的基因组序列能为新药的研制与开发提供更多的潜在分子靶点。然而,挑战与优势是共存的,从众多的可用的靶点中挑选出最有希望的能使潜伏期和临床失败率下降的新靶点就是一种挑战。在这个部分中,我们简要地阐述抗生素抗性的问题,并讨论一下每种新型的抗生素被认定为具有疗效的准则。

12.3.1 抗生素的抗性和需要发现新型的抗生素

临床上重要的微生物获得对抗生素的抗性机制是目前感染性疾病治疗中所面临的最大威胁。传统上,我们总依赖于通过随机筛选的方式或在抗生素上进行半理性(semirational)的修饰来开发新的药物,但这种方式不能产生足够的化学可变性以应对日益加剧的临床抗性。细菌已发展出一套有效的抗性机制,使之能够在面对任何一种临床上使用的抗生素时都能存活下来。其实,这种现象表明了微生物对临床上使用的任何一种抗生素,无论它的化学分类或分子靶点如何,都具有强有力的适应能力。

这种微生物的适应性迅速蔓延,导致了在系统分类上多种革兰氏阴性和阳性感染细菌都产生了临床抗生素抗性。导致这个重要的公共健康问题的原因是,微生物具有在不同的菌株和种之间将这些抗生素抗性基因捕获或转移的能力。有证据表明,只要有时间和选择性压力,细菌对任何新的抗生素产生可遗传的抗性进化可能都是不可避免的。

抗生素药物抗性问题不仅是医院所面临的严重临床问题,更是一个严峻的社会问题。在医院采样获得的金黄色葡萄球菌菌株有超过40%都具有二甲氧基苯青霉素抗性,且日益增加的对二甲氧基苯青霉素的抗性菌株也表现出对万古霉素的抗性,而万古霉素是到最后阶段才使用的治疗药物。一些医院发生的感染是由对万古霉素具有抗性的肠道球菌和对唑类抗真菌药具有抗性的 Candida 引起的。

具有多重抗性机制的肺炎球菌的出现也是值得担忧的问题。而 *Salmonella*、*Shigella*、*Neisseria gonorrheae* 和 *Mycobacterium tuberculosis* 具有抗性菌株的出现也在渐渐引起社会的关注。很明显,目前十分紧迫的需求是开发具有新颖结构的对现有的微生物抗性机制不敏感的药物,只有这样才能预防抗性细菌的出现。这是21世纪制药行业所面对的最大挑战。提高微生物对抗生素抗性的一个重要方法是集中研究那些具有能够赋予抗药性表型的分子机制。

整合子(integons)是不同革兰氏阴性细菌中多重抗生素抗性决定因子捕获和传播的重要手段;然而,质粒和转座子能影响抗生素抗性基因的流动性。整合子是包含有位点特异性重组系统的遗传元件,使基因的捕获和流动成为可能。一个整合子可以包含单一的抗生素抗性基因或多个抗性基因位点,因此可以产生多重抗药性。整合子中含有的启动子可以使这些基因位点所编码的蛋白得到表达,这样就组成了整合子的复制和表达系统。整合子的基本结构包括:整合酶(int I)-介导了临近位点(att I)和第二位点(att C)间发生位点特异性重组,这种位点特异性重组往往与某个基因相关(通常是抗生素抗性基因)。该 att C-ORF 的结构就是一个基因盒(gene cassette)。由于整合子介导,在 att I 和 att C 之间发会生一次位点特异性重组将导致这个基因元件在 attI 位点插入受体菌的整合子,而这个位点位于启动子下游,能够使该元件编码的基因得以表达。

抗生素需要在细菌的细胞质中累积到一定量才能抑制细胞内的分子靶点,进而杀死细菌。细菌中比较普遍的抗性机制就是通过多种排泄系统将药物排出细胞。革兰氏阳性和革兰氏阴性细菌都能够表达大量的细胞膜转运蛋白,能够将抗生素和其他药物从细胞排泄到周围环境中,微生物基因组学为这种在细菌中广泛存在的排泄系统提供了理论支持。革兰氏阴性细胞外膜的限制透过性与排泄机制、酶对抗生素的失活作用(如 p-内酰胺酶)协同作用,使革兰氏阴性细菌比革兰氏阳性细菌对抗生素更具有抗性。排泄系统可以对单一的药物特异,也可以对多种底物特异(如多重药物转运蛋白)。

革兰氏阴性菌的5种能够转运多种抗生素化合物的排泄系统目前已经被鉴定出来:①the majorfacilitator superfamily(MSF);②ATP 结合区域的盒家族(ABC);③抗性-节瘤-分裂(RND)家族;④小型多药性抗性家族(SMR);⑤多药性药物和毒性化合物排泄家族(MATE)。RND 家族成员主要表现出显著的与抗菌过程相关的多药效抗性。RND 转运蛋白与融合在细胞膜上的蛋白(MFP)以及一个外膜因子(OMF)联合作用。RND/MFP/OMF 形式的多药性排泄系统通常是由基因组染色体编码的,有许多微生物被报道具有这种排泄系统,包括 *Escherichia coli*、*Salmonella typhimurium*、*Haemophilus influenzae*、*Neisseriaspp.*、*Pseudomonas aeruginosa*、*Psedomonas putida* 和 *Burkholderia spp*。根据预测,RND 多药性转运蛋白具有药物-质子反向转运的功能,利用了跨膜的电化学梯度或质子驱动力从膜两侧交换质子和药物分子。然而,这一分子机制仅仅在 *E. coli* 的 AcrAB-TolC 排泄系统中得到确认。

革兰氏阳性细菌的药物排泄系统属于 MF、SMR 和 ABC 家族的膜蛋白。具有活性的排泄机制使革兰氏阳性病原菌对大环内酯(macrolide)、林可胺(1incosamide)和链阳菌素(streptogramin)(MLS)类抗生素(这几类抗生素在结构上不同,但在功能上是相关的,都是通过攻击蛋白质合成系统中的50 S大亚基来抑制蛋白质的合成)的抗性起了重要的作用。在 Streptococcus pneumoniae 中,对 macrolide 的排泄系统具有活性时,其抗性水平提高64倍。通过排泄系统介导的 macrolide 累积的下降,依赖于位于染色体上的两个基因 mefA 和 mefE,这两个基因编码的转运蛋白属于 major facilitator(MF)超家族。Mef 转运蛋白对于 marolide 是特异性的,对 lincosamide 和 streptogramin 类的抗生素则不表现出抗性。*S. pneumoniae* 中的 mef 基因存在于可转座的基因元件中,最近,不仅仅在革兰阴性细菌中,在许多其他的革兰阳性细菌中也发现了 mef 基因,这证实了该基因的转移性。

此外,Mef 转运蛋白在 macrolide 抗性菌株中普遍存在。美国和加拿大曾经报道,临床分离到的 *S. pneumoniae* 的 *marolide* 抗性菌株中有55%~70%都存在于 Mef 转运蛋白。革兰阳性细菌 *S. epidermidis* 对 *marolides* 和 streptogramins 的抗性来源于质粒上的基因 msrA 和 msrB,这两个基因编码了一种排泄介导的抗性机制。Msr 属于 ABC 转运蛋白家族。然而,Msr 排泄系统在 S. aureus 中的重要性却是有限的,因为在分离到的至少对一种 MLS 抗生素具有抗性的菌株中只有13.6%真正意义上含有 msrA 基因。

四环素是作用于核糖体30 S小亚基来阻止细菌蛋白质合成的一类抗生素,可用于治疗细菌引起的呼吸道、消化道和泌尿系统疾病,细菌对四环素也具有抗性。超过20种的四环素(Tet)抗性决定因子已得到了鉴定。Tet 抗性决定因子所介导的抗性机制为主动排泄系统或是对核糖体提供保护。四环素排泄转运蛋白的编码基因主要是 MF 超家族的成员,在革兰氏阳性细菌(K、L、P、V、Z 和 OtrB)和革兰氏阴性(A ~ E、G 和 H 类)细菌中都已经得到了鉴定。Tet 抗性家族 M、O 和 S 存在于 *Streptococcuspp.* 、*Staphylococcus spp.* 和 *Listeria spp.* 中,Q 类群存在于 *Bacteroides* 中,这些抗性家族是由可对核糖体提供保护作用的细胞质蛋白构成的,从而抑制了四环素的抑制作用。为了对抗细菌的四环素抗性,人们发展了两种治疗措施。

第一类针对四环素合成过程中的衍生物,例如 *glycyclines*,这种化合物对核糖体结合位点有很高的活性,并且不容易受排泄系统的排出作用。

第二类方法则是利用四环素的模拟类似物来阻断排泄转运蛋白的作用,使得细胞内四环素浓度能够提高到使抗性作用无效的水平。

12.3.2　抗菌靶点所需要具有的特性

全基因组序列信息和高通量的基因组学技术的出现加速了分子靶点的发现,促进了新的分子靶点的确认。随着微生物基因组学的出现,药物研究所面临的挑战从寻找潜在的药物靶点转变为从许多完整的基因产物清单中选择最佳的作用靶点。第一步就是从全基因组信息中预筛选得到合适的药物作用靶点。在新药的研发过程中,生物信息学、序列注释的应用在这一初筛阶段起到了至关重要的作用。存在于基因组序列中的潜在的分子靶点需要通过一系列标准来进行筛选,这些标准旨在提高候选靶点有效的治疗干涉作用。换句话说,如图 12.3 所示,可以通过对指定抗菌治疗所需的临床特性来决定所选择的分子靶点。

总地来说,抗菌靶点所要符合的标准有:抗菌谱、选择性、功能性和重要性。

首先,一个分子靶点需要提供合适的抗菌谱和选择性,能够产生一种可以对抗多种细菌病原菌但对于人类没有毒性的抗菌物质。为了筛选广谱抗菌的药物,人们利用生物信息学的方法在电脑上用比较基因组学分析方法寻找那些在进化上相距较远的微生物中具有直系关系的基因,而且这些基因在人类基因组中很少有或没有保守性。同样,我们可以通过候选基因位点在一部分已测序的细菌基因组的出现与否,来确定狭窄的抗菌谱化合物。

其次,所选择的靶点对于病原菌的存活和繁殖必须是至关重要的,只有这样才能通过阻止或抑制这个靶点来杀死细菌细胞或是影响其繁殖使之不能感染人体。这一范畴还应包括病原菌在宿主细胞中存活所需的感染或存活因子。一个选定靶点的重要性往往通过基因敲除的策略来衡量。最近,与抗生素抗性相关的分子靶点也被考虑作为治疗的靶位点。

最后,对已知基因的功能研究使能够设计阵列和高通量的筛选方法从候选的前导分子中筛选出新的抗菌药物。

临床谱		分子靶点
必需特性		
·宽/窄谱	⟶	靶序列和功能在所有的生物(宽)或少数种内(窄)保守
·必需的细胞功能	⟶	对细菌生长或感染必需
·与已知拮抗机制无关	⟶	具有新作用机制的新靶点
·选择性(无固有毒性)	⟶	根据基因组序列比较，在人的宿主中无或明显不同
渴望的或有用的特性		
·致死性抗微生物活性	⟶	不能被瞬时表达所救援
·生物可获得性 (可以穿透细菌细胞)		
	⟶	靶位点可进入(细胞膜内或外)
	⟶	容易建立的功能的测定
	⟶	可化学追踪

图 12.3　将基本的、值得研究的、实用的临床特性转化成为分子靶点特性

12.4　微生物基因组学和药物靶点的筛选

广泛的基因组测序和生物信息学的发展大大推动了新型抗菌药物的开发和研制。在"前基因组学时代"，筛选治疗用的潜在靶点的工作仅局限于一小部分已被克隆且功能已知的基因中。随着 *Saccharomyces cerevisiae*(酵母)全基因组序列的发表，超过 70 个微生物全基因组序列——其中包括多种病原细菌的全基因组序列测序工作也即将完成，这些全基因组信息的出现为干涉治疗提供了潜在的分子靶点。通过计算机对微生物基因组序列分析的目的是在抗菌筛选过程中对靶点的选择进行简化和优先化，利用计算机提取最大量的信息可以使这一过程加速。接下来将描述生物信息学和比较基因组学在寻找潜在分子靶点工作中的应用。我们还从靶点筛选的角度讨论 DNA 微阵列产生的转录图谱所起的作用。

12.4.1　从基因组中挖掘抗菌药物的作用靶点

在以靶点为基础推理的药物开发过程中，对基因功能的认识是极为重要的。相反，在疫苗的开发过程中，对于编码表面抗原的功能已知或未知的基因进行鉴定是最重要的。了解与细菌基因相关的功能性，对于促进以靶点为基础的筛选阵列的研制是必需的。一旦一个基因序列中包含的可读框(ORF)得到预测，下一个步骤就是进行同源性分析，确定这个基因编码的蛋白是否与已知蛋白的功能相一致。在计算机基因组分析中，用于进行同源性的有两类基础的运算法则，它们基本的局部比对利用工具(BLAST 和 FASTA)。此外，在建立直系类群簇(COGs)过程中会出现的直系家族的概念，提供了一个功能和进化基因组分析的框架。从发现新药的角度来讲，在许多进化上相距较远的物种中具有直向同源(orthologs)的基因在广谱抗菌药物的潜在分子靶点筛选过程中是十分重要的。

基因组序列的大小和完整性对于药物靶点的筛选是一个挑战。通过不断发展中的信

息学，我们可以从由基因组序列产生的数目巨大的潜在候选靶点中筛选出比较合适的作用靶点。例如，用计算机对系统发生图谱进行处理的方法，对于传统的通过序列比对技术对未知基因或假定的功能进行分析的方法来说，就是很大的进步。系统进化图谱的构建是基于这样一个假设：参与共同的代谢途径、结构复杂性、生物学过程或相关的生理学功能的蛋白质（即功能相关的蛋白质）具有相关的模式。总体来说，在功能上相联系的蛋白质并不具有相似的氨基酸序列。如图 12.4 所示，每个蛋白质都用系统进化图谱所描述，即表示在已被测序的微生物基因组中同源序列出现或是缺失的一组字串。在所有已研究的基因组中，若两个蛋白质具有相同的系统进化图谱，那么这两个蛋白质可能在功能上是有联系的。用这种方法，一个未被鉴定的蛋白质的功能可以根据与它在系统进化图谱上临近的蛋白质的功能来确定。从药物开发的角度来看，可以通过一个已知的代谢途径的系统进化图谱，在基因组中寻找蛋白质，然后鉴定另一个相关代谢途径的其他成员。

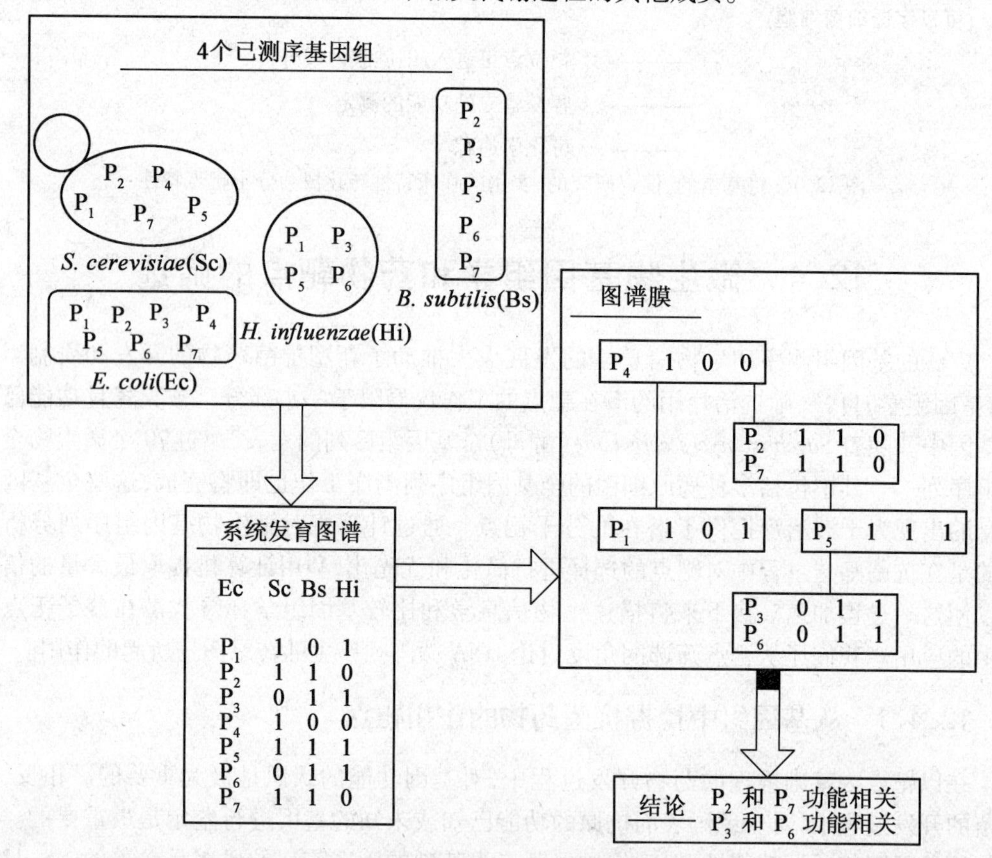

图 12.4　用系统发育图谱手段来预测蛋白质功能

另一种用来在微生物基因组中探测抗菌靶点的计算方法是基序（motif）分析。将 DNA 与蛋白质测序方面得到的进展与大量的实验数据相结合，使我们能够对可表示某种生物化学功能（如蛋白酶活性）的信号序列基序（motif）进行分析。在 Argoni 及其同事将未知功能的基因进行作为抗菌治疗靶点的研究中，通过基序（motif）分析，找到 3 个靶点，被认为能够编码与核苷酸结合的蛋白质和金属蛋白酶，由于金属蛋白酶抑制物已知，假定的金属蛋白酶可以用于药物设计和研制。近期，寻找具有全新作用模式的新型抗菌药物的需求使人们提出了一种建议，即瞄准具有信号转换功能的组氨酸激酶来对抗日益增加的多药物抗性细菌的问题。组氨酸激酶作为双组分调节系统中必需的组分，在细菌适应新环境的信号转化过程中起了很重要的作用。双组分系统在病原细菌增值并在宿主中建立感染的过程中至关重要，因此，这一系统的组分被考虑作为抗菌药物的靶点。

最近，据报道出现了两种计算方法，在预测蛋白功能的时候可以不依赖于直接的序列相似性。在 Marcotte 等研究者的报道方法中，运用了蛋白按系统发生归类（相关进化）、相关的 mRNA 表达模式，以及结构域的融合来鉴定蛋白质之间的功能联系。用系统进化谱的方法来鉴定功能上有联系的蛋白质是基于这样一种假设：连锁遗传的蛋白质总是一同起作用。在融合功能域的方法中，从基因组序列来推知蛋白质之间的相互作用，前提是能够观察到几对功能相关、在不同种中具有同源性的蛋白质（称为 componentprotein）可以在同样的多肽链（称为 composite protein）上相融合。将理论预测与实验数据（基因表达图谱）相结合，可以通过联系已知功能的蛋白质推测未知蛋白的功能。在蛋白质功能预测的过程中使用生物信息学方法已得到应用，有人用这种方法对酵母中 2 557 个原来未经鉴定的蛋白中的一半进行了比较笼统的功能研究。另一个更为有力的、将未知的分子功能与特定蛋白联系起来的方法是直接对蛋白质的三维（3D）结构进行比较，因为蛋白质功能与蛋白质构型的关系比与氨基酸序列的关系要直接得多。在序列上相似性较小的蛋白质可能具有相似的三维折叠结构，而这与从三维结构的角度来看蛋白质折叠的数目是有限的，约 7% 是相一致的。越来越多的蛋白质的三维结构已被解析，结构基因组学就有可能通过计算模型策略提供比从氨基酸序列分析得到更多的有关功能的预测，并且对新药的开发研制过程产生巨大的影响。

12.4.2　比较基因组学：评价目标的范围和选择性

从新药物研制的角度来看，比较基因组学为在某个微生物基因组中寻找潜在的分子靶点提供了补充方法。比较基因组学用于评价目标的抗菌范围和选择性，这两个标准是制药行业常用的评价潜在的药物利用率的准则。通过微生物基因组序列的比较，很多细菌基因家族是高度保守的，在真核生物中缺少这种保守性，为广谱抗菌药物的开发提供了良机。在这个方向上，Arigoni 及其同事利用比较基因组学的方法和靶基因阻断对细菌的重要基因进行鉴定。模式生物 *E. coli* 中有 26 个未知功能的基因在 *Bacillus subtilis*、*Mycoplasma genitalium*、*H. in fluenzae*、*Helicobacter pylori*、*S. pneumoniae* 和 *Borrelia burgdorferi* 基因组中是保守的。Arigoni 及其团队推测，这些未知功能的保守基因可以作为新型广谱抗菌药物的新分子靶点。利用基因敲除技术，通过致死性对这 26 个基因的无义突变进行筛选，其中 6 个被证实在 *E. coli* 中是十分重要的。这 6 个基因的直系基因在 *B. subtilis* 中也是十分重要的。用实验验证潜在靶基因的重要性只是抗生素研发的第一个步骤，还需要大量的后续工作来研究未知重要基因产物的功能，并且验证它作为治疗靶点的有效性。比较基因组学的研究也显示，*E. coli* 这 26 个蛋白中的 15 个与单细胞的真核生物 *S. cerevisiae* 中的蛋白序列具有高度的相似性，这一点说明针对这些靶点的抗菌药物可能对人体具有毒害。制药行业用于评定候选药物利用率的另一个准则是这些药物对人体是否具有选择性。然而，目前市售的抗菌药物中一些对哺乳动物也保守的蛋白质的序列并非没有先例。

除了为广谱抗菌药物的开发寻找高度保守的靶点，微生物基因组的比较分析还告诉我们，根据序列同源性，很大比例（约 30% ~40%）的已测序的基因编码的蛋白质功能是未知的。在这些未知基因中,有些单个微生物中可能是特异的,因此可以用于作为开发狭窄抗菌谱抗生素或药物的潜在分子位点,这样的药物仅对一种微生物具有高度的专一性。这个方法对筛选针对由于某种细菌引起的特定疾病的分子靶点极为有效,例如分离引起十二指肠溃疡的 *H. pylori*。虽然这样狭窄的专一性可以降低交叉抗性出现,但狭窄抗菌谱药物的研制却受到了限制,大多数的种专一性的基因都没有得到注释和很好的功能方面的阐述,对指导靶点的筛选来说,是十分不利的。同样,对致病性来说比较重要性的基因就被选择作为药物的靶点。差异基因组展示告诉我们,病原细菌基因组中出现的,但在与之关系较近的非感染性细菌中缺乏的基因可能与致病性有密切的关系。对 *H. influenzae* 和 *E. coli* 的基因产物进行广泛比较,揭示出 *H. influenzae* 中约40 个基因是这种病原菌特有的,可以作为药物的靶点。此外,全基因组的比较分析揭示出病原菌的生物合成能力降低,因此依赖于保守的膜相关转运系统来从宿主中获取必需的营养物质。因此,细菌的转运蛋白对于药物靶点的选择来说也是重要的。

12.4.3 遗传学策略:验证基因靶点的重要性或表达

新药物的筛选过程中将分子生物学和传统的筛选方法结合使用能够加速单一作用模式抗菌药物的鉴定。依赖于针对抗菌治疗微生物物种的遗传可变性和遗传工具的出现,可以用很多分子遗传方法来验证重要基因或新发现的基因对于病原生长的重要性。传统上,单个基因可以通过转座系统、等位基因交换、突变基因或条件致死等基因敲除的策略来评价其重要性。最新的策略是利用反义的功能基因组学方法来鉴定新的抗真菌药物靶点。De Backer 将反义 RNA 抑制和启动子干扰联合使用来确定 Candida albficans 这种引起人类真菌感染最主要的病原菌的生长过程中比较重要的基因。在这个研究中所鉴定的基因被用于在药物筛选中确定新的抗真菌靶点。

病原过程相关的基因鉴定的临床需求促进了至少 3 种不同的遗传学方法的进展。特异标签突变(signature-tagged)形成是以转座为基础的标记方法,已被用于鉴定与细菌感染的建立和维持相关的重要基因。简单来说,就是用一组序列标记的插入突变体来感染一个动物宿主。如果在宿主中没有发现最初接种物所代表的突变体,就表明它是与毒力相关的基因。例如,Chiang 和 Mekalanos 用 STM 的方法对 *Vibrio cholerae* 在感染中菌落形成有关的基因作了鉴定。

另外一种用来鉴定病原感染过程中相关基因的方法是基因启动子捕捉(promoter trap)的方法,称为在体表达技术(IVET)。IVET 的基本策略如下:利用选择性细菌启动子来驱动细菌在宿主体内生长过程中所需要的基因的表达,这样就可以鉴定出在感染中被特异诱导表达了的基因。这一遗传系统的另一个方面是利用被感染的哺乳动物组织直接诱导可能与毒力有关的基因,而不是试图在实验室中复制出体内的环境。例如,IVET 系统被用于鉴定超过 100 个在 BALB/c 小鼠和鼠科的巨噬细胞感染过程中特异表达 *S. typhimurium* 的基因。在体诱导图谱反映出,有一组在体诱导(ivi)基因对于病原菌在宿主组织中生长和维持有促进作用,显示出广泛的调节、代谢和毒力功能。虽然 IVET 技术在革兰氏阴性细菌 *S. typhimurium* 的研究中最先得到应用,现在这项技术也被用于 *S. aureus* 和 *P. aeruginasa* 毒力的研究。基于 *S. aureus* 发展起来的 IVET 系统利用遗传重组作为基因在体内发挥作用的报告因子。在这个方案中,Lowe 及其同事鉴定出了 45 个葡萄球菌基因,这些基因在肾脓肿的小鼠模型感染过程中优先得到诱导。

差异荧光感应法(DFI)是用于鉴定细菌侵染宿主细胞时特定基因表达研究的另一种方法。DFI 是一种高通量的启动子捕捉技术,通过衡量单个细菌细胞内荧光量半自动化地分选荧光激活细胞。这种策略有两个显著的特点:①用于筛选的基因编码经修饰的绿色荧光蛋白;②筛选是通过一个细胞荧光激活分类器来实现的。类似于 STM、IVET 和 DFI 这样的遗传学方法对于建立与毒力有关的潜在的新抗菌靶位点来说是十分必要和重要的。

12.4.4　微阵列分析:建立新药物靶点的功能性

基因组规模的基因表达变化对于有药效的物质对细胞、组织或动物体有没有起作用来说是一个有力的表征。组织特异性的基因表达和患病及感染过程中某些基因的优先转录可以暗示这些基因与抗菌药物的发现具有潜在的相关性。因此,微阵列技术提供的基因表达图谱所提供的信息在药物开发过程中可以起到极大的作用。DNA 微阵列可以被用于研究基因的功能,并使可以起到治疗干涉作用的新分子靶点的鉴定、在药物治疗过程中与细胞反应相关的整体基因表达变化的监测变得更加困难。所以,DNA 微阵列具有确定多种药物作用机理的潜能。这里我们将着重介绍以微阵列技术为基础的转录图谱在破译与药物治疗有关的潜在分子靶点的功能、作为比较基因组学的工具在筛选与保守基因相关的疾病的临床分离等方面所得到的应用。

现代药物开发过程中,基因组学可高通量地将细胞功能归于新的基因位点。DNA 微阵列技术使我们可以大量地、平行地对基因表达进行测定。然而,在制药研究和开发领域中将各种 DNA 技术综合应用相对来说最近的发展趋势;该领域已发布的信息并不是很多。一个特定的研究为我们展示了分级的聚类技术是如何组织微阵列表达的数据,并且使基因的序列与功能相联系起来。基因表达的聚类分析是基于这样一种假设:具有相同功能的基因在转录的时候其调控方式是相同的。Hughes 及其同事将聚类分析用于对大量基因表达图谱进行分析,并预测了酵母中存在的 8 种原来未被鉴定的基因的功能。通过对 *S. cerevisiae* 进行 300 种不同诱变和化学处理所得到的相应的表达图谱的研究,确定这 8 个酵母基因所编码的蛋白是与固醇代谢、细胞壁功能、线粒体呼吸作用或蛋白合成有关的。在另一项研究中,差异性 RNA 展示技术被用于对尿道病原菌 *E. coli* 基因表达的诱导及后续菌毛介导的对宿主细胞受体的黏附研究。他们鉴定出一个基因,这个基因编码了一个未被鉴定的感应子调控蛋白(该蛋白在细菌对铁饥饿的应答中起了重要的作用),它是一系列与黏附有关的基因成员之一。将该感应子调控基因进行插入突变,尿路病原 *E. coli* 就失去了在尿中生活的能力,从而证明了感应子调控过程相关基因与病原菌尿道感染过程有关,可以作为药物治疗的靶点。

微阵列分析技术也可以对新的调控途径或网络进行鉴定,而这些调控网络或途径是设计新药的基础。De Saizieu 等利用寡核苷酸微阵列技术产生的全基因组表达图谱对一株新的 *S. pneumoniae* 中的 Blp(细菌素样多肽)双组分系统(该系统与调控细胞密度决定表型的群体感应过程是密切相关的)控制的调控子进行了鉴定。总体来说,细菌素的定义是由细菌产生的可选择性地抑制或杀死相关种的一种化合物。Blp 双组分系统是一个多肽感应系统。微阵列表达图谱揭示出,一个与 BlpC 过程相关的合成的寡肽可以诱导一组各不相同的 16 个基因,包括与调控、合成、输出和 Blps 过程相关的基因。blp 基因的转录依赖于细胞密度的诱导,说明 blp 调控子(regulon)是一个具有群体调控功能的系统。群体感应系统调控了许多细胞功能,包括毒力、遗传能力(即吸收外源 DNA 的能力),以及产生抗菌类多肽的能力。在这个领域,利用微阵列技术产生的细菌表达图谱可以为我们提供新的视野,使我们可以开发出更新的阻止或治疗细菌感染的途径。

抗菌药物要真正起效,很重要的一点是它的作用位点必须在疾病相关且自然发生的分离物范围内具有保守性。DNA 微阵列技术可以作为比较基因组学的工具对临床分离物或密切相关的保守基因和菌株遗传变异进行筛选。在最近的一项研究中,人们运用一个高密度的寡核苷酸阵列(这个阵列含有 *S. pneumoniae* 4 型菌株的 1986 个基因)对 20 个 *S. pneumoniae* 分离物的遗传变种进行了研究。这些分离物代表了主要的药物抗性克隆。微阵列杂交显示,对照 4 型菌株中有 75% 编码蛋白质的基因在所有的 20 个分离物中是保守的,因此我们可以总结出 *S. pneumococci* 中共有的遗传信息。在单个分离物以及对照菌株间所探测到的可变位点包括:编码抗生素抗性基因决定子的镶嵌基因和编码有细菌素产生能力蛋白的基因簇。除此以外,DNA 微阵列技术还用于比较 *S. pneumoniae* 基因组和共生的 *Streptococcus mitis*、*Streptococcus oralis* 菌株基因组之间的差异。大多数的肺炎球菌特异毒力基因位点没有在口腔链球菌中发现,而用微阵列杂交技术可以很容易地检测出已获得肺炎球菌毒力基因的共生菌株。该研究表明,微阵列技术在探测物种的潜在病原性和与肺炎球菌致病性相关的基因领域具有应用价值,并且可将这些信息用于进一步治疗。

12.5　确定治疗用途:药物靶点筛选和验证

正如我们在前面的部分中所讨论的,药物的研制和开发的起点是分子靶点的选择,这些靶点对细菌细胞的生存或病原建立过程必须是十分重要的。一旦一个靶点被选作为药物干扰的靶点,下一步就是候选药物的鉴定过程(图 12.1),包括对具有抗菌活性化合物(传统上通过全细胞筛选的方法)或对所选择的分子靶点具有特异性抑制作用的生化抑制剂(通过靶点定位筛选)的鉴定。虽然过去运用全细胞筛选的方法来筛选新的抗菌化合物十分成功并且具有很高的重复性,靶点定位的筛选方法则更精确(即可以探测到很弱的或渗透性较差但适合于化学优化的化合物或抑制剂),因此该方法可用于靶向新的生物区域,促进药物的合理设计。

要鉴定一个对蛋白靶点特异性的前导分子的标准步骤是对化合物库进行高通量(HTS)的筛选,接着对筛选得到的物质进行分析并研究其作用机理。目前已有大量的生物学活性已被标注的化学物质组成的数据库,可以用于高通量药物筛选工作。一个新兴的、比 HTS 更为有效的筛选方法是利用电脑(in silico)研究直接对潜在的前导分子进行筛选,其优势是可以检索已知蛋白的三维结构并且用电脑辅助药物设计。在电脑中进行药物设计主要依赖于结构基因组学和生物信息学。在药物开发的最终阶段是前导化合物的优化,主要是有系统地对药物相关的特性,如广谱抗菌活性、生物利用率、代谢稳定性、抗菌强度进行改进,直到这种候选药物能够有效地用于临床测试。前导化合物的优化包括早期的毒理学测试,这是毒理基因组学的一个部分。

这个部分,将着重讨论基因组学和蛋白质组学在药物靶点筛选和验证过程中所起到的作用。传统的药物筛选策略是直接寻找可以杀死微生物的化合物;然而,由于分子靶点是未知的,因此这种全细胞筛选法不能对化合物进行合理优化。以基因组学为基础的技术和蛋白质组学在药物开发领域的应用使该过程发生了变化,重点转为结构信息指导的理性的药物设计。现在药用化合物的筛选主要利用菌株、结构和替代配体为基础的技术方案。此外,一旦确定了一个前导化合物,还必须弄清楚其生化位点抑制和抗菌活性之间的关系。还将阐述,如DNA微阵列等基因组学技术对于阐明药物作用的机制是十分重要的。

12.5.1　靶点为基础的药物筛选

制药行业的核心任务就是化学和药物筛选。有机化学的发展使人们可以建立人工合成药物文库用于筛选,同时分子生物学也使已鉴定的蛋白质靶点被用于药物筛选过程。将来,基因组为基础的技术和化学文库、筛选评估技术一起将被用于鉴定新的抗菌化合物并对其分子靶点进行确证。日益增加的抗药性菌株的出现使我们不得不寻找新的药物筛选策略,使新药开发过程得到发展。下面,我们将探讨几种可以抑制特异分子靶点的前导化合物的新颖的筛选方案。

1.菌株阵列

最近发展起来的一项药物筛选技术是将靶点特异性、抗菌活性与高通量的传统全细胞筛选技术结合起来。DeVito提出将人工构建的相对抗菌活性来说对特异酶的抑制物类型更敏感(过敏性)的*E. coli*组成一个阵列,这些菌株对专一靶点所需的基因的表达都很低。要取得成功就必须先构建一个对特异靶点的重要基因表达量很低的菌株。如解旋酶在DNA复制过程中起到的作用。在*E. coli*中为了对这个重要的靶基因的表达进行调控,该基因在染色体上的副本被敲除了,但带有这个基因拷贝的质粒可以在阿拉伯糖启动子(PBAD)的调控下表达该基因。对于每个通过构建产生的细菌细胞,重要蛋白靶点的细胞内表达量是可以通过对PBAD特异调节的诱导物来进行调控的。接着,在化学文库中筛选每个菌株的生长抑制物。用该策略对前导化合物进行鉴定,这种前导化合物对全细胞来说都是有活性的,对于特定的分子靶点也是特异性的。运用菌株阵列进行抗菌活性的筛选,其优点在于:①该阵列可用于任意的靶点;②超敏感性菌株的某抑制物的分子靶点可以通过一个功能性的生化靶点阵列进行验证;③该策略可用于鉴定具有良好抑制活性的化合物,并且可作用于一个以上必需靶点;④构建得到的菌株可以永久作为筛选使用,且价格低廉。

2.电脑筛选和结构为基础的药物设计

蛋白质序列分析和基因组编码的结构分析为我们提供了药物开发的重要基础信息,因为蛋白质是大多数药物作用的物理靶点。而且,蛋白质结合域和或催化位点的三维分子结构对于研究新兴治疗靶点的特异性和机械特性来说是重要的。新的用于寻找具有疗效药物的策略是以结构为基础的筛选和设计策略。该策略将靶点分子的三维分子结构信息与专业的计算机程序相结合,来寻找新的酶抑制剂和治疗物质或同源建模的方法推知的X射线晶体学的方法对于那些极易纯化或结晶的蛋白质来说是具有倾向性的。电脑计算的方法在决定进行昂贵的化学分析之前可以对小分子的药物相关性进行评价。电脑药物设计在小的结合位点如酶催化位点或变构调节位点、受体的配体结合位点的研究中是十分有用的。例如,确定任何形式的受体的结构是用DOCK程序进行直接建模分析活性的第一步。如图12.5所示为利用结构为基础的方法进行生物抑制剂设计的一般流程。利用DOCK这样的程序,我们可以根据配体是否在受体上具有合适的几何和电子学特性来对一系列配体进行研究。docking 算法可以对小分子物质的三维结构数据库进行搜索,根据这些物质适合的程度即对某种特定分子构型最适合的定位来对他们进行排列。化学合成那些通过对电脑计算的方法确定的以假定配体为基础的化合物,并且对其药理学活性进行测试。如果 DOCK 这样的电脑程序是寻找前导化合物的有力的筛选工具。虚拟帅选法用电脑计算的方法为小分子物质的合成提供基础,为蛋白质组学和药物的开发架起了一座桥梁。

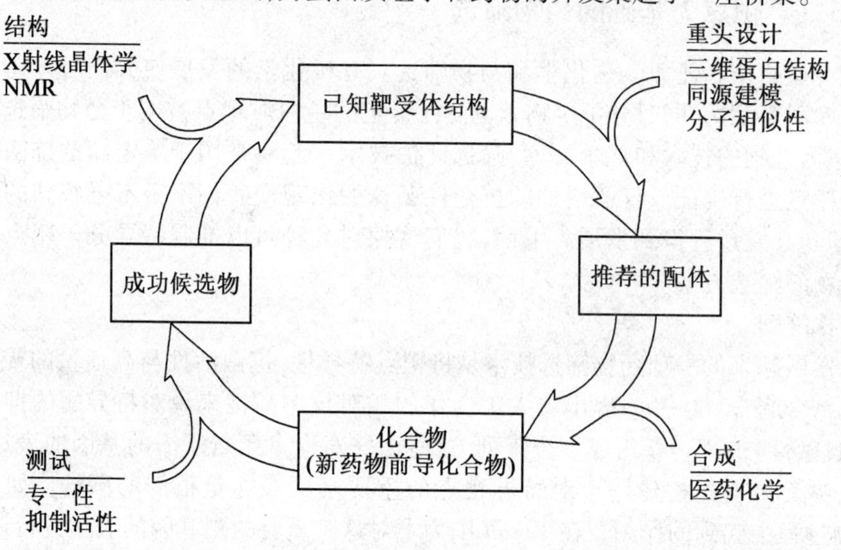

图 12.5　从蛋白质靶点到小分子合成的以结构为基础的设计方法的流程图

3. 替代配体为基础的筛选方法

全基因组序列信息的不断增加使得可以用作药理学干涉的潜在分子靶点的数目迅速扩大。需要建立一些不依赖于功能评估的筛选方法来寻找新的蛋白质功能的抑制剂。传统上,除了某些蛋白间相互作用与人类疾病之间的生物学关系之外,蛋白与蛋白之间的相互作用没有被作为药物的靶点而得到广泛地开发利用。基于蛋白质之间相互作用的筛选策略已得到开发。其中一种就是在离体的条件下利用组合肽文库中的"替代"配体来检测功效广泛的小分子酶抑制剂。所谓替代配体就是指一个能够高亲和性地特异结合于靶蛋白的功能位点并抑制其功能的短肽。我们通过噬菌体展示的方法可以从组合肽文库中分离出能够与靶蛋白结合并发生相互作用的组合配体。Hyde - DeRuyscher 及其同事的一项研究表明,噬菌体展示所确定的酶可以分为 4 种不同的类型:①连接酶[酪氨酰 tRNA 合成酶(H. influenzae),脯氨酰 tRNA 合成酶(*E. Coli*);②氧化还原酶。乙醇脱氢酶(S. cereviaiae)];③水解酶[羧肽酶 B(猪),β 葡萄糖苷酶(Agrobacterium faecaelis)];④转移酶[己糖激酶(S. cereviaiae),糖原磷酸化酶 a。(兔)丁多肽配体与每种靶点蛋白进行反应,与每个靶点至少在一到两个位点上发生结合。除了相似的氨基酸序列,这些多肽对同源的靶蛋白是具有特异性的,对于其他靶蛋白没有交叉反应。接着要对这些多肽对不同酶活性的抑制情况进行分析,17 个多肽中有 13 种中被鉴定出是酶功能特异性的抑制剂。此外 Hyde - DeRuy - scher 及其同事还对两种多肽(Tyr - 1 和 Trp - 4)对 *H. influenzae* 的酪氨酰 tRNA 合成酶(TryRS)的特异性作了研究,以期寻找已知的 TryRS 的抑制剂。竞争性结合测试表明,噬菌体展示的多肽 Tyr - 1 与 TryRS 的结合可被竞争性抑制剂所阻止。这些分析结果说明,肽类替代配体可用于高通量的结合实验,来寻找靶蛋白功能的小分子抑制剂。而且,这一研究结果还表明,多肽与生化上不同的酶的相互作用是特异的而不是随机的,在靶蛋白的功能位点会发生这种相互作用。替代配体技术的一个重要方面是确定特异结合的多肽配体时并不需要了解靶蛋白的活性信息,因此这一方法可以用于鉴定未知功能的蛋白质的功能位点。

综上所述,抗菌药物的发现通常要在化合物库中进行大量筛选,确定一个对靶点来说具有中瘦亲和性(即结合能力)的前导分子。然而,那些结合能力较弱,但能够通过药物化学和结构辅助设计来优化的化合物通过传统的药物筛选方法是无法筛选到的。Erlanson 提出了一种新的筛选方案称为系链法(tethering),该方法能够快速高效地鉴定那些分子量在 250 Da左右的对蛋白质或大分子的特异靶位点具有低亲和力的小的可溶性药物片段。位点定向配体的筛选依赖于配体与靶蛋白之间的半胱氨酸残基形成二硫键。一个含有半胱氨酸的靶蛋白在 10 ~ 200 μmol/L 的还原性物质(如 2 - 巯基乙醇)存在下能够与含有二硫键的分子文库(约 1 200 个化合物)发生不可逆的反应。这个文库中的大多数物质对于靶蛋白来说没有内在亲和性或亲和性很小,因此连接蛋白质的二硫键很容易就被还原。然而,如果有一个对靶蛋白具有低内在亲和性的分子存在,会改变蛋白质的修饰或系链平衡。然后,可以利用质谱来确定这些被系链的化合物。利用上述策略,Erlanson 及其同事鉴定出了一种 thymidylate 合成酶的强效抑制剂。

药物筛选的另一种有效方法就是利用酵母的双杂交系统来验证在离体情况下一个多肽与靶蛋白的作用。Cohen 就将组合文库、筛选和双杂交技术联合使用,寻找能够破坏特异蛋白质 - 蛋白质之间相互作用的多肽。通过双杂交筛选,他们从组合文库中分离出一个多肽 aptamer,称作 pep8,能够结合并竞争性地抑制细胞周期蛋白依赖性激酶 2(Cdk2)。多肽 aptamer 由一组新的 20 个残基分子组成,将其设计成能够模拟免疫球蛋白互补决定区域的识别功能,因此能在细胞内干扰蛋白质的相互作用。pep8 多肽 aptamer 能够通过在酶活性位点或附近结合来抑制 Cdk2 激酶的活性。Cdk2 能够促进哺乳动物细胞在 G1 期和 S 期的转录。Cohen 及其同事发现人类细胞中抗 Cdk2 的 pep8 多肽 aptamer 的表达,能够通过干扰 Cdk2 和某种底物的特异性结合来抑制细胞周期的进程。

12.5.2　微阵列与药物靶点的验证

新药开发中的一大难点是药物靶点的验证(即确认一个化合物能够抑制特定的靶点)和毒力学研究。DNA 微阵列技术的发展对促进药物靶点的验证和次级药物反应的确定具有重大的意义。基因表达谱可用于描述和预测不良的药物反应。为促进合理的药物设计,我们必须了解药物作用的分子机理。这些信息能够指导我们鉴定出其他的可能更为有效的药理干涉靶点。最近的研究表明,我们可以运用微阵列技术来确定用药后的初级遗传反应,这样就为现代药物作用模式的研究提供了重要的视角。与整体基因表达相应的测量方法为我们提供了一个综合的框架,该框架决定了在基因组规模下化合物是如何影响细胞代谢和调控基因表达的。理想的话,抗菌药物的抑制作用应该是强效而特异的,即使靶基因产物不存在的情况下它也能发挥作用。用药物处理细胞后应该使基因的表达与敲除该靶基因所得到的效果相一致。药物处理所产生的基因表达图谱可以被用作该药物的分子标记,探究未鉴定的抑制剂的作用模式,并辨识受影响的途径甚至是特异的靶蛋白。下面,我们将介绍阐明药物作用机理的基因组学方法,着重介绍微阵列杂交在探知药物诱导的基因表达方面的应用。

运用微阵列技术对基因功能的遗传学和药理学抑制进行分析，Marton 及其同事从转录水平评价了将微阵列技术所描述的全基因组表达谱用作药物靶点验证和次级药物反应确定的工具的意义。通过检测酵母细胞中基因表达效果与药理（药物抑制剂介导的）或遗传（缺失突变介导的）抑制对钙神经素（caleineurin）功能的关系，我们可以检测这种方法的有效性。钙神经素是一个高度保守的由钙和钙调素激活的 Ser/Thr 蛋白磷酸酶，在许多依赖于钙调信号的细胞途径（如细胞内离子动态平衡和有丝分裂启动调节）中发挥作用。钙神经素的活性被抑制免疫反应的药物 FK506 和环孢菌素 A（CsA）所抑制。

（1）*S. cerecisiae* 的全基因组微阵列被用于比较细胞在 FK506 或 CsA 存在的情况下的生长和没有这两种药物存在，但敲除了编码钙神经素亚基基因（CNAl 和 CNA2）情况下转录谱的变化。对钙神经素的药物抑制产生的基因表达改变“信号”模式与钙神经素突变菌株所得到的图谱模式是非常类似的。这一点说明，药物靶点的无义突变可以在基因组规模上对药物作用的靶细胞进行模拟型。因此，这一方法可以用于确定一个假设的靶点是否在产生药物信号的时候是必需的。由于药物都有一个单一的生化靶点，用微阵列技术分析该靶点的药理和遗传抑制作用对于药物验证来说可能是十分有用的；然而，一个化合物常常会影响多个代谢途径中的其他组分，从而产生一个相应的基因表达谱或信号。用 FK506 处理无义突变株，微阵列分析结果表明，除了药物主要靶点之外还有其他的途径受到影响。在这些例子中，基因表达图谱揭示了药物次级反应在基因组表达模式上所起的作用，是评价化合物特异性的有效工具。

（2）异烟肼处理对结核分枝杆菌（*Mycobacterium tuberculosis*）基因表达的影响。具有多重抗药性的*M. tuberculosis*的出现是人类战胜肺结核这种慢性感染疾病的巨大威胁。最近，*M. tuberculosis* 全基因组序列的注释完成首次为我们提供了一种综合的基因组学的方法来发现和研制抗分枝杆菌的药物。wilson 及其同事利用一个包含 97% *M. tuberculosis* 已知 ORF 的 DNA 微阵列检测了这种细菌在抗结核药物异烟肼（该药物选择性地阻碍霉菌酸合成途径）处理下全基因表达的变化。霉菌酸是分枝杆菌蜡样外脂膜的主要成分。虽然异烟肼抑制作用的分子靶点和精确的作用机理不是很清楚，它仍然是最常用的治疗肺结核的药物。在以微阵列为基础的研究中，Wilson 及其同事用异烟肼作为研究 *M. tuberculosis* 药物诱导转录图谱的模式系统。用微阵列分析异烟肼暴露下的转录谱结果表明，某些编码与药物作用模式有生理相关性的蛋白的基因表达水平会提高。例如，异烟肼能够诱导一个操纵子样的基因簇中 5 个基因（fabD、acpM、kasA、kasB 和 accD6），这些基因编码了Ⅱ型脂肪酸合成酶复合物（FAS－U）中的多肽链组分。一系列遗传和生化证据表明，异烟肼在霉菌酸（mycolie acid）合成途径中阻碍了 FAS—11 复合物。这一结果说明，微阵列杂交技术可以用于突出那些与药物抑制的细胞途径直接相关的基因。此外，异烟肼还能诱导 fbpC，该基因编码的蛋白质（trehalose dimycolyl 转移酶）参与了霉菌酸的成熟。其他响应异烟肼处理的基因编码了两种脂酰辅酶 A 脱氢酶（fadE24 和 fadE23）、一个烷基过氧化氢物还原酶亚基（ahpC）和一个与药物毒性反应无直接关系的外排蛋白（efpA）。efpA 编码的可能是一个质子驱动的转运蛋白，异烟肼介导的 efpA 基因的诱导说明，这个基因的产物可能与霉菌酸产物转运分子有关。如果有其他实验可以表明 EfpA 确实介导了霉菌酸的生物合成功能，那么 efpA 基因的产物可能作为新的药物靶点。因此，微阵列分析技术可以帮助我们发现目前为止在药物抑制途径中未知的、新的药物作用靶点。通过分析已知抗结核药物处理后基因表达的变化,Wilson 等认为,微阵列表达谱是一个有效的方法,可通过从生理上对应用药物后转录图谱的变化进行解释来预测药物的作用模式。

(3)新生霉素或环丙沙星处理后流感嗜血杆菌(*Hamophilus influenzae*)基因表达的变化。Gmuender 及其同事(2001)运用微阵列技术分析了新生霉素和环丙沙星(ciproflox - acin)处理后 *H. influenzae* 全基因表达的变化。新生霉素(一种香豆素)和环丙沙星(一种喹诺酮)是得到深入研究的 DNA 旋转酶抑制剂,分别代表了两个不同的功能单位,这些抗生素通过不同的分子机理抑制了相同的靶酶。DNA 旋转酶是由两个亚基组成的(A 和 B),是原核生物的拓扑异构酶Ⅱ,对于细胞存活具有重要意义,与哺乳动物没有直接关联。该酶通过 ATP 水解产生的能量将负超螺旋引入了 DNA,从而改变了 DNA 拓扑结构。新生霉素是一种非杀菌性的抗生素,能够结合到 B 亚基的 ATP 结合位点从而抑制 DNA 旋转酶的 ATPase 活性,这样就非直接地改变了 DNA 的超螺旋程度。环丙沙星则通过抑制 DNA 旋转酶所介导的 DNA 双链切割和重新结合功能来抑制 DNA 超螺旋化。环丙沙星是杀菌性的 DNA 旋转酶抑制剂,诱导了 RecA(SOS)DNA 修复系统。

Gmuender 等研究的主要目的是确定新生霉素和环丙沙星是否诱导不同的基因表达相关机制。为了达到这个目的,他们使用了高密度的寡核苷酸微阵列来检测这两种不同的 DNA 旋转酶抑制剂作用下,*H. influenzae* 中超过 80% 基因的表达水平。由于细胞对生长条件的改变所做出应答并不仅仅限于转录水平的调控,他们同时用 2D - PAGE 对翻译图谱做了分析。Gmuender 及其同事发现,新生霉素和环丙沙星在转录水平和翻译水平所诱导的应答是不同的,尽管这些抗生素所作用的是同一个靶酶。当 *H. iftuenzae* 细胞用 ATPase 的抑制剂新生霉素处理时,许多基因的表达水平改变了。这些表达水平发生改变的基因不仅仅包括约 50 个编码假定蛋白质的 ORF,还包括编码 DNA 旋转酶 B 亚基、核糖体释放因子和拓扑异构酶 I 的基因。新生霉素诱导的转录应答反映出这样一个事实:DNA 的超螺旋能够影响很多基因转录的启动。

微阵列杂交还显示环丙沙星处理主要影响次级 DNA 修复系统的表达。DNA 修复系统的诱导是由于环丙沙星和 DNA 旋转酶及 DNA 形成稳定的三重化合物对 DNA 造成损伤而产生的应答。例如,SOS 修复系统和其他 DNA 修复系统(如 ruvB、recO,recN,impA、recF)中牵涉到的基因在环丙沙星处理后表达水平得到提高。与新生霉素相比,除了基因表达模式有显著的区别外,环丙沙星处理还延滞了转录应答的起始。微阵列技术产生的表达图谱还显示了新生霉素和环丙沙星诱导的一些普通的转录效应。例如,编码氨基酸合成酶、氨基酸转运蛋白、核糖体蛋白和 tRNA 合成酶的基因也受到抗生素处理的影响。新生霉素和环丙沙星在 mRNA 水平所引起的变化在性质上与蛋白质组水平的变化是相同的。如我们所期望的,用微阵列分析技术所得到的表达谱的重复性和灵敏性比用 2D - PAGE 加计算机图像分析所得到的结果要好得多。

微阵列对新生霉素和环丙沙星应答性的基因分析展示了抗生素处理产生的转录谱怎样产生与其作用模式相关的重要信息。微阵列为基础的基因组学技术对于未知抑制剂的分类来说是极为有用的,因为这种技术能提供特异的表达谱或分子“信号”用于同未知的抑制剂产生的特征信号进行比较。因此,我们希望高通量、平行表达分析能够加速我们对感染细菌中产生多重抗药性的问题在药理学上有新的认识。

12.6 基因组学和毒理学:毒物基因组学的产生

前面的部分所提到的,微生物基因组学已经并将继续对药物分子靶点的鉴定和验证及高通量筛选技术的发展产生重大的影响。虽然目前基因组学在这些领域的潜在价值仍未得到充分认识,但希望基因组序列和基因组学技术能对药物研发的其他方面例如毒理学和临床研究作出更大的贡献。基因组测序所引发的生物学革命导致了许多新的分支学科的出现,其中之一的毒物基因组学代表了毒理学和基因组学的融合。该学科是利用基因组学的资源来确定对人类和环境有害的毒物,并了解其毒性过程的分子机理。从药物研发的角度来看,毒物基因组学所特别关注的是在靶器官或靶细胞的转录物组学水平上与药物化合物有关的毒理问题的预测及机制分析。基因阵列技术在毒物基因组学领域正得到越来越多的商业应用,被用于基因表达的分析。直接或间接受毒物作用的特点之一是基因表达的改变。微阵列技术为基因表达谱或信号的评估提供了一个良好的平台,这种评估能高灵敏地为毒性提供信息标记。这本节中,我们将主要谈谈毒物基因组学中关于微阵列技术在机制毒理学研究和预测毒理学领域的应用。

12.6.1 微阵列技术与机制毒理学

经典的对潜在毒性进行研究的方法是利用活体模型系统,如大鼠、小鼠、兔或适当的初级细胞系。例如,有人建立了一个长效的啮齿动物癌症生物分析法,来评估非基因毒性的致癌作用。目前已发展的测定毒性的离体技术(主要用于评估毒物诱导的 DNA 损伤)包括 Ames test、Syrian hamster 胚胎细胞转化测试、微核测试以及姐妹染色单体交换的测量,毒理学家利用这些传统的生物测试方法确定并评估药用化学物质的安全性。此外,一些已建立起来的遗传学技术也被用于阐述毒性作用相关的机制问题,如用反义寡核苷酸来抑制内源蛋白质,用报告基因来测定基因启动子的活性。活体实验中选择性基因产物对毒物产生反应的生物学作用可以用转基因小鼠或基因敲除的方法来研究。

最近,一些毒理学家正试图改进基因表达技术,使之成为更为有效的替代传统动物生物鉴定的方法。以微阵列为基础的基因表达图谱作为一种可用来确定药物候选化合物潜在毒性的作用机制的方法,很有应用前途。Nuwaysir 提出一种方法,其基本原理基于测量某种毒物处理后的生物的基因组规模稳定状态 mRNA 水平,他们认为这种方法能够提供基础信息,并且完善了毒理学测试的方法。他们还建立了一种通过研究毒药诱导的基因表达谱来鉴定有毒物质,并确定其假定的作用模式的方法。这个方法需要通过一种或多种确定的模式系统来测定具有相同作用机理的一组毒药[如多环芳烃(PAHs)]的剂量和时间过程参数。将靶细胞暴露于某一固定的毒力水平的这些物质中,测定细胞的存活率。然后,提取总细胞的 RNA,通过与 cDNA 微阵列进行杂交来确定基因表达的变化。通过类似的研究,Nuwaysir 等开发出了客户型 cDNA 微阵列 ToxChip v1.0,该系统由 2 090 个人类基因组成,这些基因都是细胞活动过程所涉及的基因(如 DNA 复制及修复基因),并且对多种毒性处理具有反应[如对 PAHs、二氧(杂)芑样化合物及氧化剂压力起反应的基因]。随后,用毒性物质处理后所诱导的全基因组表达变化的分析结果表明,对于一组特定的毒性物质,基因表达所发生的一系列变化是唯一的。基因表达的调节代表的是细胞对毒性试剂产生反应的“信号”,且这个“毒性信号”对于每个不同毒物类群来说都是不同的。收集相关的“信号”,与由未知物质诱导所得的基因表达谱相比较,具体方法如图 12.6 所示。如果一个新的信号与已知的信号相匹配,那么我们就可以推测这种未知化合物的可能作用机理了。

Pennie 描述了一系列客户型 cDNA 微阵列——ToxBlot arrays 的开发研制,该微阵列特异性地用于毒性过程的研究。该阵列选用约 600 个人类或鼠科动物的标记基因并且包含了对毒理学研究尤为重要的基因(如基础转录因子、细胞表面受体、细胞黏附药物代谢、热激蛋白、氧化胁迫、类固醇受体)。DNA 序列可认为是潜在的对多种毒性过程进行鉴定的标记。为了得到更好的实验重复性,每个作图的基因在 ToxBlot arrays 上制作 4 个单独的点。此外,每个所列基因的背景文献数据库是已知的,包括关于生化/酶学功能、组织分布以及未知等位基因的改变等信息,这样就可以帮助我们解释不同的基因表达图谱。毒物基因组学的近期目标是将微阵列分析应用在不同类型化合物处理过的细胞中,以此找到一些与已知种类毒物紧密相关的基因。然后我们就可以得到一组浓缩大量信息的基因,这些基因就可用于构建下一代使用少量基因制作的高效阵列。

Hamadeh 等的一项研究证明:基因表达模式的分析应能对毒物进行分类,并且提供对机制研究有关的重要信息。有人用大鼠肝脏中提取的 RNA 进行微阵列分析,这些大鼠事先用结构上无关的物质进行处理,包括普通的化合物、过氧化物酶体增殖体,以及一个详细研究过的酶的诱导物苯巴比妥。表达谱显示,3 种不同的过氧物酶体增殖体所诱导的基因表达谱具有相似性,但是用酶的诱导物苯巴比妥所得到的转录图谱则是不同的。同一种类的化合物产生的基因表达谱是可区分的,这表明了微阵列分析可以产生化学特异性的表达谱。

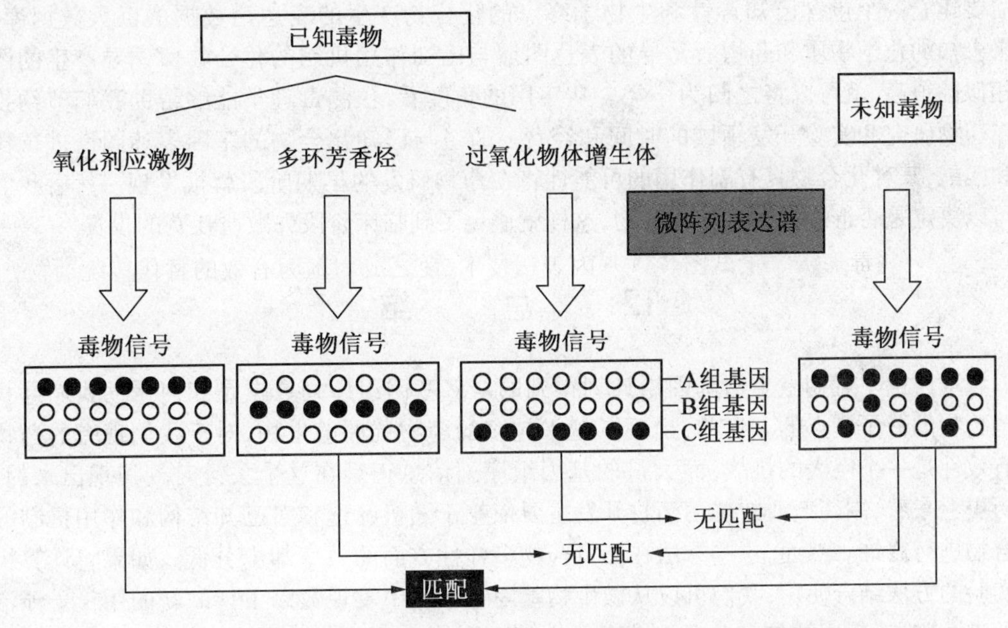

图 12.6　用以微阵列为基础的基因表达图谱来鉴定未知的毒物作用机理

如上所讨论的,我们希望 RNA 表达图谱技术能对毒理学家检测化学物质和药物副作用的分子基础起到革命性的作用。基因阵列最大的优点是为我们提供了一种通用的理解毒理学所涉及的复杂分子机制的方法。然而,我们应该承认基因表达谱在机制和预测毒理学领域的应用也是有挑战和局限性的。如 Fielden 和 Zacharewski 所指出的,仅仅使用微阵列表达图谱不能完整描绘出作用机制的复杂性,因为这种方法只测量了终点(即 RNA 水平)。此外,引发毒性的毒物和药物能够影响酶的活性、DNA 和膜的完整性以及一些在基因表达水平无法解读的过程。换句话说,毒性的引发并不完全是直接依赖于基因表达的诱导,且基因表达的变化对于毒性判定来说也不是必要的。因此,十分必要将基因表达谱与其他手段联合使用,怎样才能在完整的生物体中分子、细胞、组织和生理水平上测定多个终极目标。我们还需要设计一些大型的研究项目来评估药物在更高的生物组织水平所起到的效用,然后将基因表达数据结合到一起。尽管有些情况下基因表达变化超前或与毒物作用相一致,我们对药物作用机理的了解仍受到靶基因的功能、调控机制及其在细胞代谢途径中所处地位这些背景知识的局限。此外,要在以机制为基础的风险评估领域充分发挥微阵列表达谱的潜力,我们还需要解决其实际应用性问题。例如,在什么样的生物系统中使用、用什么剂量、在什么时间对毒物诱导的基因表达进行检测等。要降低微阵列数据在实验室之间的差异,我们还需要解决一些诸如对实验条件进行标准化等问题。

12.6.2　微阵列在预测毒理学中的应用

预测毒理学和毒物基因组学的正确性和应用性取决于在一组特异的条件下,不同类群或种类的化学物质(根据毒性终点、机制、结构、目标器官来分类)产生不同的诊断基因表达谱或信号模式。在大鼠中进行的验证性实验表明,利用基因表达谱对化合物进行分类是可行的。预测毒理学的目的是利用基因表达分析来描述或预测药物或化学物质的副作用,这就需要建立一个包含已知毒性和生物学终点的化合物产生的表达谱数据的巨大数据库。如果未知的化学物质和药物所诱导的表达图谱与已知作用机制的化合物所诱导产生的图谱相似性很高,就可以将之归为一类。从实用的角度看,预测毒理学能够帮助我们节约投资在药物研究和实验开发领域的时间和经费。通过与已知化合物的基因表达图谱进行比较和匹配,某种化合物具有副作用的可能性将在药物研发的早期阶段就被发现。然后我们就可以决定是否继续开发这种化合物,这样就避免了到临床阶段失败所耗费的投资。

12.7　总　　结

该章讨论了近期微生物基因组计划得到的众多基因组序列数据是如何帮助我们寻找抗菌药物的分子靶点的。目前,出现了越来越多的药物抗性微生物,对于我们现有的药物的有效性是一个巨大的挑战,而大量的基因组序列信息正是在这个关键时刻涌现出来的。从历史上来看,制药产业的抗菌药物开发主要依赖于随机筛选和对已知结构和作用机制的化合物进行修饰。然而,这些方法在拓宽药物多样性方面的效率却十分低。如果将计算机和实验的方法结合使用,我们可以从微生物基因组序列中发现数以千计的新的用于干涉治疗的潜在靶点,这样就使药物的开发从直接筛选抗生素转变为合理的以靶点为基础的策略。诸如 DNA 微阵列等以基因组为基础的技术和生物信息学的进步已经开始对分子靶点和候选药物化合物的鉴定、验证和筛选产生了巨大的影响。此外,在机制和预测毒理学领域应用微阵列产生的基因表达谱是极有价值的。传统(如无义突变)和现代(如 STM 和 IVET)遗传学策略在评估细菌基因作为潜在抗菌靶点领域也将发挥极大的作用。与药物开发相关的蛋白质组学的发展还处于初级阶段。由于蛋白质是小分子药物真正的细胞靶点，帮助我们认识蛋白质三维结构与生物学功能关系、转录后修饰、蛋白质之间互作网络的技术，将大大促进抗生素靶点的筛选，同时提高药物开发的成功率。同样，我们已经逐渐认识到，基因组学的广泛应用产生了一个新的学科——毒物基因组学，该学科对潜在的人类或环境毒物进行鉴定，研究导致毒性产生的分子机制。特别是微阵列为基础的基因表达谱正迅速成为机制毒物组学研究领域标准的分析方法，为我们研究候选药物化合物的作用机制起到了重要作用。毒物基因组学将对药物安全性评估和降低药物开发阶段的药物筛选失败率产生巨大影响。

第13章　基因组学与酶的发现和疫苗开发

13.1　酶 的 发 现

13.1.1　酶发展历程的简介

20多年前,酶工业主要用较少的种系发生范围的微生物集中生产少量的生物催化剂。这些酶应用范围有限,主要用于大规模淀粉加工和洗涤用的清洗剂。如何发现新酶,如何大规模生产以及如何将它们合理用到现有的生物工艺中等存在诸多困难,从而限制了这一技术领域的发展。即使发现了具有生物催化剂潜在生理特征的一种微生物,从成千上万类似的生物分子中分离一种特殊酶,仍然具有相当大的挑战性。如果这种微生物(野生型或突变型)不具备用于大规模发酵产生丰富而大量酶的表型特征,那么这种生物催化剂要发挥它重要用途的可能性就相当低。简而言之,20世纪80年代工业生物技术到来前夕,仅仅有少数几个工业先行者,能从隐藏在非典型特征微生物基因型内部,找出有价值的酶并实现商业化。

但是,今非昔比,自从第一个产酶重组生物体成功实现商业化以来,分子生物学彻底改变了酶发现的本质。曾认为酶很少具有多种应用潜力,但是现在恰恰相反,根据已测序微生物基因组编码的信息推断,很多酶有不同的潜在应用价值,所面临的挑战是要为特定生物催化剂找到适合的技术应用领域。此外,定点突变、DNA改组技术和定向进化等重组方法,已经用于创造能实际应用一些特定酶的工程产品,同时,那些在关注生物催化剂的工艺学家们,正在探索有关那些珍贵酶类多样性,并也在寻找能否采用生物途径代替或生产那些具有重要经济价值的化学和生物化学制剂。

许多工业用酶都传统地来源于天然环境或特殊生态位中分离的微生物,因为这些天然环境或特殊生态位中的生物过程与工业应用过程类似,然而,传统酶发现的方法仅仅揭示了天然生物催化剂系列的一部分。rRNA的小亚基(16 S或18 S)序列比较表明,地球上的大多数生命是微生物,然而,据估计,自然界的微生物中99%以上还不能通过标准技术培养。何况,已经确认的微生物还不到能培养微生物总数的2%,仔细研究的微生物更是寥寥无几。当前研究的微生物酶是否具有代表性?用现有微生物基因组序列资料可以对这一问题进行研究。

到目前为止,还不清楚从已测序微生物基因组中,能获得多少微生物多样性的信息,但可以肯定,在已测序的微生物基因组中,甚至在亲缘关系紧密的不同种或同一种内不同菌株之间,都存在着明显的遗传多样性。直到现在,病原微生物一直是大多数基因组比较研究的主体,但是,非病原微生物也开始研究,例如,耐盐芽孢杆菌中近三分之一的可读框与它同属的另一微生物——枯草芽孢杆菌的可读框并没有明显的匹配;再如,激烈火球菌(*Pyrococcus furiosus*)的基因组比同属的另一微生物——霍氏火球菌(*Pyrococcushonkoshii*)的基因组大 10% 左右。多数差异归咎于额外氨基酸生物合成途径和碳水化合物吸收途径，如纤维二糖、麦芽糖、海藻糖、昆布多糖和几丁质。种内基因组序列比较的有限观察显示，目前对自然界生物催化剂成员的认识是窥见一斑。

很显然，一个个地研究基因和蛋白质的方法，正在被分子生物学和基因组学进步所带来的新信息和方法学的应用所替代。当 20 世纪 90 年代中期完成的微生物基因组序列面世时，观察微生物种内全部酶库的组成才成为可能。现在，140 多种微生物基因组测序已经完成，至少还有 300 多个项目正在进行中，通过微生物遗传信息而间接推断某些特定生物催化剂的存在才成为可能。

然而，由于微生物基因组中有一半甚至更多可读框，最初并没有特定的功能与之匹配，所以仍然有很多不确定性存在。例如，即使对研究最多的大肠杆菌，在 4 288 个被释义的编码蛋白基因中，起初也有 38% 没有确切功能；再如，由极端嗜热酸的圆齿古生菌（*crenarchea-on*）、硫磺矿硫化叶菌（*Sulfolobus solfataricus*）P2 预测编码的 2977 个蛋白质中，约三分之一在其他已测序基因组中检测不到同源物。在霍氏火球菌（*P. horikoshii*）基因组中，有 50% 以上可读框的功能还无法通过数据库的相似性比较得以确认。对微生物基因组中可读框的正确释义仍处在不断探索的阶段，当前主要采用体内、体外和计算机模拟（in silico）等多样化工具。目前，这个释义过程正像它已为许多问题提供了答案一样，也可能带来许多新问题，这已成为一个不争的事实。然而，微生物机体中与酶工业有关酶库的组成正变得越来越清晰。

随着用聚合酶链反应从基因组 DNA 中扩增有意义的基因，用于亚克隆并在适合寄主中超量表达，每一种微生物的基因组，都可能提供成千上万种具有重要意义的生物催化剂。通过应用各种各样的生物信息学工具（表 13.1），可以进一步研究候选酶的特征，为有效缩短候选酶的名单，就像开发糖基水解酶那样，通过计算机模拟酶结构及其催化特性，而且最好与以氨基酸序列为基础的分类系统相结合。

13.1.2　发掘超嗜热生物基因组，开发有用生物催化剂

由于种种原因，最初测定的微生物基因组序列，主要集中在那些生存在对生物极端不利环境中的微生物。超嗜热菌、嗜极端环境的微生物属古生菌域和细菌域，在 80 ℃或更高温度下最适合生长，由于它们的进化地位、小基因组以及产生稳定生物催化剂的特性，一些此类微生物的基因组序列已有报道（表 13.2）。

尽管现有大量重组技术可以改善酶的特性，但是最好还是用具天然特性或生产特性最接近的酶。工业用生物催化剂极其受欢迎的特性就是热稳定性，这也是超嗜热微生物产生酶的本质特性。对温度稳定型生物催化剂感兴趣是因为，即使许多反应在不断提高的温度下进行，但大多数工业加工过程仍然使用来自嗜中温微生物的酶。在较高温度下，有机化合物黏度降低和分散系数增大，会降低所需酶浓度并提高酶的转化。温度升高也能使底物的生物利用率提高，同时可降低生物污染的风险。其另一个优点是，超嗜热生物的酶经常对化学变性剂，如去污剂、促溶剂和有机溶剂具有抵抗力，这使他们作为工业生物催化剂更有用。因此，如果稳定性重要，一种现有超嗜热菌酶可以通过重组方法加以修饰以改善其催化特性，由于许多超嗜热菌酶的生物基因序列已经完成，就很有可能找到一种具有特定催化特性的热稳定酶，要么满足特殊要求，要么经过修饰达到特定要求。

表 13.1　有用的生物信息学工具

搜索工具	网　址	描　述
蛋白序列数据库 BLAST	http://www. nebi. nlm. nih. gov/BLAST/	基本局部联配搜索工具;用于序列的快速比较;比较数据库中序列的快速途径,识别基因或病毒序列,并寻找一个感兴趣的序列与数据库序列的相似区域;由 BLAST 演变的程度有较高的敏感性,如蛋白序列一致性 BLAST (PSI - BLAST)或缺口 BLAST(Gapped - BLAST)
PROSITE	http://ca. expasy. org/prosite	通过与已知蛋白家族比较,阐明未知蛋白(从 cDNA 或基因组序列翻译得到的蛋白序列)的功能
pfam	http://pfam. wustl. edu/hmmsearch. shtml	多个蛋白域对比数据库,能评价和识别带有多个域的蛋白,检测蛋白序列间从头到尾的相似性
Blocks	http://blocks. fhcrc. org	检测蛋白质局部区域相似性
eMOTIF	http://motif. stanford. edu/emotif	判断并搜索蛋白质模体
SMART	http://smart. embl - heideberg. de	简单的模块结构搜索工具;可以分析区域结构
PRINTS	http://www. bioinf. man. ac. uk/dbbrowser/PRINTS	保守蛋白模体组的摘要
CDD	http://www. nebi. nlm. nih. gov/Structure/cdd/cdd. shtml	保守区域数据库;由蛋白保守区域的多个序列对比组成
TOPITS	http://www. embl - heideberg. de/predictprotein/predictprotein. html	以预测为基础的穿线程度;用于推测蛋白质序列模体结构或功能
基因组比较		
STRING	http://www. bork. embl - heideberg. de/STRING	搜索邻近基因再现的工具,在已公布的基因组序列中定位成簇重复出现的基因;重复基因簇在不同基因组序列中出现,常常表明它们功能的相关性
COG	http:/www. nebi. nlm. nih. gov/COG	直系同源蛋组集群,通过比较完整基因组中蛋白序列来决定;直系同源物通常具有相同功能
PEDANT	http://pedant. gsf. de/	高通量处理基因组数据,用广泛生物信息学方法给蛋白指定功能和结构类别
AlignACE	http://arep. med. harvard. edu/mmadata/mrnasoft. html	对比核酸保守元件;根据比较基因组学预测功能的相互作用
基因组信息代理代谢数据库	http://gib. genes. nig. ac. jp	可以获取和查阅任何已测序微生物基因组中感兴趣的区域,并给出生物学释义
EcoCyc	http://ecocyc. org	对大肠杆菌中所有已知代谢途径和信号传导途径进行注释,包括对机体基因组和生化机制的描述

续表 13.1

搜索工具	网　址	描　述
ENZYME	http://www. expasy. org/enzyme/	提供与感兴趣酶相关的系统命名、催化活性和辅助因子
LIGAND	http://www. genome. ad. jp/ligand/	由三个主要区域组成;提供与有机体生物和化学特性相关联的信息;COMPOUND 提供代谢物和相关化学化合物住处;REACTION 收集了代谢反应;ENZYME 提供感兴趣蛋白所有已知酶反应
KEGG	http://www. genome. ad. jp/kegg	京都基因和基因组百科全书;从基因组序列数据中提供功能信息
WIT2	http://wit. mea. anl. gov/WIT2/	What Is There 数据库;包含代谢途径信息,建立在序列比较和生化与表型数据的基础上
其他有用的工具		
SignalP	http://www. cba. dtu. dk/services/SignalP	在原核和真核系统神经网络基础上,识别信号肽和切割位点
TMpred	http://www. ch. embnet. org/software/TM. PRED – form. html	根据 TMbase 算法,预测蛋白质的跨膜区域和方向
BRENDA	http://www. brenda. uni – koeln. de/	酶功能数据库
ClustalW	http://www. ebi. ac. uk/clustalw/	DNA 或蛋白质多序列对比程序,以观察两个分子相似性或区别
PSORT	http://psort. nibb. ac. jp/from. html	根据氨基酸序列数据,预测蛋白质分选信号或蛋白质在细胞中的定位

表 13.2　超嗜热微生物基因组测序

名称	年份	描述	最适温度/℃	基因组大小/Mbp	可读框(ORF)	未知功能基因①	特有基因①	G+C/%②	分离位置
古细菌(*Archaea*)									
敏捷气热菌(*Aeropyrum pernix*)	1999	严格需氧的泉古细菌门	95	1.67	2694	523(19%)	1538(57%)	56	Kodakara
闪烁古细球菌(*Archaeoglobusb fulgidus*)	1997	严格厌氧的古细球菌目,硫代谢	83	2.18	2436	1315(54%)	641(25%)	49	Vulcano
詹氏甲烷球菌(*Methanococcus jannaschii*)	1996	厌氧、营养缺陷和产甲烷的甲烷球菌目	85	1.66	1729	1076(62%)	525(30%)	31	东太平洋海丘
埃氏火球菌(*Pyrococcus abyssi*)	2001	厌氧火球菌目	98	1.77	1765	NR	NR	45	北斐济盆地
霍氏火球菌(*Pyrococcus horikoshii*)	1998	厌氧和专性异养的火球菌目	98	1.74	2061	859(42%)	453(22%)	42	冲绳岛海槽

续表 13.2

名称	年份	描述	最适温度/℃	基因组大小/Mbp	可读框(ORF)	未知功能基因①	特有基因①	G+C/%②	分离位置
激烈火球菌(*Pyrococcus furiosus*)	2002	厌氧的火球菌目，在有糖和肽时生长很好	98	1.91	2208	NR	NR	40	Vulcano
硫磺矿硫化叶菌(*Sulfolobus solfataricus*)	2001	需氧硫化叶菌目，低 pH 时生长最好	80	2.99	3032	577(22%)	743(25%)	NR	Pisciarelli Solfatara
需氧热棒菌(*Pyrobaculum aerophilum*)	2002	兼性需氧还原硝酸盐泉古细菌门	100	2.22	2587	NR	302(12%)	51	Maronti Beach
细菌(*Bacteria*)									
风产液菌(*Aquifex aeolicus*)	1998	微需氧的产液菌科；专性化能无机营养菌	95	1.55	1512	663(43%)	407(27%)	43	未报道
海栖热袍菌(*Thermotoga maritima*)	1999	厌氧热袍菌目，代谢简单和复杂的碳水化合物	80	1.86	1877	863(43%)	373(20%)	46	Vulcano

注：①基因组序列公布时间；②鸟嘌呤和胞嘧啶的百分比；NR 表示未报道

13.1.3　超嗜热生物基因中生物催化剂所有成分的检测

基因组序列数据中的可读框往往是通过与数据库(如基因库中的可读框)进行全序列比较来释义。借助专业化数据库(如参考文献)和手册，用类似方法也可以确定所选择机体中特定酶的详细目录，例如，表 13.3 列出了从激烈火球菌(*P. furiosus*)基因组序列中推断出所有已知(已分离和具有典型生物化学特征)或假定(如用表 13.1 所展示的生物信息学工具推断)的蛋白酶。表 13.1 中蛋白酶同源物的标准是：蛋白质 50% 以上的区域在氨基酸水平有 30% 以上的序列一致性，这个指定的标准可视具体情况而改变。表 13.3 展示出在一个指定机体内和机体之间蛋白酶的生物多样性。正如期望的那样，尽管这三个火球菌表现出明显的差异，它们仍然具有非常相似的编码蛋白酶的基因。在有些情况下，列举的超嗜热生物中没有激烈火球菌蛋白酶的同源物。而在另一些情况下，似乎有同源物，但分子质量有明显差别。例如，一个推断的蛋白酶(带一个信号肽，PF1905)，三个氨基肽酶(带信号肽、PF2059、PF2063 和 PF2065)。一个推断的胞内细菌素/蛋白酶(PF1191)和一个转膜蛋白酶热溶素(pyrolysin)(PF0287)似乎是激烈火球菌特有的，而一种胞内邻—唾液酸糖蛋白内肽酶(PF0172)、一种脯氨酸二肽酶(PF1343)和一种甲硫氨酸二肽酶(PF0541)在所有超嗜热生物基因组序列中广泛存在。

最早研究超嗜热生物的酶中，有一些是糖基水解酶，这些酶之所以引人注目，主要是它们在淀粉加工工业中的意义，以及它们对在葡聚糖培养基中超嗜热异养生长的重要生理作用。超嗜热生物基因组序列揭示，它们代谢碳水化合物的水解酶有显著差异。尽管超嗜热激烈火球菌的基因组序列中存在许多降解葡聚糖的酶(表 13.4)，但是，另一种超嗜热古生菌——闪烁古细球菌的基因组序列中明显缺少这种酶，甚至在 3 种火球菌中，糖基水解酶成分也有变化，尤其是能降解昆布多糖和几丁质的酶。事实上，激烈火球菌有一条利用几丁质的途径，包括几丁质脱乙酰酶和糖氨基化酶（glucoaminidase），而这两种酶最初都未能从基因组释义中推导出来。另外，詹氏甲烷球菌（*Methanococcus jannaschii*）的基因组序，揭示有几种糖苷酶存在，其中一种（MJ1601）是第15族系葡糖淀粉酶。尽管在对这些生物进一步研究时可能会出现一些意外的结果，由于超嗜热生物基因组的数量较少，很难评价酶（如糖苷酶）的多样性。

在某种水平上，基因组序列的释义为特定微生物体中，实际和推断的酶目录提供了依据，然而，基因组序列释义本身对生物催化剂的鉴定也是一大挑战，因为有时的结果可能是错误的。例如，尽管用序列比对能将两种推断的酶归类为相关，并在序列释义时也如是反映，但是具有相似底物结合域的这两种酶，可能具有不同的催化域。当根据全序列进行简单同源物搜索时，可能检测不到酶的超家族中不太明显的相关性，也不能识别带有同一功能的非直系同源基因。当数据库中特定可读框被错认为具有某功能时，这种错误指定会在后续报道序列中累积，因此，仅仅凭借简单的氨基酸序列同源分析，不足以确定基因组序列中缺乏某种酶或排除某种酶具有多种功能的可能性。对细胞代谢的不完全理解也会出现一些问题，例如，微生物编码色氨酸生物合成途径中，一些酶的辅基在霍氏火球菌基因组中缺乏，尽管该菌需要色氨酸维持细胞活力和生长，但还不清楚它是色氨酸营养缺陷型，还是存在一条完整包含未知成分的合成途径。

当单独用BLAST搜索工具不足以阐明基因功能时，可用其他生物信息学方法补充分析。例如，已报道嗜中温生物的酯酶和脂肪酶，可酶促分解2－芳基丙酸酯的外消旋混合物（如那些用于非类固醇的抗炎症药物），将BLAST搜索与蛋白质结构模体分析相结合，鉴定出硫磺矿硫化液菌（*S. solfataricus*）P1（*SsoESTl*）基因组中的一种羧酸酯酶。已经证实，尽管测试温度比最适温度低50 ℃，该酶比其他嗜中温候选酶能更有效地分解萘普生甲酯（naproxen methyl esters），单独BLAST搜索只给出了在其他温度稳定型的酯酶/脂肪酶，但与其他几种生物信息学工具联用，便发现了最有希望的候选物。

搜索数据库，如PROSITE来寻找短序列模式或模体，以鉴定预测蛋白质的功能域，能剔除全序列对比带来的问题。例如，当BLAST比较没有任何提示性结果时，另一个IDENTI-FYt55]数据库也可能识别出蛋白质超家族。在酵母基因组首次公布时，有833个可读框没有指定功能，但根据IDENTIFY算法，有172种未知蛋白质相继被赋予假定的功能。

其他方法也能应用，利用穿针引线法（threading）或从头折叠法，能根据序列信息预测蛋白质三级结构，然后通过分析蛋白质活性位点的程序——模糊功能形式（fuzzy functional form）进一步筛选三级结构。酵母基因组中，有的基因功能不能通过BLAST搜索或局部序列比对预测，借助这种方法确认了酵母基因组中，谷氧还蛋白/硫氧还蛋白二硫键氧化还原酶家族中的两种蛋白的功能。另一种方法建立在预测与实验数据相结合的基础上，研究了酿酒酵母6 217种蛋白质之间的进化相关性、mRNA表达模式相关性和区域融合模式，给2 557种未知酵母蛋白中一半以上的蛋白指定了功能。

比较不同微生物基因组也能发现有应用前途的生物催化剂，例如，跨越物种界线的保守基因簇，有助于确定有同源功能的蛋白质，或表明某种必需功能的存在。恶性疟原虫（Plasmodium falciparum）合成必需的类异戊二烯，所利用的是在植物体内普遍存在而在动物体内没有的一条生物合成途径，以该途径为靶点，发明了可作为特殊抗疟疾的药物。有时，水平基因转移使研究单基因进化相关性变得更复杂，然而，通过寻找区域性差别，如细菌染色体中碱基组成的差别,可用全基因组的序列信息,更快地识别发生水平转移的基因。

13.1.4　功能基因组学与酶的发现

识别的可读框等基因组信息,便对一个生物体的全部基因有一定认识,仅此还是无法知道生物体怎样利用这些遗传信息完成它的生物学使命,只有掌握了生物体是如何运作的知识,才能有目的地利用特定酶。遗传控制就是决定一个基因是处于活性状态还是失活状态的过程。活性状态基因是那些正在转录、转录物正在翻译或翻译产物正在有效行使其功能的基因。功能基因组学既包括转录分析也包括蛋白质组学方法,利用基因表达数据,系统地大规模诱变和蛋白质相互作用图谱阐明基因的功能。在细菌和真核生物(可能还有古生菌)中,大多数基因调节经常控制在转录起始水平,因此,对基因转录起始调控机制的理解是发现有意义酶的一条很好的途径,也是了解基本生命过程所必需的。

如前所述,基因组序列比较是向阐明基因组信息编码某一蛋白在代谢中的角色迈出的第一步,但是,生物信息学预测必须经过转录分析和生物化学分析进一步确认。例如,海栖热袍菌(*Therinotoga maritima*)是能在含一系列 a 和 p 糖苷键化合物中生长的超嗜热细菌,它产生几种糖基水解酶,包括内切葡聚糖酶(Cel5A)和甘露聚糖酶(Man5)。通过 BLAST 搜索将这两种酶与 Genbank 数据库中的蛋白比较后发现,甘露聚糖酶(Man5)与嗜热脂肪芽孢杆菌(*Bacillus stearothemophilus*)中的 B 甘露聚糖酶(ManF)最相似,氨基酸序列一致性为 46%,而内切葡聚糖酶(Cel5A)与溶胞梭状芽孢杆菌(*Clostridium celluloyticum*)中第五族系的内切葡聚糖酶(CelD)有最高的相似性,氨基酸序列一致性为 38%。Northern 杂交和 cD-NA 芯片实验证明,当海栖热袍菌生长在角豆半乳甘露聚糖、魔芋葡甘露聚糖和少量羧甲基纤维(CMC)上时,甘露聚糖酶基因(man5)可诱导表达,而内切葡聚糖酶基因(cel5A)仅在有葡甘露聚糖时被诱导表达。

为了进一步研究这个意外结果,以多种聚糖为底物检测甘露聚糖酶(Man5)和内切葡聚糖酶(Cel5A)的重组酶的活性,甘露聚糖酶(Man5)仅在甘露糖的聚糖培养物上有活力,而内切葡聚糖酶(Cel5A)则在葡聚糖、木聚糖和甘露聚糖上均有活性。有趣的是,在以半乳甘露聚糖为底物时,Cel5A 酶的活力与 Man5 酶的活力相当,而在葡甘露聚糖为底物时,Cel5A 酶的活力明显高于 Man5 酶的活力,这个结果与单独凭基因序列比较预测的结果差别很大。对这两个酶的进一步研究发现,Man5 酶含有一个信号肽,而 Cel5A 酶不含信号肽。总之,这些结果表明,Cel5A 酶(及相关的 Cel5B 酶)最基本的生理作用是:在胞外的糖苷酶(如 Man5)完成水解作用后,Cel5A 降解转运到细胞内的葡甘露聚糖的寡聚糖;尽管在基因组中编码 Cel5A 和 Man5 酶的基因并不相邻(图 13.1),但它们的功能却密切相关,Cel5A 酶的功能是根据酶的生物化学特性及其在各种底物上生长天然菌株的基因调节模式而确定的。

对已测序基因组编码酶的生物学功能,有时可以用数据库序列资料与研究得比较清楚的蛋白质比较,或用生物信息学工具,包括京都基因和基因组百科全书(Kyoto Encvclopedia of Genes and Genoraes,KEGG 和 EcoCyc)来确定,它们都在生物学途径和分子组装的基础上,详尽地展现了基因组信息。另一种办法是,对两个或多个不同样本进行表达转录物差异鉴定和定量,然后直接从分析表达中得到有用基因功能反面的数据。

对表达基因进行差异性鉴定和定量的研究方法已经取得很大进展,尤其是 cDNA 芯片技术,它首次用于同时监测 45 种不同的拟南芥(*Arabidopsis*)基因的表达,自此以后,DNA 芯片已经用于多种生物体大规模基因表达模式的研究，包括细菌、古生菌、酵母、植物、果蝇和人类。芯片技术给生长在特定底物上的微生物提供了鉴定差异表达基因的机制，对芯片的修饰具有重要意义，例如，应用特定序列 cDNA 芯片发现，当海栖热袍菌（*T. maritime*）在含甘露聚糖化合物的培养基上生长时，编码 Cel5A 和 Man5 的基因是共调节的两个基因。随着芯片技术的不断改进和价格的下降，应用环境芯片来跟踪微生物聚生体（consortia）中的基因表达模式，可能成为发现生物催化剂的一种新途径。

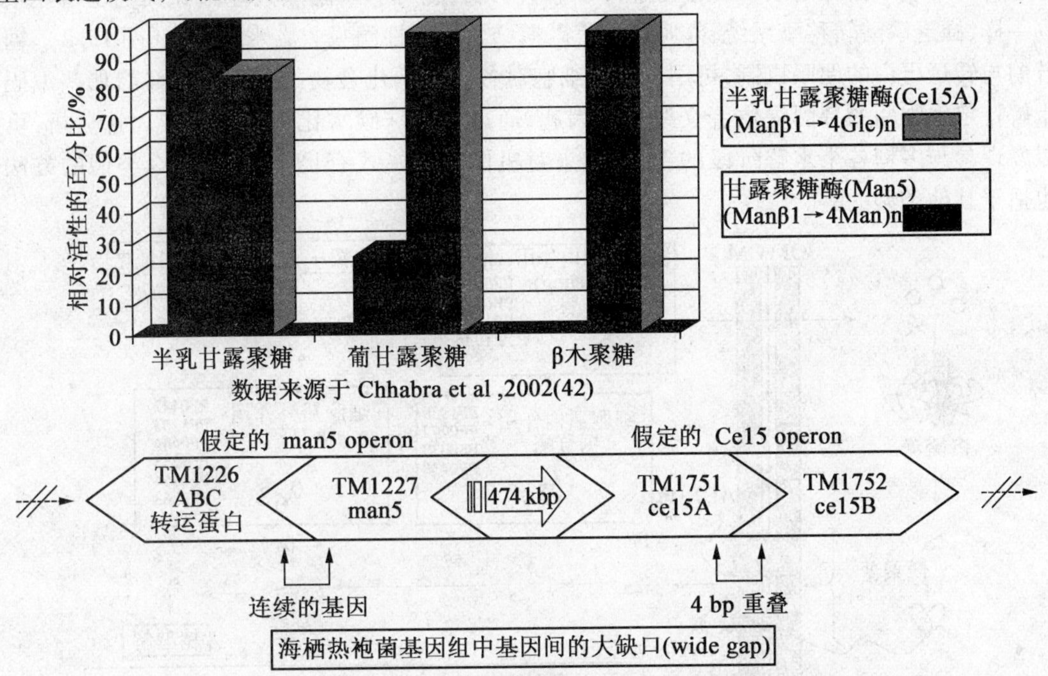

图 13.1　海栖热袍菌中的甘露聚糖酶和半乳甘露聚糖酶

13.1.5　通过基因组扫描、功能筛选和改进设计生物催化剂

随着高通量筛选技术的逐年改进，可以用重组方法改进生物催化剂，生产具有特殊功能的优质酶。直接分子进化技术及相关方法能够产生现有酶的有用变异体，使最终生物催化剂比天然的效果更好，这种方法由多轮次诱变和筛选组成，然后对选择的变异体进行扩增。随着对基因释义越来越完善，进化技术的战略性起点作用筛选生物分子的过程也越来越完善。

近来有个直接分子进化的例子是，在激烈火球菌（*P. furiosus*）中与功能不相关的一个 DNA 片段产生了氨苄青霉素抗性，该突变体酶使细菌对靶向细胞壁合成的其他药物也具有抵抗力。其作用机制尚不清楚。激烈火球菌是细胞壁成分不含肽聚糖的超嗜热古生菌，对一般抗细胞壁合成的抗生素不敏感，包括氨苄青霉素类的 p 内酰胺抗生素。尽管如此，还是筛选了激烈火球菌 DNA 片段表达文库，得到在大肠杆菌中有氨苄抗性（amp^R）长1.2 kb 的 DNA 片段（含编码 266 个氨基酸）的一个可读框，然后对该片段进行了 50 次随机引入突变和 DNA 重组的直接进化。最终 DNA 片段在实验中含有 2 个共进化遗传区域，一个是氨苄抗性必需的，另一个能增强这种抗性。这个实验说明，从基因组序列中选择一些基因，使它们进化出能与其自身角色不相关、有实际应用价值的功能。

13.1.6 微生物基因组学:未来酶的发现方向

现在谈论在基因组学的基础上,如何有效地发现酶的方法还为时过早,除了利用生物信息学工具寻找感兴趣酶的同源物外,那些能产生重要酶或代谢途径的生理系统也极其有趣,通过差异表达实验可以推测这些生理系统,可以用全基因组芯片或特定序列芯片,研究微生物对环境或营养的改变所作出遗传学的应答反应。例如,激烈火球菌像其他超嗜热生物一样,缺乏磷酸转移酶系统,靠腺苷-三磷酸结合框透性酶吸收碳水化合物(图13.2)。糖苷酶与转运蛋白的偶联机制,可用来追踪细胞对各种碳水化合物的应答。从而给那些编码水解特定底物酶的基因提供释义线索。因此,通过对特殊碳水化合物的差异表达分析,可以发现参与多糖各个水解阶段的新酶,如果对机体生理模式有足够认识,那么类似的方法也适于其他类型的酶。

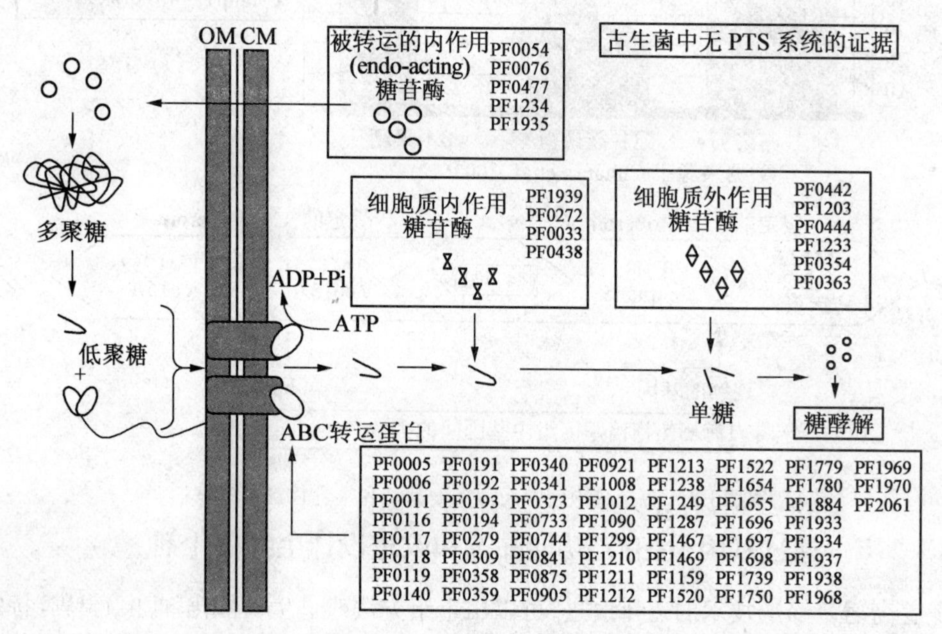

图13.2 激烈火球菌中的糖代谢

自从酶发现的早期到现在,已经发生了很大变化。微生物基因组无疑会激发创造性地开发以前被埋没的生物催化剂,通过将最新发展的高通量筛选方法、直接进化方法和生物催化剂生产方法与生物信息工具结合,微生物基因组可以充分应用到重要生物转化相关的重大技术进步中。

13.2 疫苗的开发

由基因组研究所(The Institute for Genomic Research)维护的微生物数据库,列出了140多种细菌的全基因组,并且全世界不同实验室对300多个微生物正在测序。几年前还不可思议的大量信息以及尖端计算工具的迅速发展,已改变了对原核世界的理解,并将影响今后的微生物研究。科研人员利用越来越大的数据库和特殊工具,只根据序列分析,而不依赖传统的费力、昂贵、费时的生化方法,便可快速推断出蛋白质功能。

对病原细菌测序的根本目的是理解感染疾病的过程,由此能开发分子诊断探针,确定新药物靶标和采取预防措施,处理微生物引起的感染,在这个意义上,生物信息学最有前途的应用是疫苗领域。实际上,细菌基因组的全序列,能够从完全不同的角度提供开发疫苗的机会。在一个基因组内,所有蛋白质抗原都是一样可见的,与它们的表达量和可检测方式(体内、体外或生长的某个阶段)无关,不仅可以用传统的生化、血清和微生物方法筛选的抗原进行鉴定,而且可能发现新抗原。

尖端计算机可以预测基因产品的功能,寻找其他病原菌已知毒性因子的同源性,预测新识别可读框(ORF)的细胞位置,就可以通过计算机模拟分析,寻找细菌病原菌潜在保护性抗原,然后在保护性免疫模型中进行检测,这种方法被命名为反向疫苗学,已经用于寻找抗 B 型脑炎奈瑟式球菌的新型疫苗,正用于开发抗其他病原菌的疫苗。

研究基因的计算机程序见表 13.3。

表 13.3　研究基因的计算机程序

程序	网址	适用范围
BLAST / PSl－BLAST	http://www.ncbi.nlm.nih.gov/BLAST/	同源搜索
FASTA	GCG Package. in house	同源搜索
PSORT	http://psort.ncbi.ac.jp/	信号肽、跨膜片段和一般定位预测
SignalP	http://www.cbc.dtu.dk / services / SignalP /	信号肽预测
SPScan	GCGPackage, in house	信号肽预测
TMpred	http://www.ch.embet.org / software / TM-PRED form.html	跨膜蛋白和方位预测
TopPred2	http://bioweb.pasteur.fr / sequanal / internal	疏水片段和膜蛋白拓扑学
Motifs	GOC Package ,in house	已知蛋白模体
FindPattens	GOC Package ,in house	用户界定蛋白模体
InterPr0	http://www.ebi.ac.uk / interpro /	特征鉴定和蛋白家族簇 A 整合资源
PredictProtein	http://www.embbheidelberg.de/predictprotein	结构预测
PSIPRED	http://bioinf.ucl.ac.uk / psipred/	结构预测

13.2.1　从基因组到抗原:一个新的范例

13.2.1.1　用“计算机模拟”寻找候选疫苗

细菌蛋白作为抗原的最基本条件是在细胞中的部位,胞内蛋白质不可能是免疫目标,而细胞的表面结构和分泌物,更容易接触抗体——抗细菌病原菌最基本免疫效应分子。图 13.3 总结了当作疫苗目标的蛋白质类型,细菌有一些控制新合成蛋白进入胞外系统,因此,与寄主相互作用的胞外酶和蛋白(如黏附和毒性因子)表面表达有关。虽然,在革兰氏阴性菌和革兰氏阳性菌中有些系统相同,另一些系统则有特异性。

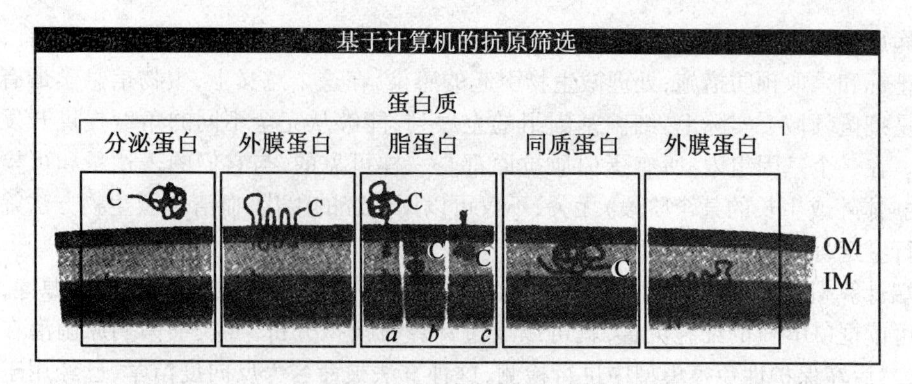

图 13.3　能作为抗原蛋白的类型

无论是哪类菌,大多数分泌蛋白作为前体而合成,并在氨基端携带"邮政编码"——信号肽,对信号肽的识别,导致新生蛋白进入普通分泌途径,在通过内膜传输的过程中,信号肽被特殊的信号肽酶切断。虽然不同氨基端信号肽的初级结构有很少的相似性,却都有三个保守区域:带正电荷的 N 区、疏水核心和切点之前不带电荷的极性 C 区,前导肽的结构特征可能因蛋白分泌方式不同而稍有区别。

例如,脂蛋白信号肽有一个相当保守的脂框(Lipobox),该脂框总含有一个半胱氨酸残基,在前体切开前,该半胱氨酸被二酰甘油转移酶进行脂修饰。当脂蛋白横穿细胞膜后,脂蛋白通过氨基末端的脂修饰半胱氨酸残基而锚定在内膜或外膜上。双精氨酸转位装置系统(TAT 系统),是一个特异不依赖于普通分泌途径的分泌系统,最初在植物中发现,也见于一些革兰氏阳性菌和阴性菌中。该途径的底物特征是:前导序列的疏水核心节段前有一致序列 Arg—Arg,X—Phe—Leu—Lys,包含一对连续的精氨酸残基。

在对这些特征充分认识的基础上,开发了一些计算机程序,根据氨基末端序列预测分泌蛋白几个软件(表 13.4)能在整个细菌基因组范围内快速自动地识别分泌蛋白。虽然,信号肽识别能更有效地预测分泌蛋白,但是,表面暴露的其他特征可以支持这种预测,并用于发现那些缺乏典型信号肽的表面蛋白。

可以用几种不同方式获得复合蛋白跨越革兰氏阴性细菌外膜的转位,最简单的是所谓自转运分泌机制(autotransporter secretion mechanism),它在研究淋病奈瑟氏球菌(*Neisseria gonorrhoeae*)IgAl 蛋白酶时首次被揭示。自身转位的蛋白质通过 C 端跨越外膜而输出,这种 C 端区域是以反向平行双亲性 B 折叠组成的孔状式样定位于外膜内,该蛋白的 C 端残基都是苯丙氨酸或色氨酸,这是把蛋白质锚定到外膜上所必需的,在该末端氨基酸残基之前的序列,由带电荷/极性以及芳香族/疏水的氨基酸交替组成,形成了(Y,F,W,L,I,V)-X-(F,W)式的明显特征。

跨越内膜和外膜更复杂的输出机制,包括近期发现的类型Ⅲ和类型Ⅳ,这些系统涉及不同数量的组分,这些组分聚集成跨越内外膜的大型结构,允许特殊因子直接分泌到细胞外,或者分泌到宿主细胞膜内。这些系统的原型是耶尔森菌的 Yop 系统和根癌土壤杆菌的 VirB 系统,直接识别这些系统很不容易,因为通过类型Ⅲ和类型Ⅳ机制输出的蛋白质没有特征性序列或结构,而在不同组分中序列相似水平很低。然而,编码分泌系统的基因通常一起被转录,或者最起码在基因组上连续排列,包括几种腺苷三磷酸结合蛋白、膜镶嵌蛋白、细胞周质蛋白和分泌蛋白。

对疏水片段的预测，广泛用于识别革兰氏阳性菌和革兰氏阳性菌的跨膜蛋白，跨膜蛋白常涉及运输（如渗透酶）和信号传导（如组氨酸激酶）机制。

革兰氏阳性菌表面结构有不同的组织，对表面蛋白的预测除了前面提及的一般输出途径外，还涉及其他标准。尤其是根据 C 端 LPXTG 细胞壁锚定修饰的存在来预测表面蛋白。这种锚定修饰对蛋白质正确地锚定到肽聚糖结构是必需的。这种氨基酸模型位于距 C 端约 25 ~ 30 个氨基酸残基的位置，富含 Pro、Gly 或 Ser—Thr，紧接横跨内膜疏水片段，最后是带正电荷的一个短尾巴。其他革兰氏阳性菌的特殊表面结构，包括通过疏水作用或带电荷区域锚定的一群蛋白质，以及通过重复序列结合脂磷壁酸蛋白。最后，可以通过与已知毒性因子的同源性或通过与其他微生物已知表面蛋白的同源性，来寻找革兰氏阳性菌和阴性菌的候选疫苗。

13.2.1.2　高通量表达

用上述标准寻找候选疫苗可能要筛选大量基因，覆盖基因组中总数达 25% 的可读框。为了产生与这些基因相对应的每一重组蛋白，必须用简单的方法来克隆和表达大量基因，幸运的是，机器人的发展和 PCR 反应使其成为现实。

根据基因组序列，可以设计 PCR 多核苷酸序列，每一对多核苷酸应包含与表达载体的克隆位点相对应的限制性酶切位点，或者包含重组酶的识别位点以便用体外重组构建质粒。每一个 PCR 反应产物克隆到两个单独的表达载体，这些载体要么包含编码由连续六个组氨酸残基组成的标记序列（6 × His），要么包含编码谷胱苷肽转移酶（GST）的序列，这些标记序列可以通过简单的柱层析法快速纯化重组蛋白。

13.2.1.3　抗原检测

反向疫苗学方法的关键是快速检测分子对抗病原菌的免疫保护，最简单的方法是用重组抗原免疫老鼠，获得免疫血清，然后用酶联免疫分析（ELISA）或流式细胞仪检测它结合细菌表面天然抗原的能力。这种方法虽然快捷，但对表面抗原的识别不一定代表免疫保护，与简单的表面识别实验相比，这种在特殊抗体存在下对革兰氏阴性菌补体介导的裂解实验繁琐些，但在一些情况下，这种杀菌活力与对人体免疫保护有很好的相关性。革兰氏阳性菌，经常在新分离嗜中性白细胞的存在下，进行抗体和补体依赖性调理吞噬作用（opsonophagocytosis）分析，不过这比直接杀菌检测法复杂多了。然而，在某些情况下，筛选保护性抗原的唯一办法是使用动物感染模型。

13.2.2　抗 B 型脑膜炎奈瑟氏球菌疫苗

13.2.2.1　寻找抗原

随着抗流感嗜血菌（*Haemophilus influenzae*）缀合糖疫苗（glycoconjugate vaccine）1988 年成功用于临床实践以来，同样方法用来试制抗肺炎链球菌和脑膜炎奈瑟氏球菌的类似产品。虽然针对肺炎链球菌和脑膜炎奈瑟氏球菌血清型 A、C、Y 和 W135 以多糖为基础的疫苗，已可使用或处于开发最后阶段，但是，B 型脑膜炎奈瑟氏球菌是主要挑战对象，针对荚膜的传统疫苗不能对付这个血清型，主要因为 B 型多糖的特殊结构类似人脑组织一个组分的结构，这样，B 型多糖在人体中的免疫原性很低，尝试突破这个极限可能会导致自身免疫反应。鉴于此，最近的策略主要是寻找有免疫原性的蛋白质分子，而不是多糖分子，然而，尽管许多研究组经过了 40 多年的努力，但所有传统的生化和微生物方法，都不能产生抗 B 型脑膜炎奈瑟氏球菌的通用疫苗。

采用计算机新技术和高致病力 B 型脑膜炎奈瑟氏球菌血清菌株的完整基因组序列，用反向疫苗学方法开发抗 B 型脑膜炎奈瑟氏球菌的候选疫苗，图 13.2 总结了脑膜炎奈瑟氏球菌抗原筛选的一般策略。通过计算机模拟筛选，发现 570 个新可读框，预计它们编码分泌蛋白或表面暴露蛋白，因此代表新的潜在候选疫苗。筛选的基因产物约有一半与已知蛋白同源，然而，其他的为保守假定蛋白（与其他生物假定蛋白极为相似，但功能未知）和假定蛋白（在数据库中没有同源物，可能为种属特异蛋白）。绝大多数推测蛋白是膜镶嵌蛋白，其次是周质蛋白、脂蛋白、外膜蛋白和分泌蛋白，它们不足总数的 15%。

在 570 个选择的可读框中，350 个成功在大肠杆菌中以 6 × His 或 GST 融合蛋白成功克隆和表达，预计不能表达的可读框绝大多数编码两个跨膜区域以上的蛋白。这些蛋白特别难于在大肠杆菌中表达，即使表达，也通常对细胞有毒，然后表达蛋白通过镍螯合树脂或谷胱苷肽聚合树脂的单柱层析法纯化，其中 344 个表达蛋白用于免疫 4 个小鼠，获得的血清用细菌细胞裂解物的免疫印迹法分析，确定该蛋白是否在脑膜炎奈瑟氏球菌中表达，如果表达，则对细菌全细胞进行酶联免疫吸附分析（ELISA）、间接免疫荧光和流式细胞仪分析，确定是否可在细菌表面检测到，这些实验找出了 91 个新表面暴露蛋白。

为了分析这些候选疫苗作为抗原的潜力，检测抗重组蛋白的免疫血清，看其补体依赖性杀菌能力，杀菌实验中的高价血清与人类抵抗疫病很好相关，在临床试验中，这种血清已被很多管理部门批准为免疫保护的替代品。这些分析发现了 29 个新抗原，这些抗原能诱导高价杀菌活性血清。这样，在两年左右的时间里，筛选到的候选疫苗比过去 40 多年对脑膜炎奈瑟式球菌得到的候选疫苗还要多，抗原筛选结果如图 13.4 所示。

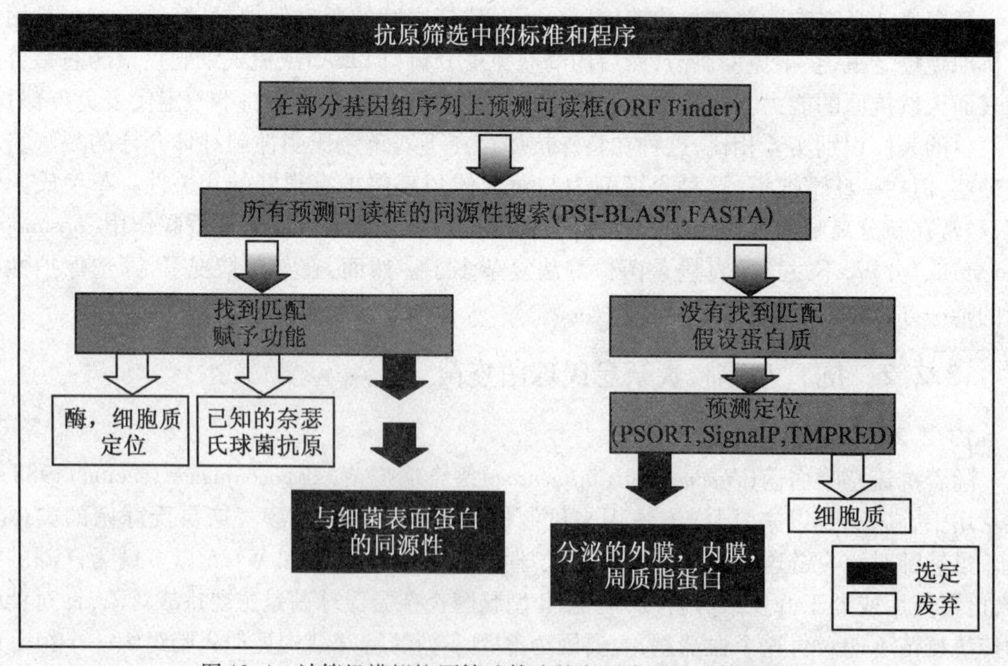

图 13.4　计算机模拟抗原筛选策略的主要步骤及计算机程序

13.2.2.2　抗原变异性和交叉保护

许多已知表面暴露抗原的氨基酸序列可变，其抗原性也是可变的。实际上，以包含主要表面抗原外膜为基础开发的疫苗，显示出对原始菌株感染的良好保护，却对其他流行菌株没有保护作用。因此，评估基因组筛选中获得抗原的变异性，以及它们诱导广泛免疫保护的能力非常重要。

为做到这一点，根据表面暴露程度和杀菌效价选择了 7 个抗原，并由 PCR 和 DNA 印迹杂交，确定相应基因在实验菌株中的存在，这些菌株是全世界主要致病脑膜炎奈瑟氏球菌的分离株，包括血清型 A、C、Y、Z 和 W135。编码 7 种抗原的基因在所有实验菌株中都存在，有一些抗原基因也在乳糖奈瑟氏球菌（*Neisseria lactamica*）、灰色奈瑟氏球菌（*Neisseria cinerea*）或淋病奈瑟氏球菌（*Neisseria gonorrhoeae*）中被发现。对这些菌株的基因测序证明，5 种抗原高度保守，2 个基因在蛋白的某些区域发生了变异，抗血清对杀菌实验中的一组细菌有交叉保护。

这样，在极短时间内已发现了一些在临床前试验中效果很好的一些新蛋白抗原。这些抗原将进入人体临床试验，以确定是否可以抵抗这种重要医学病原菌。

13.2.3　革兰氏阳性菌实验

13.2.3.1　B 群链球菌

为了证明反向疫苗方法的通用性（图 13.5），决定将其应用到抗革兰氏阳性人类病原菌 B 群链球菌（无乳链球菌 *Streptococcus agalactiae*）的疫苗设计上，该病原菌是发达国家新生儿败血症的重要诱因。这种细菌是在分娩时由带菌母亲传给婴儿，通常在分娩 24 h 内导致灾难性菌血症和死亡。给母亲注射疫苗将诱导抗该细菌的抗体，这些抗体能在婴儿出生前通过胎盘传给婴儿，并保护其免受侵袭性感染。这种母亲的保护方式已在小鼠模型中得到验证，并显示，如果母亲已有抗细菌的高效价抗体，婴儿很少被感染。

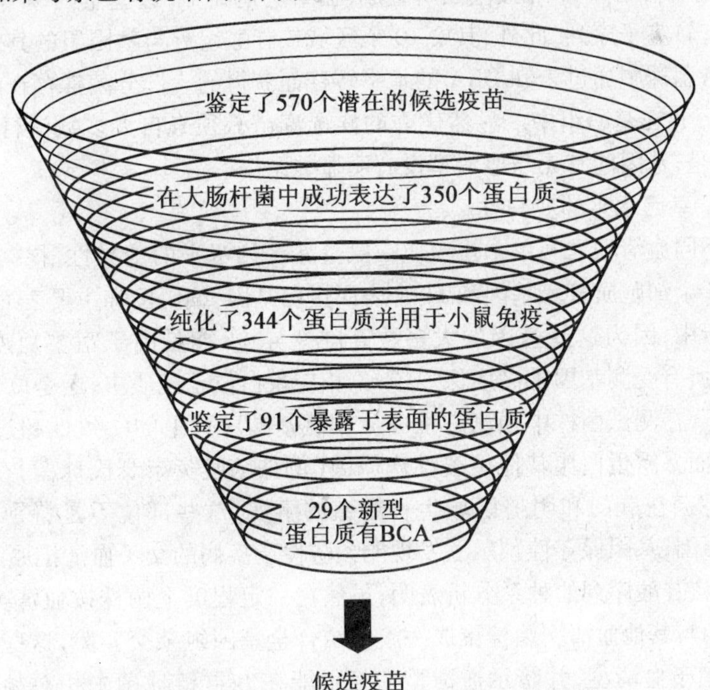

图 13.5　反向疫苗方法获得抗 B 型脑膜炎奈瑟球菌疫苗的结果

至今,动物模型中最佳保护抗原是细菌多糖荚膜,遗憾的是,起码有 9 种不同荚膜血清型,在这些血清型之间很少甚至没有交叉保护。至今对不同血清型内和不同血清型之间的基因组变异知之甚少,尚不清楚是否可以发现对流行菌株有交叉保护的足够保守蛋白抗原,因此,对开发这种革兰氏阳性菌疫苗所存在的问题,在某种程度上不同于在寻找抗脑膜炎奈瑟氏球菌疫苗所面临的问题。

13.2.3.2　完整 B 群链球菌基因组

在与基因组研究所的合作中,已确定和分析了乳糖链球菌血清型 V 菌株的完整基因组,该基因组可编码 2 175 个可读框,其中 650 个暴露于细菌表面,已成功在大肠杆菌中表达了约 350 个可读框,并将其用于免疫小鼠。在酶联免疫吸附分析(ELISA)和流式细胞仪分析中,用血清抗完整细菌,证明了 55 种抗原确实在细菌表面表达,这些抗原正通过体内体外模型,评估其抗 B 型链球菌侵袭性感染的能力。因为对该菌的变异性知之甚少,只能在基因组水平和单个基因水平评估基因的变异性。

13.2.3.3　基因组水平的血清变异

已经采用完整的基因组杂交,检测代表多血清型 B 群链球菌的 19 个菌株所有基区的存在或缺失。由 PCR 反应合成代表测序菌株中所有检测可读框的短序列,并将 PCR 产物排列在基因芯片上,然后与 19 个菌株中每个菌株的标记 DNA 杂交,这些杂交信号与参考菌株基因组芯片杂交信号进行比较,某一杂交信号的缺失表明,该菌株要么缺少该基因,要么该基因已进化到高一级程度。

在参考菌株中共有 401 个可读框,至少与一个实验菌株无杂交信号,表明在这个实验菌株中,这些可读框要么缺失,要么有高度多样性。在这些基因中,发现 90% 存在 15 个基因簇中,每个基因簇最少由 5 个邻接基因所组成,在某些情况下,这些基因簇有原噬菌体的明显特征或两侧有转座子序列,此外,其中 10 个区域核苷酸组分与基因组的其他区域不同,表明它们是在参考菌株中通过未知 DNA 的水平转移而获得的。部分菌株存在的基因中,发现 37 个零散随机分布在基因组中。显然优秀的候选疫苗必须来自大多数流行菌株都有的那些基因,有趣的是,基因的有无与血清型没有明显关系。

13.2.3.4　基因水平的变异性

为了评价不同血清型之间单个蛋白质在氨基酸序列水平的变异性,根据预测,从 19 个菌株中选择了 8 个细胞质管家基因和 11 个表面蛋白基因,编码已知主要表面蛋白的基因不包括在这次分析中,因为这些基因的大多数高度变异,可能是由于宿主免疫系统的压力。令人惊奇的是,所有受测基因都高度保守,不论相应蛋白位于胞质中,还是位于细菌表面。

一般情况下,在测试菌株中预测的蛋白质在氨基酸序列上的一致性超过 97%,还不清楚,为什么其表面暴露蛋白比其他侵袭性病原菌(例如脑膜炎奈瑟氏球菌)变异得更少,这反映了 B 群链球菌在肛门和阴道区域生长繁殖的事实,这些部位不是特别活跃的免疫位点。无论什么原因,基因保守性预示了发现能预防侵袭疾病的交叉血清抗原的可能性。

有趣的是,核苷酸序列的种系分析表明,虽然在一定程度上菌株按血清类型聚成一簇,但是一些菌株却与其他血清型菌株聚成一簇。结合全基因组杂交实验,这些数据表明实际遗传谱系不依赖于血清型,并暗示血清型变换可能在 B 群链球菌中相对频繁。这也不奇怪,因为基因组杂交表明,基因组 DNA 有大量流动性。

13.2.4　反向疫苗学的未来

短时间内通过对抗B型脑膜炎奈瑟氏球菌的几个新保护抗原的发现,证明反向疫苗学的基本概念有效,这些抗原发现的速度证明该方法的有效性。而用基因组方法对B群链球菌研究的初期结果,导致对大量在细菌表面表达新高度保守抗原的发现,极有可躯在它们中间发现可作为疫苗的保护性抗原。因此,该方法对大范围病原菌一般是适用的,唯一限制的是要有基因组序列和检测抗原诱导保护性免疫反应能力的适当的体内外模型。该方法的明显优点是,通过保护检测所有抗原,已在大肠杆菌中作为溶解重组蛋白而产生,这样候选抗原将来可以直接用于大规模工业化生产。

然而,结合其他基因组学技术,反向疫苗法可以得到进一步完善。代表基因组内所有可读框的DNA微阵列,可以与体外培养或从感染动物甚至感染的病人中分离的细菌中抽提的RNA杂交。产生的数据可用来发现那些在细菌中大量表达,并将导致有效免疫反应的基因。另外,对人类疾病模型中体内表达基因的鉴定,将进一步帮助精炼筛选程序,目前已从黏附生长在上皮细胞的细菌中抽提的RNA进行微阵列杂交,发现抗B型脑膜炎奈瑟氏球菌的新保护性抗原,证明这个策略有效。而在直接基因组方法中,我们未能获得这个抗原。

蛋白质组学方法也能帮助精炼抗原筛选方法,采用双向电泳和质谱法分析沙眼衣原体(Chlamydin trachomatis)表面相关蛋白,发现了抗此感染的大量潜在保护性抗原,所用的新技术现在能快速进行这些实验,这些新技术能弥补传统的蛋白质组策略。

反向疫苗学可以用于细菌病原菌,在理论上也可用于病毒或真核生物的寄生物中,不足之处是基因组大小和检测重组抗原需要合适的模型。可以肯定地说,全基因组序列信息导致了现代疫苗研究的革命。

第 14 章　生态与环境基因组展望

14.1　基因组发展的领域

基因组研究是迅速发展的领域,基本不可能预测未来几年的情况,但是基于当前的趋势,我们至少能尝试预测出一些将来的发展情况。为了预测接下来几年要发生的事情,回顾过去并借鉴参考以前的发展步伐是很有价值的。回顾本书中其他章节,显然,在基因组研究这个领域,没有什么是真正新的东西,仅仅需要将更大规模的自动化的整合手段应用到生物化学、生物学和分子医学中。在基因组研究到来之前,几乎所有技术都在使用当中,但仅仅只是小范围内应用,自动化程度也较低。

两大技术的发展对于基因组研究的出现至关重要。第一个是激光技术,它使得已有的一些技术更为环保。例如,荧光生物化学的出现,使得 DNA 测序中放射性同位素的使用几乎被抛弃。激光已经“侵入”到分子生物学实验室的许多仪器中,是自动 DNA 测序仪、高密度 DNA 芯片扫描仪、MALDI 质谱和共聚焦显微镜等的组成部分。另一个是计算机的发展。计算机和互联网在基因组研究的发展中起主要作用。分子生物学实验室的所有主要仪器都与计算机相连,并且数据采集系统通常是直接偶联到基于激光的检测器上的。同时,基因组研究领域中数据的交换也几乎完全基于计算机。“在互联网上”是现在的一种共识,互联网浏览器提供的界面是许多科学分析的主要工作环境。基因组数据通过互联网得以共享,至关重要的是,经常是在发表之前,所有的新数据就通过互联网输入到数据库中。许多大规模的课题以网络合作的形式在进行,甚至产生了一个新名词——共同实验室。

一个典型的基因组课题需要多人合作完成,这是不同于前基因组时代的显著变化。在前基因组时代,绝大部分的分子生物学发表文献有 2 ~5 名作者。大量的实验室参与基因组研究导致了一种新的操作模式,多少有点像工厂操作的流水线。任务以一种明确的方式进行分配,对每个人允许的自由程度很小。我们可以很容易地预测到这种趋势将会继续,单一作者的文章或多或少将成为“过去”。

14.1.1　硬件的进步

基因组研究的硬件设备已经以一种惊人的速度发展。预测将来机器发展的细节是不可能的,但是人们看见了几种发展趋势,其中新的方法可能在不远的将来出现。接下来的章节包含对其中一些趋势的思考。

14.1.1.1　以 DNA 测序为例

我们首先来看一下未来发展颇具潜力的 DNA 自动测序技术。采用传统技术,一块 DNA 测序胶每天能获得 1 000 ~2 000 个放射性标记的碱基对粗序列,而一台毛细管测序仪每天能够产生多达 1 000 000 个碱基对。每天能够为 6 台自动仪器加样的机器人和 384 型毛细管测序仪的出现,DNA 片段标记等生化技术的提高以及数据处理的自动化,使得测序通量日益扩大。带放射性同位素标记的测序胶或多或少需要手动分析，而如今，数据能自动组装，研究者因此能够将绝大多数时间花在数据分析上。DNA 测序实验室正朝着组装“Ford Model—T 工厂”的方向发展。

除了 DNA 测序技术的发展，DNA 分离技术也有提高的空间。DNA 测序反应通常一次可以覆盖多于 2 000 个碱基对，但是系统的检测范围在 500 ~ 1 200 个碱基对。可见，无需改变任何生化条件，仅提高 DNA 分离技术和检测系统，就能够使单一设备的 DNA 测序产量增加 2 ~ 4 倍。

如果能够克服基于丙烯酰胺的分离技术带来的缺点，可以预计 DNA 测序技术将进一步提高。我们还选择了有效适用于起始 2 000 bp 的 DNA 聚合酶。很容易预见，如果大片段 DNA 分离技术能够建立起来，DNA 测序将会有另一个几何级数的增长，将来常规的 DNA 测序反应能够一次性读出数以千计的碱基对。

14.1.1.2　总体趋势

以上 DNA 测序技术的发展体现了一些可见且迅速发生的总体趋势。这种趋势在下面的段落中将会详细讨论，本书的其他章节也会有更详细的讨论。德国有一句名言：“Das Besser ist der Feind des Guten”，意思是“要求过高反难成功”。基因组研究的发展将会有一个持续的更新和扩大，导致设备性能的显著提高和远胜过现有设备的全新设备的产生。一般来说，分光光度计、液相层析装置等常规实验室设备有多年的使用年限，而基因组研究相关的硬件，由于不可预见的跨越式发展的技术，需要更快的更新步伐，使用年限的说法对这些硬件来说是不对的。不过，这不会对基因组研究造成威胁和困难，因为一个基因组计划仅约总费用的 10% ~15% 与硬件相关。甚至在当前的自动化水平下，基因组计划的绝大部分花费与消耗品以及人力劳动有关。随着将来自动化程度的发展，人力比例将进一步降低。

14.1.1.3　进一步改进现有硬件以期更多的产出

当前基因组研究使用的机器都没有达到它们的物理极限。可以显著增加硬件的检测灵敏度并解决理论物理极限的单光子检测系统，高密度数据处理(许多设备检测水平仅在 8 或 16 字节)及快速数据处理技术可以提高基因组研究现有技术。某些设备的功能可以扩展，如 DNA 测序仪和高密度 DNA 阵列。384 毛细管测序仪通过以 96 毛细管代替模块，或者增加基因芯片上点样的数量实现功能扩展。基于分离的机器(如测序胶或蛋白胶)见证了一直以来毛细管技术的当前进展，它们可能被其他技术取代以获得更高的通量。一种全新技术建立或突破的关键还是费用问题，即使新的想法被证明在技术上有优势，它仍然必须在生产费用上有竞争力。总之，只要数据质量相当，如何得到并不要紧。

14.1.1.4　个人电脑将被基于因特网的计算方式取代

当前分子生物学实验室和基因组研究实验室的最大问题之一是，绝大多数机器是在个人电脑的帮助下运行的。现今拥有众多操作系统(从 MacOS 到 Linux 到 Windows)并且在同一个实验室见到所有这些操作系统很平常。这种局面产生了几个问题。个人电脑老化很快并且需要高水平的系统维护。举个例子，用现在已经成为标准的 TCP/IP 网络协议将许多原始的 ABI DNA 测序机器互联相当困难，多数计算机需要升级才能成功整合。一台典型的测序机器可以运作 10 年左右，但作为控制系统的个人电脑必须更换 2 或 3 次才能跟上发展的节奏。

为了解决个人电脑的问题，人们预测，client - server 模式将取代当前使用的 Stand - alone 系统。thin client（精简型电脑）收集数据并将之发布到因特网上，其功能通过独立平台的分析软件加以补充，这些软件可以在大的服务器或最新的工作网站上运行。这种方式的一个早期例子就是 LiCor 4200 全球系统。LiCor 4200 全球系统的数据采集是通过基于 Linux 的 Netwinder 的 thin client 得以执行，通过运行 Apache 网络服务器实现数据的访问。用户可以通过任意的网络浏览器（如 Nescape 或 IE）控制和监视这种机器。LiCor 4200的分析软件由 Java 编程语言写成，采用独立平台，因此能在任何允许 Java 的平台上执行。现在，LiCor 整个机器流水线均采用该项技术，其他制造商也在系统内建立了网络服务器，通过因特网提供客户软件。

14.1.1.5 仪器的整合将会更紧密

过去，实验室运行的许多设备不能相互对话。操作系统不兼容以及数据交换难以进行均阻碍了自动化程度。人们正在试图改变这种局面，来自不同制造商的机器开始“说同一种语言”。然而，这并非意味所有机器识别一种共同的标准数据格式，有趣的是，它们能够输出和输入其他设备产生的结果。举例来说，分光光度计输出的数据表能够被移液装置导入，省了设定 PCR 反应的时间。序列组装仪能够“挑选”DNA 测序引物，并将结果输送给寡核苷酸合成仪。实验室正开始为基因组研究建立越来越多的装配线，逻辑上，仪器整合和数据交换的趋势将会继续。国际标准团体正在为分子生物学和基因组研究定义一个数据标准，MIAME（最小化芯片实验信息）标准的出现就是一个很好的例子（http://www.mged.org/Workgroups/MIAME/miame.html），这是学术界和工业伙伴合作的结果。如今基因芯片数据正采用这种标准。

14.1.1.6 越来越多的生物学和医学仪器将被“基因组化”

起初的“基因组研究工具箱”主要由 DNA 测序仪器组成。接下来加入的主要是与蛋白质学相关的质谱仪，然后是表达研究的仪器，包括 DNA 高密度阵列仪和 DNA 芯片读数仪。生物学生物化学、生物物理学和医学研究越来越多的方面实现了自动化，可以预期，绝大部分今天使用的手动装置将被自动化并且进一步发展以获得高通量。拥有各种生物体完整的蓝图，且随着对细胞器、细胞、器官和生物体的体内外研究的进展，目前的一系列基因组研究工具将得以拓展。大体上，显微镜和成像装置将是未来基因组研究工具箱的组成部分。生理学研究自动化程度日益提高，从而能够进行全局的生物学系统研究而非单方面研究。分子结构对基因组研究将更为重要，将来可能出现蛋白质结晶工厂，使得确定蛋白质结构的速度得到显著提高，同时蛋白质结晶工厂也将是有效应用同步加速器以确定蛋白质结构的先决条件。

从分子生物学实验室自动化进程中得到的经验完全可以用于推进生物学技术的自动化和整合。尽管有人试图创建全自动化的实验室，但是可以预测，人还是不可或缺的一部分。载人航天技术仍旧是当今研究的主题，我们期望，高科技的基因组研究实验室也会得到长足的发展。

14.1.2 基因组数据和数据处理

生物信息学是连接不同基因组研究实验的黏合剂。不过不能高估计算机分析和建模作用。目前存在几百个基因组研究相关的数据库，大多数每天更新并呈指数级扩大。由于更多不同的实验加入到基因组研究的集体工作,新的数据库正以极快的速度建立起来。在个人电脑或工作站容纳所有的基因组数据是完全不可能的,因此需要有一个高性能的计算环境。人们预测,将来绝大多数生物信息学实验室的计算基础设施将以 client – server 模式组建,这将解决呈指数级增长的数据造成的性能需求,降低在控制计算机维护方面和由此产生的计算基础设施的费用。

直到现在,计算机芯片的发展一直遵循 Moore 规则(它预计 CPU 的计算能力大约每 18 个月翻倍)并且基因组数据产生的速度能够适应当前计算机的发展。不过将来计算机的发展速度和数据产生的速度可能会失去同步性,出现大量待处理的数据。但是,比起庞大的天文数据库和天气数据,这种可能性很小。

除了扩充当前的计算环境,越来越多基因组研究的辅助硬件正在逐渐发展。提供实时分析环境是未来生物信息学环境的目标。虽然现在离目标还有一段距离,但随着 Paracel GeneMatcher 或 TimeLogic Decypher boards 等系统的问世,数据库搜索已达到 1 000 个因子以上,计算环境正面临着一场革命。

基因组研究实验室之间网络互联是必需的,生物学和基因组应用已成为先进网络策略发展的主要领域。比如,加拿大生物信息学资源,CBR – RBC(http://www. cb r. nrc. ca)是加拿大新网络发展的主要实验基地。在基因组研究实验室之间建立先进网络连接的趋势将会继续,并且最终所有实验室将会连接到 Broad – Band 系统。在许多基因组课题中,建立了分布式计算基础设施,并且,欧洲和加拿大正在建立国际范围的生物信息学网络。而计算网络对于这些工作至关重要。欧洲几个国家、美国和加拿大正在构建生物信息学专用计算网络结构。这些努力的最终目标是为用户提供强有力的分布式计算环境,使他们可以像在自己机器上一样使用所有的资源。

网络服务器的建立是一个全新的发展(http://biomoby. org)。这些服务器与网络相似,允许用户使用大量的服务而并不需要了解它们的物理位置和安装细节。期望数年之内,多数软件包能提供网络技术或网络服务。

几乎所有当前的数据库最初都由 ASCII 文件组织起来,且无相应的数据库结构框架。目前,数据的访问是通过基于网页的数据库整合系统如 ENTERZ 和 SRS,或工具整合系统如 MAGPIE(http://magpie. ucalgary. ca)或 PEDANT(http://pedant. gsf. de)。这些系统将原始数据转化成标准的 HTML 文件,使用户误以为在处理一个单一数据库。网页浏览器支持分析结果的独立平台视图模式,HTML 已经成为生物学家主要的工作环境。

由于 HTML 最初是为文本文件而非数据文件设计,因此在生物和医学数据中的应用有一定的局限性。当前,人们正致力于为基因组研究相关数据创建一种更标准的方式。最有希望的候选者看上去是 XML 语言。XML 是一种可扩展的网络语言,可引入新的数据类型和显示模式。当前许多 ASCII 格式文件数据库开始提供 XML 格式的数据,甚至 MedLine 上也有 XML 格式供选择。将来的基因组学数据浏览器将是 XML 可兼容的,无需改变数据设定或对显示界面进行再编程就能支持多种视图。

由共聚焦显微镜、连续切片电子显微镜、功能性医学的共振图像或微型计算机 X 射线断层摄影等输出的多维图像数据,与 HTML 和 XML 文件一样,需要标准化。目前常见的两种多维图像数据格式为 VRML 和商业化 OBJ 格式,均能被多种软件包阅读。在近几年里,Java 3D 也加入到这些软件包中,识别 VRML 和 OBJ 文件(和许多其他的格式),并用于包括执行火星行走(http://www. sun. com/aboutsun/media/fea—tures/mars/html)和石油勘探程序等多种任务。许多多维显示单元,包括 CAVE 已经被调整以适用于 Java 3D 技术。生物信息学家从此能够在任一计算机平台上开发多维的数据整合系统(包括 laptops、Linux 机器或 Macintosh 计算机),并通过 CAVE 的高端显示单元来执行。CAVE 能够以超高分辨率立体显示分析结果,并能模拟反应。

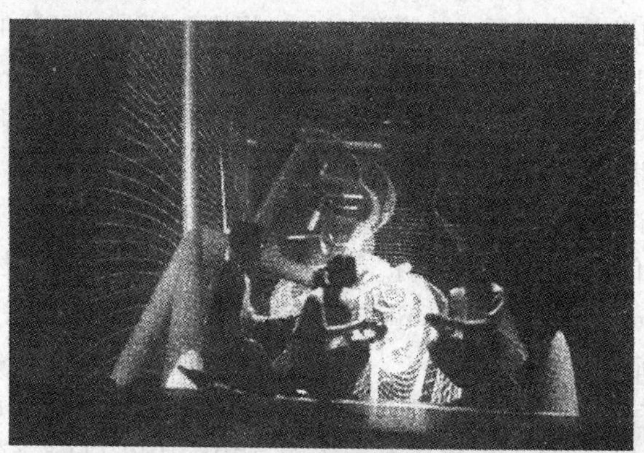

图 14.1　Calgary 大学医学部学生模拟 CAVE 环境中探究一个小分子

人们预测,这项技术上的突破将被生物信息学领域迅速应用。在许多大学,人们已经看到了建立虚拟现实系统的趋势。总之,未来的生物信息学工具将尽可能在连续的界面上整合更多的数据类型,使在线研究成为可能,以便在实时环境中为复杂问题提供答案。生物系统计算机模型将变得日益先进从而能够开展意义深远的“硅片上的生物学”。这必然有助于减少基因组研究费用,并且有利于辅助小型生物学实验设计。

14.1.3　新一代的基因组研究实验室

14.1.3.1　未来的工具

第一代基因组研究实验室致力于建立能够有效确定基因组序列的测序工厂。起初,许多测序计划以分配形式启动,如欧洲酵母基因组计划。由于整个计划进度取决于最慢的合作伙伴这种形式难以进行。最近大部分测序计划中具有同等能力的合作者相对较少,导致工业和学术界超大实验室的发展,如英国剑桥的 Wellcometrust Sanger Institute,圣路易斯华盛顿大学的基因组测序中心,以及马里兰 TIGR 和诸如人类基因组科学公司等,这些实验室每年能够完成产生多达数百兆碱基的测序工作。

刚进入这一领域的发展中国家,以类似于欧洲酵母计划的组织结构开展研究,但是,与基因组 DNA 测序在大型实验室进行这一规则不同,集中现象还是发生了,这限制了经费流向更先进实验室。扩大 DNA 测序实验室规模的趋势很可能已经达到了顶峰,因为现有的实验室已经能够处理任何通量。可以预测,将来大部分 DNA 测序工作将集中到这些大规模的实验室,情形类似于在数码摄影出现之前的胶片处理实验室。

随着时间的推移,最初产生的许多 DNA 序列明显毫无意义。许多通过基因搜索运算法则鉴定出的潜在基因与公共数据库中的任何条目都不匹配,无法确定其功能。这样,基因组计划的目标“理解基因组如何组织,生物个体如何工作”无法实现。如果分子功能未知,也不可能保护来自基因组序列的任何知识产权。于是,如今许多基因组实验室不断努力扩大自己的工具箱,并使之多样化。

蛋白质组学是第一个扩展的基因组研究工具,也是一个快速发展的领域。目前表达蛋白质可以通过双向电泳——质谱方法鉴定,但是获得和检验一个完整的蛋白质组是不可能的。现有的检测方法难以检测细胞中表达量很少或几乎不表达的蛋白质。分离技术也有难以克服的局限性(例如膜蛋白和2D蛋白胶)。可以预期,蛋白质组学相关的新技术和方法将以极快的速度发展。蛋白质芯片和优于双向电泳的新的分离技术将出理,并极大地推动蛋白质研究。同时,现有技术也会不断改进。举例来说,人们已经见证了MS-MS-ToF系统与MALDI的结合。未来,越来越多的用于蛋白质大规模鉴定的技术值得期待。蛋白质的大规模研究最终将达到与今天DNA分子大规模研究相同的水平。

表达研究(微阵列、高密度阵列、芯片)是基因组工具最普遍的扩展工具。这项技术的主要瓶颈仍是计算机分析部分,尤其是关于数据的标准化,这方面仍然没有跟上这项技术的硬件发展。人们期望将来从RNA提取到DNA阵列和DNA芯片的功能分析是完全连续的。但是今天的芯片读数仪的大小是与中等大小的阵列打印仪相适应的。人们期望,将来能够开发出整合的处理设备,能原位进行诊断芯片的检测,并同时返回结果。

目前正在对某些生物如酵母、线虫和小鼠进行精细的基因敲除研究,以期获得对其尽可能多的基因功能的认识。不过,这项技术并非没有缺陷,因为许多基因被敲除后不产生可见的效应,而一些基因的敲除对生物体是致死的,因此对基因功能的理解非常困难。而且,生物体绝大多数特征是几个基因共同作用的结果。基因敲除技术费用高,有时还产生难以理解的结果,人们预计,除了现有的模式生物系统之外,这项技术不会得到广泛应用。目前研究人员广泛应用的是利用siRNA和相关方法的基因沉默技术。

许多年来,科学家致力于通过蛋白质的结构信息推导其功能,虽然多数以失败告终,但是,随着对基因组和与功能相关的蛋白质折叠信息的了解,准确预测相似基因的功能成为可能,我们预计,从蛋白质的结构推导功能会很快实现。致力于确定所有生物相关结构的"Structure Mining"工程正在进行中,尽管过程令人厌倦并且缓慢,但是在接下来的5~10年内很有可能会获得成功。

虽然,上述技术可以鉴定许多基因的功能,但是科研人员仍在改造其他领域的技术并将其应用到基因组研究。全新技术将会添加到现有的生物、生化和医学工具中,以获得对活体组织中所有基因功能的完整认识。

成像技术是现有工具必备的,用以提供细胞、器官和生物体内进程的三维数据和时间相关信息。激光技术使20年前闻所未闻的显微操作成为可能,目前,融合了激光技术的显微镜已经开始实现自动化,如自动化的显微注射、光学钳和共聚焦显微镜,能够高速成像达到每秒拍摄几千张图片。流式细胞仪每分钟筛选上千个细胞,无菌分选出具有所需特征的细胞。该装备被迅速引入基因组研究,用以定位细胞内元件,并且实时监控,有利于创建更加理想的计算机生命(虚拟细胞)模型。

14.1.3 实验室组织

未来可能会出现三种类型的基因组研究实验室:专注于某一特定技术的大规模实验室、整合的基因组研究实验室、协调数据而本身不产生数据的实验室。

生产规模化和操作一体化节约了生产成本,使得大规模工厂能够长期存在。这些工厂大部分都是以签订合同的方式达成协议,弄清楚这点至关重要,因为合同的条款(例如,谁拥有这些数据的权利)已经或将成为决定工厂成败的关键。许多大规模工厂完全专于一种技术。人们预计,随着新的大规模技术的出现,将导致专一技术“工厂”的建立,技术将不在现有实验室内部发展。

从第一代基因组研究实验室发展的经验可以推断,将来绝大多数中等规模的基因组研究实验室将紧密结合,大规模应用多种技术,为建立更精确的细胞功能模型而做出自己的努力。Leroy Hood 提出的“系统生物学”是对这一发展最好的描述。整合实验室可能与工厂合作进行大规模的数据采集,而不需自身产生数据。计算机设备是整合实验室的核心。一个系统生物学实验室的生物信息学基础设施必须强大而先进,从而能够在连续的系统中处理和整合多种不同的数据类型。系统生物学实验室将组建大型生物信息学发展团队,提供软件技术支持技术,满足客户研究和发展的需要。

我们设想一种新型实验室的出现,它不产生数据,只是一个具备数据分析能力的协调办公室。这种实验室将所有的生物实验外包给第三方,通过选择合适的搭档利用最新的技术,具有低开支和高度灵活性,许多刚成立的公司正在用这种方式进行运作。目前很多大型的药物公司将基因组研究相关的实验外包给第三方。

这种方式产生的风险几乎完全由数据生产方承担。由于高科技环境中的许多风险难以估算,并且往往不同于最初产业所估算的,因此,在基因组研究和发展过程中,政府介入是必需的。目前,进行基因组研究最多的国家都有大的政府计划来满足这种需要,几乎可以肯定的是,在可预测的将来,政府参与行为将会继续。

14.1.4 未来的基因组计划

基因组研究的目标是获得整个生物体的“蓝图”,弄明白生物体如何组织、如何工作。为了达到这个目标,未来的基因组计划必须达到真正意义上的整合。连接全球的不同字节和片段,是未来基因组研究的主要挑战。为了达到这个目标,数据必须即时可得。DNA 序列通常通过“Bermuda 协议”产生,该协议要求数据产生之后立即发布到因特网上。数据在发表之前完全公开,这必定将是生物医学研究领域的一种全新方式。人们日益认识到,只有通过复杂的分析,才能对数据产生新的认识。同时也认识到,任何数据类型如果不与其他数据类型相结合,本身是毫无意义的。

基因组研究将集中在生物学问题上。在第一个质粒基因组由日本完成测序之后,将近20 年的时间里,质粒基因组仍有某些基因功能未知。这是由于人们错误地认为:质粒基因组测序完成之后,大部分的工作都已经结束,因此相关的研究可以停止。其实,真正的工作从基因组测序完成时才开始,而且由于生物系统的复杂性,很可能永远不会停止。

基因组研究连续性的关键因素在于公众的认知和研究的可接受程度。科学家在研究的公众教育和用伦理标准评估基础科学这两个方面做得非常成功。生物公司被认为是在制造可能有害的“基因改造食物”,而不是造福人类的好产品。2003 年,美国 Raelian 组织发布新闻,声称第一批克隆人可能已经出现,这一消息震惊公众并激起了愤怒。分子生物学实验与原子研究不同,几乎可以在任何地方轻而易举地进行,因此控制起来很难。将来的基因组研究必须采用更高的标准对伦理方面进行评估。为了获得公众对生物研究的一致认同,完全有必要与公众进行深入的讨论,并对其进行更好的教育。社会的各方人士都必须参与到这个讨论之中,同时,当新技术出现时,立法机构必须作出迅速反应。

为达到基因组研究的目标,科学家之间的公开性应该是与公众关系的起点。如果每个人都能自由地获取,数据的公共控制将比保密控制更易于实施。今天基因组研究的很大比例是由税收资助,这是一个很容易被忽略但是却很重要的事实。我们要求的公开性固然不能与知识产权的保护相冲突,但是基因组研究科学的一般方法应该成为普遍知识,而某些方法由于产生的是不被社会所接受的改进,应该予以取缔。

14.2　基因组学在生态环境中的实际应用

14.2.1　基于基因序列的微生物信息学应用

14.2.1.1　已培养和未培养微生物遗传物质的测定

微生物几乎在地球上每一个可想象的角落都存在。但是,同植物和动物多样性相比,微生物多样性的程度知之甚少。虽然微生物基因组测序计划揭示了大量的特定微生物信息,但这个计划只触及微生物多样性的皮毛。显然,要明察微生物多样性,就必须对取自各个环境的众多微生物物种进行基因组测序。

当微生物基因组测序进展快速推进时,我们仍然需要不断地进行基因组序列的测定,因为基因组序列保留了对任何重要微生物进行生物学研究的关键基本资源。这个领域不应该再被强调为不成熟。随着不断地测序,需要提高对新发现基因的快速解读和功能分析,这是目前在认识序列信息特点时的两大瓶颈。被测序的微生物应该包括系统发育的分支微生物,也应包括亲缘关系相近的微生物,还应包括那些已知重要功能的微生物。要探索整个微生物世界多样性并理解早期微生物进化特点,需要获得亲缘关系较远微生物物种的基因组序列信息。来自亲缘关系相近微生物的基因组序列信息,对理解微生物对生境的适应性、表型基础和物种形成是有用的。随着在未来几年里多达1 000个微生物基因组的获得,基因组序列信息宝库应该可以开始揭示微生物在生态上的一些重要特性、进化史和竞争等复杂特性的信息模式。

自然界中绝大多数微生物还未被培养,并且其中的许多微生物属于不可培养的那一部分。因此,它们的能量转换途径、生理生化能力还完全未知。获得这些微生物整个基因组序列对于了解它们的代谢能力和生态学地位是最直接的方法。有些重要并且有趣的科学问题可以依据序列信息提出:①那些未培养微生物的遗传多样性怎么样?②在整个基因组水平,未培养微生物与已知培养微生物是如何关联的?③同那些已知的可培养微生物相比,未培养微生物用相似的基因、途径、调节网络和蛋白质构架生存、生长、传代和适应环境吗?④那些未培养微生物之所以不能培养的遗传基础是什么?

整个基因组测序和相关技术的最新进展已经使得从未培养微生物获得整个序列信息成为可能。接近未培养微生物遗传物质的一条途径是将感兴趣的细胞种群同其他的细胞种群分开。基因组DNA可以从单个细胞分离、扩增并用作为DNA测序的模板。虽然基于荧光标记和流体细胞计数的方法已证明可以成功地用于分离某些细胞种群,但是运用这个方法分析取自环境样品多样性微生物的可行性还未可知。提高基于细胞计数技术、磁性细胞分离技术、显微操作技术和发展其他新技术去获得目标未培养微生物细胞,仍是需要的。

另外一个技术挑战是如何从单个细胞分离 DNA,并接着用如此微量的 DNA 模板完成 DNA 扩增,以产生可用于 DNA 测序的足够 PCR 产物。例如,一旦目标细胞种群从环境中分离得到,相当多数量的基因组 DNA 将需要测定其序列,并且,取自单个细胞的 DNA 必须准确无误地扩增。目前,PCR 扩增方法受到扩增偏差和定量效果差等问题的困扰。要获得单个微生物细胞 PCR 扩增生物学实验的成功,在方法上要求实验必须以单个细胞类似的体积进行(约等于 1 皮升或者更少)。

微流控装置或者芯片实验室或许提供了从单个细胞高通量分离和操作 DNA 的优秀途径。微流控装置(微芯片)由玻璃和塑料衬底制成,用于完成简单的化学和生化检验。这些芯片把分析物的样品处理和样品加工操作集中在一个单一的单块衬底上。这样的整合有利于化学分析的有效自动化。这种方法具备将传统分析化学彻底革新的潜力。

另一个接近未培养微生物的新兴技术是单分子 DNA 测序技术。基因组序列信息可以从单条 DNA 分子获得。例如,Solexa 公司(http://WWW. solexa. CO. uk)的单分子纳米技术可以允许成百上千万的单个分子集中在一个芯片上同时分析 Nanofluidics 公司(http://www. nanofluidics. corn)发展的单分子测序技术能迅速提高 DNA 的测序速度,已比目前的测序技术快 1 000 倍,这使得该项技术具备了只花费不到 1 000 美元就可完成一个人类基因组测序的能力。运用单分子测序策略使得分离单细胞、接着从单细胞分离和扩增 DNA 这些难做的实验步骤显得不再必需。一旦这样的技术成熟,就能给接近未培养微生物遗传物质提供更大的机会。

14.2.1.2　群落基因组学或者环境基因组学

微生物基因组学的一个令人兴奋的研究领域是通过它们的信息基础——基因组学探索微生物群落。因为大多数环境微生物是未培养的,所以用于测序的 DNA 不能通过基于纯培养微生物那样的方法而获得。通常接近未培养微生物遗传物质的最普遍方法是从环境样品中直接分离 DNA,然后把这段大分子 DNA 片段克隆到细菌人工染色体上(BACs)或者 fosmid 载体上,用于测序。这种方法被认为是群落基因组学或者环境基因组学的方法,它既提供了一个微生物群落中可培养微生物的遗传信息,也提供了未培养微生物的遗传信息。这种以 DNA 测序为基础的群落基因组学的方法可适用于多个不同的研究目的。

(1)微生物多样性程度的测定基于 16S rRNA 基因技术对各种环境样品的系统发育,研究表明,微生物群落是极其多样的。但是,环境中群落多样性的程度仍然未知。群落由巨大的共同生活的种群构成,这些种群具有协同完成一个活泼健康微生物群落所有需要的功能。全部的群落基因组测序或许将第一次揭示群落的遗传特征,例如,一个群落中保持至关重要功能所必需的遗传多样性程度、代谢能力以及在群落生态系统内多样性的模式。某些有趣的问题可以根据序列信息提出:①不同环境中的微生物群落系统发育和代谢多样性的程度和模式是什么样的? ② 在遗传学水平上,微生物群落怎样适应不同的环境? ③在各个微生物群落中,尽管有广泛的系统发育多样性,但是否存在保守的代谢功能呢?

(2)新代谢途径的发现通过克隆大片段 DNA,或许可以发现全部的代谢途径,并且在异源宿主菌表达重现。可用于生产医药产品的潜在重要代谢途径已经是,而且目前仍然是群落基因组学运用的例子。这种方法具有明显的商业价值,但还有更多的用途。

(3)目标基因多样性的探索微生物世界漫长的进化史产生了用于特定代谢途径的大量多样性基因。这些基因可以改变,以发挥它们的功能,如动力学参数(Km,Vmax)、底物专一性、高温或者低温的适应性、极端环境如高和低 pH 的耐受性等。群落基因组学可以用来恢复大的完整基因族,这样就可以对群落基因组的目标特征进行筛选和分类。证实有重要生态功能的基因,如与生物地球化学循环过程、污染物降解和发病机理等相关的基因,仍是同基因组学方法密切相关的特别重要的研究领域。由于功能多样性在微生物生态学和生态系统科学中的地位如此重要,因此对于功能多样性的研究将是一个极其重要、需要跟踪研究的主题。

(4)目前未培养微生物特征的鉴定。只要系统发育标记保留在同样的 DNA 片段上,从环境中得到的大片段 DNA 克隆就可以提供鉴定未培养优势微生物特征的可能性。如果得到的克隆是全面的,那么就能够得到微生物群落的合理样本和它的基因物质。这是目前研究得非常活跃的领域,并且这个领域的研究应该继续,但要注意与其他的研究保持平衡。

(5)与种群多样性对应的群落模式群落由不同的物种构成,并且绝大多数物种也有相当数量的亚种多样性。我们需要理解环境是如何控制物种与亚种之间的分布及动力学特征的,以便在微生物生态学中清楚地知道微生物传代以及最终的进化将会产生什么样的预期后果。亚种变异的程度对于汇集群落基因组将是很重要的。

运用环境基因组学方法研究自然微生物群落的一个主要挑战是,在大多数情况下,群落变化是非常大的,不同的群落之间有许多复杂的互作。这种复杂性限制了我们解决群落互作因果联系的能力,这种因果关系需要我们发展一种对群落的机械性理解方法。最初关于简单群落的研究应该更易于处理这种关系。已经经历了生长、自然分离或者由于极端条件等高度生态选择的群落提供了这种潜在的简单群落。

环境基因组学方法的第二个技术挑战是恢复足够纯的、无偏差的高分子 DNA 片段(例如 >100 kb)。高分子 DNA 的恢复是基因组序列组装的关键。为了减少恢复偏差,一般来讲,严格的细胞裂解方法例如研磨仍然是需要的,但是细胞裂解过程也许剪切了 DNA 片段。因此,无偏差恢复高分子 DNA 片段仍然非常困难,需要新的方法。

环境基因组学方法的第三个挑战是各个群落的丰度并不均等。虽然散弹随机测序法是从纯培养物快速获得基因组序列信息的一个强有力技术,但当它运用到整个群落微生物 DNA 序时就显得无法胜任,因为采用这种方法对优势群落测序时,其覆盖率显得多余,而对于稀少群落基因组测序时,其覆盖率就显得太小或者缺乏。另外,在不同群落里的有些微生物种群是相同的或者是密切相关的。因此,需要新的策略把 BAC 或者 fosmid 克隆的优先次序排定,以便于测序。此外,也需要微阵列筛选、某种形式的消减杂交,或者其他的途径去标准化文库。

另外一个技术挑战是在混杂的微生物群落中组装基因组,尤其是当微生物群落复杂时,如果大于 20~100 个物种。因此,需要新的,并伴随其他种群作图和定量工具的新组装工具。

14.2.2　基因功能和基因表达调控网络

大规模群落基因组测序成果将鉴定出巨大数量功能完全未知的突变基因以及可能具有独特特点的已知基因。这些已知基因可能带有改进的动力学特征或者具备逆境耐受的特性,这在自然界中确保有效并稳定发挥基因功能或许至关重要。理解那些未知基因的细胞和生化功能以及在群落间联系的表达调控网也非常关键。一些可能的问题是:①在未培养微生物中发现的未知基因的细胞和生化功能是什么？②在未培养微生物中发现的蛋白质复合体与那些在已知可培养微生物中的蛋白质复合体是不同的吗？③在未培养微生物中发现的已知基因有独特的结构和动力学特征吗？这些特征可用于蛋白质工程吗？④基因怎么在群落水平表达调控？不同种群交流和彼此互作的信号分子是什么？

由于许多未知基因是从未培养微生物获得的，因而测定它们的细胞和生化功能以及在群落间联系的表达调控功能将极其困难。了解它们功能的基本策略是在异源宿主菌中表达这些基因，接下来，如果可能，就检测它们的蛋白质催化功能。采用X射线、中子散射、核磁共振和质谱解析蛋白质的结构也有助于理解它们的功能。此外，高通量生化筛选对于建立蛋白质功能也将是必需的。另外，预测蛋白质结构的生物信息学和计算工具在提供信息和指导实验方面也应该有用。最后，从运用核酸或者蛋白质微阵列技术所做的基因表达分析中也可以获得对未知基因表达蛋白生化功能的理解。

为了理解未培养微生物的基因功能和表达调控，发展合适的实验系统，用于检测它们在不同环境条件下的改变也很关键。建立模拟自然环境条件，允许未培养微生物在混合简化群落中生长的实验室生物反应器系统，接着采用先进的微阵列和质谱基因组技术，以快速、高通量的方式分析取自这种生物反应器样品的基因表达情况，是进行这方面研究的一种方法。

虽然DNA微阵列和质谱对纯培养物在转录物组和蛋白质组水平分析基因表达非常有力，但目前的技术并不足以满足群落规模的分析要求。目前的微阵列和质谱技术能力还远未达到监测整个群落规模的基因数量。因此，需要具有更高容量和灵敏度的先进微阵列和质谱技术。另外，在纯培养物中，发展用来确定基因功能和表达调控网的许多有效基因组方法，例如生长操作和遗传突变技术对未培养微生物将是不可行的。因此，需要发展新策略和新方法以便于分析来自未培养微生物新基因的功能特征。

14.2.3 生态学和进化

一旦获得了培养和未培养微生物的整个基因组序列，下一步研究是理解它们在环境中的生态学功能和进化程度。生态和进化中的一些问题是：①新的未培养微生物在生态系统中重要吗？②在特定的环境中，这些未培养微生物活跃吗？③这些未培养微生物如何同其他微生物种群互作？④它们对于环境的变化怎样反应和适应？⑤它们的活性能达到它们需要表达的功能吗？⑥在这样的操作情况下，获得的可能进化结果是什么？

由于在自然环境中大多数微生物处于未培养的地位，所以全面了解它们在环境中的功能和代谢能力是一个巨大的挑战。理解未培养生物的生理生态地位和动力学特征的基本政策略是在实验室和野外研究中，运用各种技术如微阵列和同位素分析，广泛评估这些微生物在对环境改变所作出的反应时的数量、分布、基因表达以及生化功能。

理解自然环境中微生物的生态学功能，微阵列技术将是其核心技术。然而，这种类型的研究要把整个微生物群落作为一个工作单元来考虑。因此，呈现的规模和范围要比任何纯培养微生物的基因组研究大得多，而且，高通量自动化基因组研究工具极其关键。微阵列技术自动化，例如对样品加工、寡核苷酸合成、PCR扩增、凝胶电泳、核酸纯化、微阵列构建、微阵列杂交和扫描、数据处理和分析等过程的自动化是需要的，以便实现快速高通量的分析。另外，用于探针设计、数据处理和分析的先进计算和生物信息学工具对于阐明自然环境中未培养微生物的功能和进化也非常重要。

14.2.4　系统水平理解微生物群落动力学

功能稳定性和适应能力是生物系统的两个重要的特征。生物群落多样性和稳定性之间的关系在宏观群落生态学上有着长期的争论。虽然直觉告诉我们多样性程度越高的生物系统会展示更大的稳定性,但许多理论和实践研究却得出了相反的结论。几个对微生物群落的研究也表明微生物群落的功能稳定性与它们的系统发育多样性并不相关。研究者们相信微生物群落的功能稳定性和适应性将由个体微生物种群的遗传多样性和代谢多样性决定,这包括微生物群落对环境改变的反应。然而,没有证据支持这个假设。理解控制微生物群落稳定性和适应能力的遗传基础和影响因子,对于控制微生物群落达到所需要的功能,例如污染位置的生物修复功能、大气中的碳回收功能、疾病的生物防治、植物产量的提高和氮的有效循环等,都非常重要。

随着整个微生物群落基因组序列的获得,在生态系统水平提出一些基本的生态学问题是可能的,例如:①微生物群落的功能稳定性和适应能力的遗传基础是什么?②一个微生物群落的功能稳定性同它的遗传多样性、代谢多样性以及外界环境的干扰是如何关联的?③一个微生物群落的功能稳定性和它未来的地位,可以根据它的个体微生物种群代谢功能保守和差异来预测吗?④一个微生物群落能通过操作它的代谢特性从而获得所要的一种稳定功能吗?

整个微生物群落基因组序列的获得和相关的高通量基因组技术也将允许我们提出在自然群落中种群互作的主要生态学问题。例如,细胞集聚或者肠道微生物的天然物理和化学环境怎样影响群落间的基因表达?这种微生物的集聚启动了微生物群落的演变吗?侵略物种和被侵略物种如何反应?对于食草动物的侵害,微生物群落运用了何种防卫?微生物细胞怎样运用它的编码信息去驾驭生态应答?

在生态系统水平上,对微生物群落动力学遗传基础的总体和预见性理解仍是一个巨大的挑战。一个策略或许是运用高通量基因组技术,比较微生物群落在相似栖息环境和不同压力条件下的微生物群落多样性、代谢能力和功能活性的共性和不同。虽然这个方法提供了微生物分布和丰度的信息,但它并没有提供决定这些分布的影响因子的机制,也没有提供决定它们代谢活性的知识。另一个补偿方法是建立容易调控的实验室系统,例如可以培养简化的微生物群落生物反应器,去研究微生物群落对外界环境压力因素影响的应答。这样的实验室系统对建立微生物群落间相互关联的因果关系非常重要。这个系统在系统控制、监测和数据收集方面有很大的优势。用简单的工程化实验室系统确立微生物群落间的因果联系要比用复杂的自然微生物群落容易,因为实验室系统的参数输入和输出可以根据环境条件来控制。虽然反应器中的微生物群落并不是天然的,但它提供了最好的机会去彻底理解微生物间互作的基本原理,以及自然选择如何影响微生物群落。

基于基因组生物学的一个中心议题是发展需要的实验和计算方法,使得能预知微生物和微生物群落的动力学行为。这种在生物系统水平上的研究方法面临着几个重大的计算上的挑战。第一,由于微生物和微生物群落中代谢途径的复杂性和缺乏对它们的动力学行为和调节机制的了解,因此模拟所有细胞行为是非常困难的。第二,来自分析转录物组、蛋白质组、代谢物组和生理学数据所获得的基因组数据都是不同类的,把这些数据整合在一起，并使之具有生物学意义也是非常困难的。另外，因为生物系统在各种水平（细胞、个体、种群、群落和生态系统）的动力学行为是在不同时空条件下测得的，所以把细胞水平的基因组信息和生态系统水平的功能信息连接起来，预测生态系统动力学，这种方法就意味着更大的挑战。因此，新的数学模型和计算工具的发展对于从系统水平理解微生物群落动力学也是至关重要的。

全部基因组的大规模测序标志着生物学的一个新时代，但同时也面临着巨大的挑战，主要在于：要弄清楚大量主要未培养微生物的遗传结构、基因功能和表达调控网络；解决微生物群落的极端复杂性；把个体微生物的细胞应答同微生物群落的功能稳定性和适应能力联系起来；模拟和预测生物系统在细胞、种群、群落和生态系统水平的动力学特征。虽然有许多代表性微生物的基因组已经测序，但仍需要更多的努力以便对来自各种环境的微生物基因组进行测序，从而获得对出现在自然界中微生物多样性的全面了解。由于大多数环境微生物是未被培养的，因此，直接从环境样品中分离和操作单细胞或者单个 DNA 分子、克隆和测序大 DNA 片段的技术，对于接近未培养微生物的遗传物质将是非常重要的。从未培养微生物中得到的基因组序列信息将极大地提高我们对未培养微生物在遗传多样性、代谢能力和微生物进化方面的理解。

大规模微生物群落基因组测序成果将鉴定出大量的突变基因，这些基因的功能完全未知，并且它们大多数都来自未培养微生物。正是由于这些微生物是未培养的，因而测定它们在群落间相互联系的细胞、生化、生理和生态功能以及它们的基因表达调控网络将是一项艰巨的任务。而且，把细胞行为和生态动力学联系起来将具有更大的挑战性，因为整个微生物群落被考虑为一个工作单位，所以微生物群落基因组学呈现的规模和范围要比基于纯培养微生物基因组学研究大得多。因此，需要新的实验和理论构思以及方法，并透过不同的时空水平，在各种不同的层次，迎接源自生物系统的这种复杂性挑战。

参考文献

[1] B MARRS, S DELAGRAVE, D MURPHY. Novel approaches for discovering industrial enzymes[J]. Curr Opin Microbiol, 1999(2):241-245.

[2] A KNIETSCH, T WASCHKOWITZ, S BOWIEN, et al. Construction and screening ofmetagenomic libraries derived from enrichment cultures: Generation of a gene bank for genes conferring alcohol oxidoreductase activity on Escherichia coli[J]. Applied and Environmental Microbiology, 2003(69): 1408-1416.

[3] B LIU. 基因组学、转录组学与代谢组学[M]. 北京 :科学出版社,2007.

[4] A T BULL, A C WARD, M GOODFELLOW. Search and discovery strategies for biotechnology: the paradigm shift[J]. Microbiol Mol Biol Rev, 2000(64):573-606.

[5] S T COLE, K EIGLMEIER, J PARKHILL, et a1. Massive gene decay in the leprosy bacillus [J]. Nature, 2001(409):1007-1011.

[6] E DELONG. Archael means and extremes[J]. Science, 1998(280):542-543.

[7] E F DELONG, LT TAYLOR, T L MARSH, C M PRESTON. Visualization and enumeration of marine plank. tonic archaea and bacteria by using polydbonucleotide probes and fluorescent in situ hybridization[J]. Appl Environ Microbiol, 1999(65):5554-5563.

[8] H GMUENDER, K KURATLI, K. DI PADOV, et al. Gene expression changes triggered by exposure of Haemophilus influenzae to novobiocin or ciprofloxacin: combined transcription andtranslation analysis[J]. Genome Res, 2001(11):28-42.

[9] A G HADD, D E RAYMOND, J W HALLIWELL, et a1. Microehip device for performing enzyme assays[J]. Anal Chem, 1997(69):3407-3412.

[10] H HUBER, M J HOHN, R RACHEL, et al. A new phylum of Archaea rep – resented by a nanosized hyperthermophilic symbiont [J]. Nature, 2002(417):63-67.

[11] S KALMAN, W MITCHELL, R MARATHE, et a1. Comparative genomes of Chlamydia pneumoniae and C trachomatis [J]. Nat Genet, 1999(21):385-389.

[12] R J LIPSHUTZ. Using Oligonucleotide probe arrays to access genetic diversity[J]. BioTechniques, 1995, 19(3):442-447.

[13] T A 布朗. 基因组 3[M]. 北京:科学出版社,2009.

市政与环境工程系列丛书(本科)

书名	作者	定价
建筑水暖与市政工程 AutoCAD 设计	孙　勇	38.00
建筑给水排水	孙　勇	38.00
污水处理技术	柏景方	39.00
环境工程土建概论(第 3 版)	闫　波	20.00
环境化学(第 2 版)	汪群慧	26.00
水泵与水泵站(第 3 版)	张景成	28.00
特种废水处理技术(第 2 版)	赵庆良	28.00
污染控制微生物学(第 4 版)	任南琪	39.00
污染控制微生物学实验	马　放	22.00
城市生态与环境保护(第 2 版)	张宝杰	29.00
环境管理(修订版)	于秀娟	18.00
水处理工程应用试验(第 3 版)	孙丽欣	22.00
城市污水处理构筑物设计计算与运行管理	韩洪军	38.00
环境噪声控制	刘惠玲	19.80
市政工程专业英语	陈志强	18.00
环境专业英语教程	宋志伟	20.00
环境污染微生物学实验指导	吕春梅	16.00
给水排水与采暖工程预算	边喜龙	18.00
水质分析方法与技术	马春香	26.00
污水处理系统数学模型	陈光波	38.00
环境生物技术原理与应用	姜　颖	42.00
固体废弃物处理处置与资源化技术	任芝军	38.00
基础水污染控制工程	林永波	45.00
环境分子生物学实验教程	焦安英	28.00
环境工程微生物学研究技术与方法	刘晓烨	58.00
基础生物化学简明教程	李永峰	48.00
小城镇污水处理新技术及应用研究	王　伟	25.00
环境规划与管理	樊庆锌	38.00
环境工程微生物学	韩　伟	38.00
环境工程概论——专业英语教程	官　涤	33.00
环境伦理学	李永峰	30.00
分子生态学概论	刘雪梅	40.00
能源微生物学	郑国香	58.00
基础环境毒理学	李永峰	58.00
可持续发展概论	李永峰	48.00
城市水环境规划治理理论与技术	赫俊国	45.00
环境分子生物学研究技术与方法	徐功娣	32.00

市政与环境工程系列研究生教材

书名	作者	定价
城市水环境评价与技术	赫俊国	38.00
环境应用数学	王治桢	58.00
灰色系统及模糊数学在环境保护中的应用	王治桢	28.00
污水好氧处理新工艺	吕炳南	32.00
污染控制微生物生态学	李建政	26.00
污水生物处理新技术(第3版)	吕炳南	25.00
定量构效关系及研究方法	王　鹏	38.00
模糊－神经网络控制原理与工程应用	张吉礼	20.00
环境毒理学研究技术与方法	李永峰	45.00
环境毒理学原理与应用	郜　爽	98.00
恢复生态学原理与应用	魏志刚	36.00
绿色能源	刘关君	32.00
微生物燃料电池原理与应用	徐功娣	35.00
高等流体力学	伍悦滨	32.00
废水厌氧生物处理工程	万　松	38.00
环境工程微生物学	韩　伟	38.00
环境氧化还原处理技术原理与应用	施　悦	58.00
基础环境工程学	林海龙	78.00
活性污泥生物相显微观察	施　悦	35.00
生态与环境基因组学	孙彩玉	32.00
产甲烷菌细菌学原理与应用	程国玲	28.00